混凝土材料与结构工程

谢小元　孟令敏　黄康成　编著

吉林科学技术出版社

图书在版编目（CIP）数据

混凝土材料与结构工程 / 谢小元，孟令敏，黄康成
编著 . -- 长春：吉林科学技术出版社，2019.8
ISBN 978-7-5578-5771-4

Ⅰ. ①混… Ⅱ. ①谢… ②孟… ③黄… Ⅲ. ①混凝土
－建筑材料－结构工程－高等职业教育－教材 Ⅳ.
① TU528

中国版本图书馆 CIP 数据核字 (2019) 第 167391 号

混凝土材料与结构工程

编　　著	谢小元　孟令敏　黄康成	
出 版 人	李　梁	
责任编辑	端金香	
封面设计	刘　华	
制　　版	王　朋	
开　　本	185mm×260mm	
字　　数	410 千字	
印　　张	18.25	
版　　次	2019 年 8 月第 1 版	
印　　次	2019 年 8 月第 1 次印刷	
出　　版	吉林科学技术出版社	
发　　行	吉林科学技术出版社	
地　　址	长春市福祉大路 5788 号出版集团 A 座	
邮　　编	130118	
发行部电话 / 传真	0431—81629529　　81629530　　81629531	
	81629532　　81629533　　81629534	
储运部电话	0431—86059116	
编辑部电话	0431—81629517	
网　　址	www.jlstp.net	
印　　刷	北京宝莲鸿图科技有限公司	
书　　号	ISBN 978-7-5578-5771-4	
定　　价	75.00 元	

编委会

前　言

　　建筑材料是构成建筑工程结构物的各种材料之总称。建筑材料是建筑事业不可缺少的物质基础。建筑工程关系到非常广泛的人类活动的领域，涉及生活、生产、教育、医疗、宗教等诸多方面。而所有建筑物或构筑物都是由建筑材料构成，建筑材料的数量、质量、品种、规格、性能、经济性以及纹理、色彩等，都在很大程度上直接影响甚至决定着建筑物的结构形式、功能、适用性、坚固性、耐久性、经济性和艺术性，并在一定程度上影响着建筑材料的运输、存放及使用方式和施工方法。在建筑材料质量保证的前提下，我国对结构工程的需求也逐步增大，出现了大规模的基础设施建设工程，随着各个标志性建筑的逐步完成，结构的复杂性和技术的难度也在不断提升。我国的结构工程设计材料体系以及施工等各方面均得到了突破性的发展，但随着城镇化发展进程的不断加快，基础设施建设及结构工程建设是未来发展的关键环节，也必将推动结构工程的进一步发展，对于结构工程的发展而言，与挑战并存。尽管我国的结构工程建设领域得到了突飞猛进的发展，但从安全可靠、能源消耗、空载能力、环境保护等层面来说仍然存在许多问题亟待进一步解决。

　　本书将通过对建筑材料中的气硬性胶凝材料、水泥、混凝土、建筑砂浆、墙体材料、木材、防水材料、建筑装饰材料等进行简要介绍，并对结构工程中结构荷载和结构设计、砌体结构、混凝土结构、钢结构、基础结构等进行了论述。

目 录

第一章 建筑材料

建筑材料是建筑工程不可缺少的原材料，是建筑事业的物质基础。它直接关系到建筑形式、建筑质量和建筑造价，影响国民经济的发展、城乡建设面貌的变化和人民居住条件的改善。如何在建筑设计中正确选择与表达建筑材料，是每一个建筑设计者面临的重要课题。

建筑材料与建筑、结构、施工之间存在着相互促进、相互依存的密切关系。建筑工程中许多技术问题的突破和创新，往往依赖于建筑材料性能的改进与提高。而新的建筑材料的出现，又促进了建筑设计、结构设计和施工技术的发展，也使建筑物的功能、适用性、艺术性、坚固性和耐久性等得到进一步的改善。

为了使建筑物满足适用、坚固、美观等基本要求，材料在建筑的各个部位，充分发挥着各自的功能作用，分别满足各种不同的要求。如钢材和混凝土的出现产生了钢结构和钢筋混凝土结构，使得高层建筑和大跨度建筑成为可能；轻质材料和保温材料的出现对减轻建筑物的自重、提高建筑物的抗震能力、改善工作与居住环境条件等起到了十分有益的作用，并推动了建筑节能的发展；新型装饰材料的出现使得建筑物的造型与建筑物的内外装饰焕然一新，生机勃勃。因此，建筑材料是加速建筑革新的一个重要因素。

第一节 建筑材料分类及作用

一、建筑材料的分类

在建筑物中使用的材料统称为建筑材料。建筑材料包括的范围很广，有保温材料、隔热材料、高强度材料、会呼吸的材料等。建筑材料是土木工程和建筑工程中使用的材料的统称。建筑材料根据不同的划分原则可以有不同的分类。

（一）根据建筑的内外装饰分类

根据建筑的内外装饰可以将其分为外饰材料和内饰材料两大类。

1.外饰材料

（1）石材

可以分为天然石材和人造石材两类，天然石材材质坚硬，颜色和纹理多样，易清洁，常用的有大理石和花岗石，花岗石材质坚硬，耐酸抗风化，一般用于较重要的部位如裙房、入口等处。人造石材主要指人造大理石和人造花岗石，属混凝土范畴，品种较多，主要有水泥和树脂型人造石材，还有水窨石饰面板、水泥化砖等，其中树脂型产品光泽好、颜色鲜艳亮丽，水磨石饰面板表面光滑，花色品种较多，根据选用水泥、碎石粒的特点而定，水泥化砖常用作铺地材料，耐久的同时也有一定的装饰效果，将同一种材料粗加工和磨光，使粗加工的毛面呈现细小颗粒的漫反射，如同蒙上一层灰尘，而磨光面呈微晶状表面，深暗的底色得以充分显现，利用同一种材料的质感色差作表面装饰。既富有变化又十分和谐，赖特在1938年和学生亲自动手建筑的别墅便具有此特点。由于建在亚利桑那州沙漠地带的红色火山岩上，赖特聪明的就地取材，采用当地的天然石块叠垒台基，这些石块部分地一直延伸为墙壁，保持天然的情趣，巨大的木质构架直插地面，表面粗加修饰，让木材的肌理从片片暗红色中透出，强调了一种原始的生命力，帆布顶盖也未加色彩油饰，种种粗粝的处理，体现了赖特有机建筑像从"地下长出于阳光之下"的自然追求，整个建筑静静地匍匐在地上，从材质到颜色完全与基地融为一体。

（2）玻璃制品

玻璃制品具有透光、透明、隔热、保温等优良性能，所以在建筑上广泛应用。尤其新型玻璃的出现，如安全玻璃、保温绝热玻璃、激光玻璃和玻璃砖等拓展了其应用空间，也提高了建筑的表现力。除了门窗外，也用于外墙作幕墙，屋顶、雨篷及栏杆等部位，上海大剧院使用一种新颖的印刷净白玻璃，将幕墙玻璃自上而下印满由小到大的细密的白色圆点，使建筑外观白天有一种轻纱笼罩的朦胧透明质感，而夜晚映出灯光，通体透明。由于玻璃砖强度高，隔热隔音又耐水以及良好的透光不透过视线等优点，很适合安静、隐秘场所使用。

（3）金属材料

由于合成高分子工业的发展，铝材、钢材等大量金属材料用于民用建筑中，金属罩面板材主要由不锈钢板、彩色钢板、铝合金板、镀锌钢板、镀塑板等，其共同点是安装简便，耐久性能优越，装饰效果良好，从视觉感受来讲，建筑一改土木石等传统材料的面貌，有机器工艺的光泽、精确和力度，如法国巴黎的阿拉伯世界文化中心，采用铝材装饰包裹内部的混凝土结构，整个就像一张皮一样伸展开来，组成极具韵律的图案，闪耀着金属特有的光亮。如鸟巢，主体由一系列辐射式门式钢桁架围绕碗状座席区旋转而成，空间结构科学简洁，建筑和结构完整统一，设计新颖，结构独特，为国内外特有建筑。

（4）外墙涂料

外墙涂料作饰面是一种简便、经济的方法，特点是只改变色彩并不改变墙面的质感，多见于大量的住宅或厂房，也用于商业建筑、办公建筑等。

（5）其他材料

陶瓷制品，常见的有釉面砖、外墙贴面砖、地砖、陶瓷锦砖（俗称马赛克）以及仿古建筑中常用的琉璃瓦等，水泥材料，一般有两种情形，一种采用水泥，彩色水泥等作面层，另一种是表面处理，比如拉毛，压花灯达到装饰效果。

2.内饰材料

（1）内墙材料

常见的有各种品牌的内墙涂料，各种木质表面的型材和胶合板，天然石材（大理石，花岗石等），玻璃制品（镜面玻璃、彩色玻璃等），石膏板材，陶瓷制品（面砖、墙面砖、陶瓷质壁画等），织物类（挂毯、装饰布等），壁纸与墙布等。

（2）地面材料

主要有：木地板、地毯、塑料地板、天然石材、人造石材，陶瓷地砖、地面涂料等。

（3）顶棚材料

根据防火规范要求，在一、二级耐火等级的房间，现在常用的吊顶材料为轻钢龙骨纸面石膏板和铝合金吊顶，饰面板材还有矿棉水泥板、矿棉板、钙塑板、玻璃棉装饰吸音板等，在防火要求不高的场所，胶合板、PVC塑料板、壁纸装饰天花板等仍在继续使用。

从材料的特点看，木材导热性低，手感好，纹理漂亮，颜色温暖，质轻，易加工等优点，深受人们喜爱，是优良的装饰材料。木地板，木墙裙广为流行，历久不衰，而且采用木材装修的室内效果，温馨舒适并带有原始的质朴感，由于天然石材（花岗石、大理石）有自然的情趣，耐久性、耐磨性好，容易与室外环境相联系，有个过渡，增加统一性，所以。在一些公共场合用的机会也较多。较之其他材料，纺织品手感柔软，使用舒适，有很好的装饰效果。

（二）按化学成分分类

建筑材料按化学成分可分为无机材料、有机材料和复合材料三类，复合材料能够将单一材料之间互补、发挥复合后材料的综合优势，成为当代建筑材料发展应用的主流。具体分类如表1-1-1所示。

表 1-1-1 建筑材料（按化学成分）分类

分类			
无机材料	金属材料	黑色材料	生铁、普通钢材、合金钢
		有色材料	铝、铜及其合金
	非金属材料	天然石材	砂、石及其制品
		烧土制品	烧结砖、瓦、陶器、玻璃
		胶凝材料	气硬性：石灰、石膏、水玻璃
			水硬性：水泥
		混凝土类	砂浆、混凝土、硅酸盐制品

续　表

分类		材料举例
有机材料	植物类材料	木材、竹材、植物纤维及其制品
	合成高分子材料	塑料、橡胶、胶黏剂、有机涂料
	沥青材料	石油沥青、改性沥青及其制品
复合材料	金属·非金属复合	钢筋混凝土、预应力混凝土
	非金属·有机复合	沥青混凝土、聚合物混凝土
	金属·有机复合	轻质金属夹芯板、PVC 钢板

（二）按使用功能分类

按使用功能可分为承重结构材料、围护结构材料、建筑功能材料三大类。

1.承重结构材料

承重结构材料主要是指在建筑物中，需具备强度和耐久性的受力构件和结构所用的材料。如构成梁、板、柱、基础等部位的砖、石、钢材等。

2.围护结构材料

围护结构材料主要是指在建筑物中，不仅要具备强度和耐久性，还需具备更好的保温隔热性能的材料。如构成墙体、门窗、屋面等部位的砖、砌块、板材等。

3.建筑功能材料

建筑功能材料主要是指提高工程舒适性、适用性及美观效果的，具备某种特殊功能的建筑材料。如防水、隔热、隔声、防水材料。

二、建筑材料的作用

1.建筑材料是建筑工程的物质基础

不论是高达 420.5m 的上海金贸大厦，还是普通的一幢临时建筑，都是由各种散体建筑材料经过缜密的设计和复杂的施工最终构建而成。建筑材料的物质性还体现在其使用的巨量性，一幢单体建筑一般重达几百至数千 t 甚至可达数万、几十万 t，这形成了建筑材料的生产、运输、使用等方面与其他门类材料的不同。

2.建筑材料的发展赋予了建筑物以时代的特性和风格

西方古典建筑的石材廊柱、中国古代以木架构为代表的宫廷建筑、当代以钢筋混凝土和型钢为主体材料的超高层建筑，都呈现了鲜明的时代感。

3.建筑设计理论不断进步和施工技术的革新不但受到建筑材料发展的制约，同时亦受到其发展的推动

大跨度预应力结构、薄壳结构、悬索结构、空间网架结构、节能型特色环保建筑的出现无疑都是与新材料的产生而密切相关的。

4. 建筑材料的正确、节约、合理的运用直接影响到建筑工程的造价和投资

在我国，一般建筑工程的材料费用要占到总投资的 50% ~ 60%，特殊工程这一比例还要提高，对于中国这样一个发展中国家，对建筑材料特性的深入了解和认识，最大限度地发挥其效能，进而达到最大的经济效益，无疑具有非常重要的意义。

三、建筑材料与建筑工程的关系

1. 建筑材料是重要的物质基础

建筑材料是保证建筑工程质量的重要前提。建筑材料的性能、质量、品种和规格直接影响建筑工程的安全性、耐久性、适用性和艺术性。建筑材料的生产、选择、采购、贮运、保管、使用和检验评定等各个环节都应严格把控，任何一个环节的失误都可能造成工程质量的缺陷，甚至造成质量事故。

2. 建筑材料直接关系到建筑工程造价

在一般建筑工程中，与建筑材料有关的费用占工程造价的 50% 以上，装饰工程所占比重更甚。材料的选择、使用与管理是否合理，将直接影响着工程的成本。

3. 建筑材料的发展促进建筑技术的进步

建筑材料是工程设计和施工的基础，三者关系密不可分，相互影响。新材料的出现，会促进工程设计和施工技术的变化。从古至今，建筑材料从传统的土、木、砖、瓦到水泥、钢筋、玻璃、陶瓷、高分子材料，建筑技术也一次次产生了质的飞跃，带动了人类建筑技术的长足发展。

第二节　建筑材料的基本性质

在建筑物中，建筑材料要经受各种不同的作用，因而要求建筑材料具有相应的不同性质。如，用于建筑结构的材料要承受各种外力的作用，因此，选用的材料应具有所需要的力学性能。又如，根据建筑物不同部位的使用要求，有些材料应具有防水、绝热、吸声等性能；对于某些工业建筑，要求材料具有耐热、耐腐蚀等性能。此外，对于长期暴露在大气中的材料，要求能经受风吹、日晒、雨淋、冰冻而引起的温度变化、湿度变化及反复冻融等的破坏变化。为了保证建筑物的耐久性，要求在工程设计与施工中正确地选择和合理地使用材料，因此，必须熟悉和掌握各种材料的基本性质。

建筑材料的性质是多方面的，某种建筑材料应具备何种性质，这要根据它在建筑物中的作用和所处的环境来决定。一般来说，建筑材料的性质可分为四个方面，包括物理性质、力学性质、化学性质及耐久性。

一、物理性能

（一）与质量有关的性质

自然界的材料，由于其单位体积中所含孔（空）隙程度不同，因而其基本的物理性质参数——单位体积的质量也有差别，现分述如下。

1. 密度

密度是指材料在绝对密实状态下单位体积的质量。按下式计算：

$$\rho = \frac{m}{V}$$

式中：ρ——密度，g/cm^3；

m——材料的质量，g；

V——材料在绝对密实状态下的体积，简称绝对体积或实体积，cm^3。

材料的密度大小取决于组成物质的原子量大小和分子结构，原子量越大，分子结构越紧密，材料的密度则越大。

建筑材料中除少数材料（钢材、玻璃等）接近绝对密实外，绝大多数材料内部都包含有一些孔隙。在自然状态下，含孔块体的体积 V_0 是由固体物质的体积（即绝对密实状态下材料的体积）V 和孔隙体积 V_K 两部分组成的。在测定有孔隙的材料密度时，应把材料磨成细粉以排除其内部孔隙，经干燥后用李氏密度瓶测定其绝对体积。对于某些较为致密但形状不规则的散粒材料，在测定其密度时，可以不必磨成细粉，而直接用排水法测其绝对体积的近似值（颗粒内部的封闭孔隙体积没有排除），这时所求得的密度为视密度。混凝土所用砂、石等散粒材料常按此法测定其密度。

2. 表观密度

材料单位表观体积的质量。按下式计算：

$$\rho' = \frac{m}{V'}$$

式中：ρ'——材料的表观密度，g/cm^3 或 kg/m^3；

m——材料的质量，g 或 kg；

V'——材料在自然状态下的表观体积，cm^3 或 m^3。

表观体积是指材料的实体积与闭口孔隙体积之和。测定表观体积时，可用排水法测定。

表观密度的大小除取决于密度外，还与材料闭口孔隙率和孔隙的含水程度有关。材料闭口孔隙越多，表观密度越小；当孔隙中含有水分时，其质量和体积均有所变化。因此在测定表观密度时，须注明含水状况，没有特别标明时常指气干状态下的表观密度，在进行材料对比试验时，则以绝对干燥状态下测得的表观密度值（干表观密度）为准。

3. 体积密度

材料在自然状态下，单位体积的质量称为体积密度。按下式计算：

$$\rho_0 = \frac{m}{V_0}$$

式中：ρ_0——材料的体积密度，g/cm^3 或 kg/m^3；

m——在自然状态下材料的质量，g 或 kg；

V_0——材料在自然状态下的体积，cm^3 或 m^3。

在自然状态，材料内部的孔隙可分两类：有的孔之间相互连通，且与外界相通，称为开口孔；有的孔互相独立，不与外界相通，称为闭口孔。大多数材料在使用时其体积为包括内部所有孔隙在内的体积，即自然状态下的外形体积（V_0），如砖、石材、混凝土等。有的材料如砂、石在拌制混凝土时，因其内部的开口孔被水占据，因此材料体积只包括材料实体积及其闭口孔体积（以 V' 表示）。为了区别两种情况，常将包括所有孔隙在内时的密度称为体积密度；把只包括闭口孔在内时的密度称表观密度（亦称视密度），表观密度在计算砂、石在混凝土中的实际体积时有实用意义。

在自然状态下，材料内部常含有水分，其质量随含水程度而改变，因此体积密度应注明其含水程度。干燥材料的体积密度称为干体积密度。可见，材料的体积密度除决定于材料的密度及构造状态外，还与含水程度有关。

4. 堆积密度

是指散粒或粉状材料，在自然堆积状态下单位体积的质量。

$$\rho'_0 = \frac{m}{V'_0}$$

式中：ρ'_0——材料的堆积密度，kg/m^3；

m——材料的质量，kg；

V'_0——材料的自然堆积体积，包括颗粒的体积和颗粒之间空隙的体积，也即按一定方法装入容器的容积，m^3。

材料的堆积密度取决于材料的表观密度以及测定时材料装填方式和疏密程度。松堆积方式测得的堆积密度值要明显小于紧堆积时的测定值。工程中通常采用松散堆积密度，确定颗粒状材料的堆积空间。

在土木建筑工程中，计算材料用量、构件的自重，配料计算以及确定堆放空间时经常要用到材料的密度、表观密度和堆积密度等数据。

5. 孔隙率与密实度

（1）孔隙率

孔隙率是指材料中孔隙体积占材料总体积的百分率。以 P 表示，可用下式计算：

$$P = \frac{V_0 - V}{V_0} \times 100\% = \left(1 - \frac{\rho_0}{\rho}\right) \times 100\%$$

式中：P——孔隙率，%；

V——材料的绝对密实体积，cm^3 或 m^3；

V_0——材料的自然体积，cm^3 或 m^3。

孔隙率的大小直接反映了材料的致密程度，其大小取决于材料的组成、结构以及制造工艺。材料的许多工程性质如强度、吸水性、抗渗性、抗冻性、导热性、吸声性等都与材料的孔隙有关。这些性质不仅取决于孔隙率的大小，还与孔隙的大小、形状、分布、连通与否等构造特征密切相关。

孔隙的构造特征，主要是指孔隙的形状和大小。材料内部开口孔隙增多会使材料的吸水性、吸湿性、透水性、吸声性提高，抗冻性和抗渗性变差。材料内部闭口孔隙的增多会提高材料的保温隔热性能。根据孔隙的大小，分为粗孔和微孔。一般均匀分布的密闭小孔，要比开口或相连通的孔隙好。不均匀分布的孔隙，对材料性质影响较大。

（2）密实度

密实度是指材料体积内被固体物质所充实的程度。也就是固体物质的体积占总体积的比例。以 D 表示，密实度的计算式如下：

$$D = \frac{V}{V_0} \times 100\% = \frac{\rho_0}{\rho} \times 100\%$$

式中：D——材料的密实度，%。

材料的 ρ_0 与 ρ 愈接近，即 ρ_0 / ρ 愈接近于 1，材料就愈密实。密实度、孔隙率是从不同角度反映材料的致密程度，一般工程上常用孔隙率。密实度和孔隙率的关系为：$P + D = 1$。常用材料的一些基本物性参数如表 1-2-1 所示。

6. 空隙率与填充率

（1）空隙率

空隙率是指散粒或粉状材料颗粒之间的空隙体积占其自然堆积体积的百分率，用 P' 表示，按下式计算：

$$P' = \frac{V_0' - V_0}{V_0'} \times 100\% = \left(1 - \frac{\rho_0'}{\rho_0}\right) \times 100\%$$

式中：P'——材料的空隙率，%；

V_0'——自然堆积体积，cm^3 或 m^3；

V_0——材料在自然状态下的体积，cm^3 或 m^3。

表 1-2-1 常用建筑材料的密度、表观密度、堆积密度和孔隙率

材料	密度 ρ /（g/m³）	表观密度 ρ_0 /（kg/m³）	堆积密度 ρ'_0 /（kg/m³）	孔隙 率/（%）
石灰岩	2.60	1800 ~ 2600	—	—
花岗岩	2.60 ~ 2.90	2500 ~ 2800	—	0.5 ~ 3.0
碎石（石灰岩）	2.60	—	1400 ~ 1700	—
砂	2.60	—	1450 ~ 1650	—
黏土	2.60	—	1600 ~ 1800	—
普通黏土砖	2.50 ~ 2.80	1600 ~ 1800	—	20 ~ 40
黏土空心砖	2.50	1000 ~ 1400	—	—
水泥	3.10	—	1200 ~ 1300	—
普通混凝土	—	2000 ~ 2800	—	5 ~ 20
轻骨料混凝土	—	800 ~ 1900	—	—
木材	1.55	400 ~ 800	—	55 ~ 75
钢材	7.85	7850	—	0
泡沫塑料	—	20 ~ 50	—	—
玻璃	2.55	—	—	—

空隙率的大小反映了散粒材料的颗粒互相填充的紧密程度。空隙率可作为控制混凝土骨料级配与计算含砂率的依据。

（2）填充率

填充率是指散粒或粉状材料颗粒体积占其自然堆积体积的百分率，用 D' 表示。

$$D' = \frac{V_0}{V'_0} \times 100\% = \frac{\rho'_0}{\rho_0} \times 100\%$$

空隙率与填充率的关系为 $P' + D' = 1$。由上可见，材料的密度、表观密度、孔隙率及空隙率等是认识材料、了解材料性质与应用的重要指标，常称之为材料的基本物理性质。

（二）与水有关的性质

1. 材料的亲水性与憎水性

与水接触时，有些材料能被水润湿，而有些材料则不能被水润湿，对这两种现象来说，前者为亲水性，后者为憎水性。材料具有亲水性或憎水性的根本原因在于材料的分子组成。亲水性材料与水分子之间的分子亲和力，大于水分子本身之间的内聚力；反之，憎水性材料与水分子之间的亲和力，小于水分子本身之间的内聚力。

工程实际中，材料是亲水性或憎水性，通常以润湿角的大小划分。润湿角为在材料、水和空气的交点处，沿水滴表面的切线（γ_L）与水和固体接触面（γ_{SL}）所成的夹角。其中润湿角 θ 愈小，表明材料愈易被水润湿。当材料的润湿角 $\theta \leq 90°$ 时，为亲水性材料；当材料的润湿角 $\theta > 90°$ 时，为憎水性材料。水在亲水性材料表面可以铺展开，且能通过毛细管作用自动将水吸入材料内部；水在憎水性材料表面不仅不能铺展开，而且水分不能渗入材料的毛细管中。

大多数建筑材料，如石料、砖、混凝土、木材等都属于亲水性材料，表面都能被水润湿。沥青、石蜡等属于憎水性材料，表面不能被水润湿。该类材料一般能阻止水分渗入毛细管中，因而能降低材料的吸水性。憎水性材料不仅可用作防水材料，而且还可用于亲水性材料的表面处理，以降低其吸水性。

2. 吸水性

材料在浸水状态下吸收水分的能力称为吸水性。吸水性的大小用吸水率来表示，吸水率有两种表示方法：

（1）质量吸水率：材料吸水饱和时，其所吸收水分的质量占材料干燥时质量的百分率。

$$W_{质} = \frac{m_{湿} - m_{干}}{m_{干}} \times 100\%$$

式中：$W_{质}$——质量吸水率，%；

$m_{湿}$——材料在吸水饱和状态下的质量，g；

$m_{干}$——材料在绝对干燥状态下的质量，g。

（2）体积吸水率：材料吸水饱和时，吸入水分的体积占干燥材料自然体积的百分率。

$$W_{体} = \frac{V_{水}}{V_0} \times 100\% = \frac{m_{湿} - m_{干}}{V_0} \times \frac{1}{\rho_{H_2O}} \times 100\%$$

式中：$W_{体}$——体积吸水率，%；

V_0——干燥材料在自然状态下的体积，cm³；

ρ_{H_2O}——水的密度，常温下取 1g/cm³。

体积吸水率与质量吸水率的关系为：$W_{体} = W_{质} \cdot \rho_0$

式中：ρ_0——材料在干燥状态下的表观密度。

对于轻质多孔的材料如加气混凝土、软木等，由于吸入水分的质量往往超过材料干燥时的自重，所以 $W_{体}$ 更能反映其吸水能力的强弱，因为 $W_{体}$ 不可能超过 100%。

材料吸水率的大小不仅取决于材料本身是亲水的还是憎水的，而且与材料的孔隙率的大小及孔隙特征密切相关。一般孔隙率愈大，吸水率也愈大；孔隙率相同的情况下，具有细小连通孔的材料比具有较多粗大开口孔隙或闭口孔隙的材料吸水性更强。

吸水率增大对材料的性质有不良影响，如表观密度增加，体积膨胀，导热性增大，强度及抗冻性下降等。

3. 吸湿性

材料在潮湿的空气中吸收空气中水分的性质称为吸湿性。吸湿性的大小用含水率表示。含水率为材料所含水的质量占材料干燥质量的百分数。可按下式计算：

$$W_{含} = \frac{m_{含} - m_{干}}{m_{干}} \times 100\%$$

式中：$W_{含}$——材料的含水率，%；

$m_{含}$——材料含水时的质量，g；

$m_{干}$——材料干燥至恒重时的质量，g。

材料的含水率大小，除与本身的成分、组织构造等有关外，还与周围的温度、湿度有关。气温越低，相对湿度越大，材料的含水率也就越大。

材料随着空气湿度的大小，既能在空气中吸收水分，又可向空气中扩散水分，最后与空气湿度达到平衡，此时的含水率称为平衡含水率。木材的吸湿性随着空气湿度变化特别明显。例如木门窗制作后如长期处在空气湿度小的环境，为了与周围湿度平衡，木材便向外散发水分，于是门窗体积收缩而致干裂。

4. 耐水性

一般材料吸水后，水分会分散在材料内微粒的表面，削弱其内部结合力，强度则有不同程度的降低。当材料内含有可溶性物质时（如石膏、石灰等），吸入的水还可能溶解部分物质，造成强度的严重降低。

材料长期在饱和水作用下而不破坏，强度也不显著降低的性质称为耐水性。材料的耐水性用软化系数表示。

$$K_{软} = \frac{f_{饱}}{f_{干}}$$

式中：$K_{软}$——材料的软化系数；

$f_{饱}$——材料在吸水饱和状态下的抗压强度，MPa；

$f_{干}$——材料在干燥状态下的抗压强度，MPa。

软化系数一般在 0 ~ 1 之间波动，软化系数越大，耐水性越好。对于经常位于水中或处于潮湿环境中的重要建筑物所选用的材料要求其软化系数不得低于 0.85；对于受潮较轻或次要结构所用材料，软化系数允许稍有降低但不宜小于 0.75。软化系数大于 0.80 的材料，通常可认为是耐水材料。

5. 抗渗性

抗渗性是材料在压力水作用下抵抗水渗透的性能。土木建筑工程中许多材料常含有孔隙、孔洞或其他缺陷，当材料两侧的水压差较高时，水可能从高压侧通过内部的孔隙、孔洞或其他缺陷渗透到低压侧。这种压力水的渗透，不仅会影响工程的使用，而且渗入的水还会带入能腐蚀材料的介质，或将材料内的某些成分带出，造成材料的破坏。材料抗渗性有两种不同表示方式。

（1）渗透系数

材料在压力水作用下透过水量的多少遵守达西定律，即在一定时间 t 内，透过材料试件的水量 W 与试件的渗水面积 A 及水头差 h 成正比，与试件厚度 d 成反比。

$$K = \frac{Wd}{Ath}$$

式中：K——渗透系数，cm/h；

W——透过材料试件的水量，cm^3；

A——透水面积，cm^2；

h——材料两侧的水压差，cm；

d——试件厚度，cm；

t——透水时间，h。

材料的渗透系数越小，说明材料的抗渗性越强。一些防水材料（如油毡）其防水性常用渗透系数表示。

（2）抗渗等级

材料的抗渗等级是指用标准方法进行透水试验时，材料标准试件在透水前所能承受的最大水压力，并以字母 P 及可承受的水压力（以 0.1MPa 为单位）来表示抗渗等级。

$$P = 10p - 1$$

式中：P——抗渗等级；

p——开始渗水前的最大水压力，MPa。

如 $P4$、$P6$、$P8$、$P10$……等，表示试件能承受 0.4MPa、0.6MPa、0.8MPa、1.0MPa……的水压而不渗透。可见，抗渗等级越高，抗渗性越好。

实际上，材料抗渗性不仅与其亲水性有关，更取决于材料的孔隙率及孔隙特征。孔隙率小而且孔隙封闭的材料具有较高的抗渗性。

6. 抗冻性

材料吸水后，在负温作用条件下，水在材料毛细孔内冻结成冰，体积膨胀所产生的冻胀压力造成材料的内应力，会使材料遭到局部破坏。随着冻融循环的反复，材料的破坏作用逐步加剧，这种破坏称为冻融破坏。

抗冻性是指材料在吸水饱和状态下，能经受反复冻融循环作用而不破坏，强度也不显著降低的性能。

抗冻性以试件按规定方法进行冻融循环试验，以质量损失不超过 5%，强度下降不超过 25%，所能经受的最大冻融循环次数来表示，或称为抗冻等级。材料的抗冻等级可分为 F15、F25、F50、F100、F200 等，分别表示此材料可承受 15 次、25 次、50 次、100 次、200 次的冻融循环。

材料在冻融循环作用下产生破坏，一方面是由于材料内部孔隙中的水在受冻结冰时产生的体积膨胀（约9%）对材料孔壁造成巨大的冰晶压力，当由此产生的拉应力超过材料的抗拉极限强度时，材料内部即产生微裂纹，引起强度下降；另一方面是在冻结和融化过程中，材料内外的温差引起的温度应力会导致内部微裂纹的产生或加速原来微裂纹的扩展，而最终使材料破坏。显然，这种破坏作用随冻融作用的增多而加强。材料的抗冻等级越高，其抗冻性越好，材料可以经受的冻融循环越多。

实际应用中，抗冻性的好坏不但取决于材料的孔隙率及孔隙特征，并且还与材料受冻前的吸水饱和程度、材料本身的强度以及冻结条件（如冻结温度、速度、冻融循环作用的频繁程度）等有关。

材料的强度越低，开口孔隙率越大，则材料的抗冻性越差。材料受冻时，其孔隙充水程度（以水饱和度 K_s 表示，即孔隙中水的体积 V_w 与孔隙体积 V_k 之比，即 $K_s=V_w/V_k$）越高，材料的抗冻性越差。理论上讲，若材料内孔隙分布均匀，当水饱和度 $K_s < 0.91$ 时，结冻不会对材料孔壁造成压力，当 $K_s > 0.91$ 时，未充水的孔隙空间亦不能容纳由于水结冰而增加的体积，故对材料的孔隙产生压力，因而引起冻害。实际上，由于孔隙分布不均匀和局部饱和水的存在，K_s 需小于0.91才是安全的。此外，冻结温度越低，速度越快，越频繁，那么材料产生的冻害就越严重。

所以，对于受大气和水作用的材料，抗冻性往往决定了它的耐久性，抗冻等级越高，材料越耐久。对抗冻等级的选择应根据工程种类、结构部位、使用条件、气候条件等因素来决定。

（三）与热有关的性质

1. 导热性

材料传导热量的能力称为导热性。其大小用热导率 λ 表示。在物理意义上，热导率为单位厚度的材料，当两侧面温度差为1K时，在单位时间内通过单位面积的热量。均质材料的热导率可用下式表示：

$$\lambda = \frac{Qa}{At(T_2 - T_1)}$$

式中：λ——热导率，W/（m·K）；

Q——传导的热量，J；

a——材料厚度，m；

A——热传导面积，m²；

t——热传导时间，h；

$T_2 - T_1$——材料两侧温度差，K。

显然，热导率越小，材料的隔热性能越好。各种建筑材料的热导率差别很大，大致在0.035W/（m·K）（泡沫塑料）至3.500W/（m·K）（大理石）之间。通常将

$\lambda \leqslant 0.15 \text{W/ (m·K)}$ 的材料称为绝热材料。

材料的热导率决定于材料的化学组成、结构、构造、孔隙率与孔隙特征、含水状况及导热时的温度。一般来讲，金属材料、无机材料、晶体材料的热导率分别大于非金属材料、有机材料、非晶体材料。宏观组织结构呈层状或显微构造的材料，其热导率因热流与纤维方向不同而异，顺纤维或层内材料的热导率明显高于与纤维垂直或层间方向的热导率。材料的表观密度越小，则孔隙越多，而 $\lambda_{空气} \leqslant 0.025 \text{W/ (m·K)}$，远远小于固体物质的热导率，所以，材料的热导率越小。当孔隙率相同时，由微小而封闭孔隙组成的材料比由粗大而连通的孔隙组成的材料具有更低的热导率，原因是前者避免了材料孔隙内的热的对流传导。此外，由于 $\lambda_{水}=0.58\text{W/ (m·K)}$、$\lambda_{冰}=2.20\text{W/ (m·K)}$，因此当材料受潮或受冻时会使材料热导率急剧增大，导致材料的保温隔热效果变差。而且对于大多数建筑材料（除金属外），热导率会随导热时温度升高而增大。

2. 热容量

材料在受热时吸收热量，冷却时放出热量的性质称为材料的热容量。热容量的大小用比热容表示。比热容为单位质量（1g）材料温度升高或降低（1K）所吸收或放出的热量。比热容的计算式如下所示：

$$c = \frac{Q}{m(T_2 - T_1)}$$

式中：c——材料的比热容，J/（g·K）；

Q——材料吸收或放出的热量，J；

m——材料的质量，g；

$T_2 - T_1$——材料受热或冷却前后的温差，K。

材料的热导率和比热容是设计建筑物维护结构、进行热工计算时的重要参数，选用热导率小，比热容大的材料可以节约能耗并长时间的保持室内温度的稳定。常见建筑材料的热导率和比热容见表1-2-2。

表 1-2-2 常用建筑材料的热导率和比热容指标

材料名称	热导率/[W/（m·K）]	比热容/[J/（g·K）]	材料名称	热导率/[W/（m·K）]	比热容/[J/（g·K）]
建筑钢材	58	0.48	黏土空心砖	0.64	0.92
花岗岩	3.49	0.92	松木	0.17 ~ 0.35	2.51
普通混凝土	1.28	0.88	泡沫塑料	0.03	1.30
水泥砂浆	0.93	0.84	冰	2.20	2.05
白灰砂浆	0.81	0.84	水	0.60	4.19
普通黏土砖	0.81	0.84	静止空气	0.025	1.00

二、材料的力学性质

（一）材料的强度

材料的强度是材料在应力作用下抵抗破坏的能力。通常情况下，材料内部的应力多由外力（或荷载）作用而引起，随着外力增加，应力也随之增大，直至应力超过材料内部质点所能抵抗的极限，即强度极限，材料发生破坏。

在工程上，通常采用破坏试验法对材料的强度进行实测。将预先制作的试件放置在材料试验机上，施加外力（荷载）直至破坏，根据试件尺寸和破坏时的荷载值，计算材料的强度。

根据外力作用方式的不同，材料强度有抗压、抗拉、抗剪、抗弯（抗折）强度等。

材料的抗压、抗拉、抗剪强度的计算式如下：

$$f = \frac{F_{max}}{A}$$

式中：f——材料抗拉、抗压、抗剪强度，MPa；

F_{max}——材料破坏时的最大荷载，N；

A——试件受力面积，mm^2。

材料的抗弯强度与受力情况有关，一般试验方法是将条形试件放在两支点上，中间作用一集中荷载，对矩形截面试件，则其抗弯强度用下式计算：

$$f_w = \frac{3F_{max}L}{2bh^2}$$

式中：f_w——材料的抗弯强度，MPa；

F_{max}——材料受弯破坏时的最大荷载，N；

L——两支点的间距，mm；

b、h——试件横截面的宽度及高度，mm。

材料强度的大小理论上取决于材料内部质点间结合力的强弱，实际上与材料中存在的结构缺陷有直接关系。组成相同的材料其强度取决于其孔隙率的大小。不仅如此，材料的强度还与测试强度时的测试条件和方法等外部因素有关。为使测试结果准确，可靠且具有可比性，对于强度为主要性质的材料，必须严格按照标准试验方法进行静力强度的测试。

此外，为了便于不同材料的强度比较，常采用比强度这一指标。所谓比强度是指按单位质量计算的材料的强度，其值等于材料的强度与其体积密度之比，即 f / ρ_0。因此，比强度是衡量材料轻质高强的一个主要指标。表 1-2-3 是几种常见建筑材料的比强度对比表。

表 1-2-3 钢材、木材、混凝土和红砖的强度比较

材料	体积密度 ρ_0 / （kg/m³）	抗压强度 f_c / （MP）	比强度 f_c / ρ_0
低碳钢	7860	415	0.53
松木	500	34.3（顺纹）	0.69
普通混凝土	2400	29.4	0.012
红砖	1700	10	0.006

（二）材料的弹性和塑性

材料在极限应力作用下会被破坏而失去使用功能，在非极限应力作用下则会发生某种变形。弹性变形与塑性变形反映了材料在非极限应力作用下两种不同特征的变形。

材料在外力作用下产生变形，当外力取消后能够完全恢复原来形状的性质称为弹性。这种完全恢复的变形称为弹性变形（或瞬时变形）。明显具有弹性变形的材料称为弹性材料。这种变形是可逆的，其数值的大小与外力成正比。其比例系数 E 称为弹性模量。在弹性范围内。弹性模量 E 为常数，其值等于应力 σ 与应变 ε 的比值，即

$$E = \frac{\sigma}{\varepsilon}$$

式中：σ——材料的应力，MPa；

ε——材料的应变；

E——材料的弹性模量，MPa。

弹性模量是衡量材料抵抗变形能力的一个指标，E 越大，材料越不易变形。

材料在外力作用下产生变形，如果外力取消后，仍能保持变形后的形状和尺寸，并且不产生裂缝的性质称为塑性。这种不能恢复的变形称为塑性变形（或永久变形）。明显具有塑性变形的材料称为塑性材料。

实际上，纯弹性与纯塑性的材料都是不存在的。不同的材料在力的作用下表现出不同的变形特征。例如，低碳钢在受力不大时仅产生弹性变形，此时，应力与应变的比值为一常数。随着外力增大直至超过弹性极限时，则不但出现弹性变形，而且出现塑性变形。对于沥青混凝土，在它受力开始，弹性变形和塑性变形便同时发生，除去外力后，弹性变形可以恢复，而塑性变形不能恢复。具有上述变形特征的材料称为弹塑性材料。

（三）材料的脆性和韧性

材料受力达到一定程度时，突然发生破坏，并无明显的变形，材料的这种性质称为脆性。大部分无机非金属材料均属脆性材料，如天然石材，烧结普通砖、陶瓷、玻璃、普通混凝土、砂浆等。脆性材料的另一特点是抗压强度高而抗拉、抗折强度低。

材料在冲击或动力荷载作用下，能吸收较大能量而不破坏的性能，称为韧性或冲击韧

性。韧性以试件破坏时单位面积所消耗的功表示。如木材、建筑钢材等属于韧性材料。韧性材料的特点是塑性变形大，受力时产生的抗拉强度接近或高于抗压强度。

（四）材料的硬度和耐磨性

材料的硬度是材料表面的坚硬程度，是抵抗其他硬物刻划、压入其表面的能力。不同材料的硬度测定方法不同。刻划法用于天然矿物硬度的划分，按滑石、石膏、方解石、萤石、磷灰石、正长石、石英、黄玉、刚玉、金刚石的顺序，分为 10 个硬度等级。回弹法用于测定混凝土表面硬度，并间接推算混凝土的强度，也用于测定陶瓷、砖、砂浆、塑料、橡胶、金属等的表面硬度并间接推算其强度。一般，硬度大的材料耐磨性较强，但不易加工。

耐磨性是材料表面抵抗磨损的能力。材料的耐磨性用磨耗率表示，计算公式如下：

$$G = \frac{m_1 - m_2}{A}$$

式中：G——材料的磨耗率，g/cm^2；

m_1——材料磨损前的质量，g；

m_2——材料磨损后的质量，g；

A——材料试件的受磨面积，cm^2。

土木建筑工程中，用于道路、地面、踏步等部位的材料，均应考虑其硬度和耐磨性。一般来说，强度较高且密实的材料，其硬度较大，耐磨性较好。

三、材料的耐久性

材料的耐久性是泛指材料在使用条件下，受各种内在或外来自然因素及有害介质的作用，能长久地保持其使用性能的性质。耐久性是衡量材料在长期使用条件下的安全性能的一项综合指标，包括抗冻性，抗渗性，抗化学侵蚀性，抗碳化性能，大气稳定性，耐磨性等多种性质。

材料在建筑物之中，除要受到各种外力的作用之外，还经常要受到环境中许多自然因素的破坏作用。这些破坏作用包括物理、化学、机械及生物的作用。

物理作用有干湿变化、温度变化及冻融变化等。这些作用将使材料发生体积的胀缩，或导致内部裂缝的扩展。时间长久之后即会使材料逐渐破坏。在寒冷地区，冻融变化对材料会起着显著的破坏作用。在高温环境下，经常处于高温状态的建筑物或构筑物，所选用的建筑材料要具有耐热性能。在民用和公共建筑中，考虑安全防火要求，须选用具有抗火性能的难燃或不燃的材料。

化学作用包括大气、环境水以及使用条件下酸、碱、盐等液体或有害气体对材料的侵蚀作用。

机械作用包括使用荷载的持续作用，交变荷载引起材料疲劳，冲击、磨损、磨耗等。

生物作用包括菌类、昆虫等的作用而使材料腐朽、蛀蚀而破坏。

　　砖、石料、混凝土等矿物材料，多是由于物理作用而破坏，也可能同时会受到化学作用的破坏。金属材料主要是由于化学作用引起的腐蚀。木材等有机质材料常因生物作用而破坏。沥青材料、高分子材料在阳光、空气和热的作用下，会逐渐老化而使材料变脆或开裂。

　　材料的耐久性指标是根据工程所处的环境条件来决定的。例如处于冻融环境的工程，所用材料的耐久性以抗冻性指标来表示。处于暴露环境的有机材料，其耐久性以抗老化能力来表示。由于耐久性是一项长期性质，所以对材料耐久性最可靠的判断是在使用条件下进行长期的观察和测定，这样做需要很长时间。通常是根据使用要求，在实验室进行快速试验，并对此耐久性作出判断，实验室快速试验包括：干湿循环，冻融循环，加湿与紫外线干燥循环，碳化，盐溶液浸渍与干燥循环，化学介质浸渍等。

第二章 气硬性胶凝材料

胶凝材料，是指经过自身的物理化学作用后，将散粒材料、块状材料或纤维材料黏结成为整体，并经物理、化学作用后可由塑性浆体逐渐硬化而成为人造石材的材料。胶凝材料按其化学成分可分为有机和无机两大类。无机胶凝材料按其硬化时的条件又可分为：气硬性胶凝材料与水硬性胶凝材料。气硬性胶凝材料只能在空气中硬化，也只能在空气中保持或继续提高其强度，如石灰、石膏、水玻璃等。水硬性胶凝材料不仅能在空气中硬化，而且能更好地在水中硬化，保持并继续提高其强度，如各种水泥。

第一节　石　灰

一、石灰的生产及分类

（一）石灰的生产

石灰的来源之一是某些工业副产品。如：

$$CaC_2+2H_2O == C_2H_2\uparrow +Ca(OH)_2$$

生产石灰的原料为石灰石、白云质石灰石或其他含碳酸钙为主的天然原料。

$$CaCO_3 \xrightarrow{[900\sim1100℃]} CaO+CO_2\uparrow$$

石灰煅烧窑：土窑和立窑。土窑为间歇式煅烧，立窑为连续式煅烧。

立窑生产石灰的过程：原料和燃料按一定比例从窑顶分层装入，逐层下降，在窑中经预热、煅烧、冷却等阶段后，成品从窑底卸出。其工艺流程如图 2-1-1 所示。

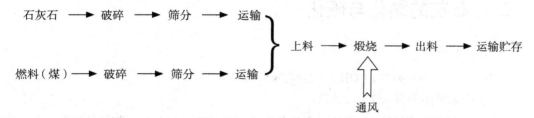

图 2-1-1 石灰生产的工艺流程

石灰的煅烧需要足够的温度和时间。

石灰石在 600℃ 左右开始分解，并随着温度的提高其分解速度也逐渐加快；

当温度达到 900℃ 时，CO_2 分压达到 $1 \times 10^5 Pa$，此时的分解就能达到较快的速度，因此，常将这个温度作为 $CaCO_3$ 的分解温度。

在实际生产中，可采用更高的煅烧温度以进一步加快石灰石分解的速度，但不得采用过高的温度，通常控制在 1000℃ ~ 1200℃。

（1）正火石灰：正常温度和煅烧时间所煅烧的石灰具有多孔结构，内部孔隙率大，表观密度较小，晶粒细小，与水反应迅速，这种石灰称为正火石灰。

（2）欠火石灰：若煅烧温度低或时间短时，石灰石的表层部分可能为正火石灰，而内部会有未分解的石灰石核心；其石灰石核不能水化。

（3）过火石灰：若煅烧温度过高或高温持续时间过长，则会因高温烧结收缩而使石灰内部孔隙率减少，体积收缩，晶粒变得粗大，这种石灰称为过火石灰；其结构较致密，与水反应时速度很慢，往往需要很长时间才能产生明显的水化效果。

石灰石中常含有一定量的碳酸镁（$MgCO_3$）：

$$MgCO_3 \xrightarrow{[600~700℃]} MgO + CO_2 \uparrow$$

MgO：结构致密和水化速度很慢。

按氧化镁含量的多少，建筑石灰可分为钙质和镁质两类。

当石灰中 MgO 含量小于或等于 5% 时，称钙质石灰；

当 MgO 含量大于 5% 时，称为镁质石灰。

石灰的化学分析

CaO   MgO

（二）石灰的种类

1. 生石灰粉：由块状生石灰磨细生成。

2. 消石灰粉：将生石灰用适量水经消化和干燥而成的粉末，主要成分为 $Ca(OH)_2$。

3. 石灰膏：将块状石灰石用过量水（约为生石灰体积的 3 ~ 4 倍）消化所得的膏状物即为石灰膏，其主要成分为 $Ca(OH)_2$ 和水。石灰膏中的水分约占 50%，容重为 1300 ~ 1400kg/m³。1kg 生石灰可熟化成 1.5kg ~ 3kg 石灰膏。

二、石灰的熟化与硬化

1. 石灰的熟化

$$CaO + H_2O \longrightarrow Ca(OH)_2 + 64.9kJ$$

（1）熟化时体积增大 1 ~ 2.5 倍。

（2）为了消除过火石灰的危害，石灰膏在使用之前应进行陈伏。陈伏是指石灰乳（或石灰膏）在储灰坑中放置 14d 以上的过程。

（3）陈伏期间，石灰膏表面应保有一层水分，使其与空气隔绝。

2. 石灰的硬化

（1）干燥结晶硬化过程

水分蒸发引起 $Ca(OH)_2$ 溶液过饱和而结晶析出。

（2）碳化过程

氢氧化钙与空气中的二氧化碳化合生成碳酸钙结晶，并释出水分，称为碳化。

$$Ca(OH)_2 + CO_2 + nH_2O = CaCO_3 + (n+1)H_2O$$

当材料表面形成碳酸钙达到一定厚度时，阻碍了空气中 CO_2 的渗入，也阻碍了内部水分向外蒸发，这是石灰凝结硬化慢的原因。

三、石灰的性质与技术要求

1. 石灰的性质

①可塑性好。生石灰熟化为石灰浆时，能自动形成颗粒极细（直径约为 $1\mu m$）的呈胶体分散状态的氢氧化钙，表面吸附一层厚的水膜。

②硬化较慢、强度低。硬化后的强度也不高，1∶3 的石灰砂浆 28 天抗压强度通常只有 0.2 ~ 0.5MPa。

③硬化时体积收缩大。工程上常在其中掺入砂、各种纤维材料等减少收缩。

④耐水性差。石灰不宜在潮湿的环境中使用，也不宜单独用于建筑物基础。

⑤石灰吸湿性强。块状生石灰在放置过程中，会缓慢吸收空气中的水分而自动熟化成消石灰粉，再与空气中的二氧化碳作用生成碳酸钙，失去胶结能力。

2. 石灰的技术要求

建筑工程中所用的石灰常分三个品种：建筑生石灰、建筑生石灰粉和建筑消石灰粉。

我国建材行业标准：

JC/T479—92《建筑生石灰》

JC/T480—92《建筑生石灰粉》

JC/T481—92《建筑消石灰粉》

交通部门行业标准 JTJ034—2000《公路路面基层施工技术规范》仍按国家标准 GB 1594—79 将生石灰和消石灰分为三个等级，其技术要求均低于对应的建材行业标准。

（1）生石灰

按现行建材行业标准 JC/T479—92《建筑生石灰》的规定，钙质生石灰、镁质生石灰各分为优等品、一等品、和合格品三个等级，技术指标见表 2-1-1：

表 2-1-1 生石灰技术指标

项目	钙质生石灰			镁质生石灰		
	优等品	一等品	合格品	优等品	一等品	合格品
（CaO+MgO）含量/%，不小于	90	85	80	85	80	75
未消化残渣含量（5mm 圆孔筛筛余量）/%，不大于	5	10	15	5	10	15
CO_2/%，不大于	5	7	9	6	8	10
产浆量/（L/kg），不小于	2.8	2.3	2.0	2.8	2.3	2.0

（2）生石灰粉

按现行行业标准 JC/T480—92《建筑生石灰粉》的规定，生石灰粉的技术指标如表 2-1-2：

表 2-1-2 生石灰粉技术指标

项目		钙质生石灰			镁质生石灰		
		优等品	一等品	合格品	优等品	一等品	合格品
（CaO+MgO）含量/%，不小于		85	80	75	80	75	70
CO_2/，不大于		7	9	11	8	10	12
细度	0.90mm 筛的筛余，%，不大于	0.2	0.5	1.5	0.2	0.5	1.5
	0.125mm 筛的筛余，%，不大于	7.0	12.0	18.0	7.0	12.0	18.0

（3）建筑消石灰粉

建筑消石灰粉按氧化镁含量分为钙质消石灰粉、镁质消石灰粉、白云石消石灰粉等，每种又有优等品、一等品和合格品三个等级。

表 2-1-3 建筑消石灰粉按氧化镁含量的分类界限

品种名称	钙质消石灰粉	镁质消石灰粉	白云石消石灰粉
氧化镁含量/%	≤ 4	4 ≤ MgO < 24	24 ≤ MgO < 30

表 2-1-4 建筑消石灰粉的技术指标

项目	钙质消石灰粉			镁质消石灰粉			白云石消石灰粉		
	优等品	一等品	合格品	优等品	一等品	合格品	优等品	一等品	合格品
（CaO+MgO）含量/%，≮	70	65	60	65	60	55	65	60	55
游离水/%	0.4～2	0.4～2	0.4～2	0.4～2	0.4～2	0.4～2	0.4～2	0.4～2	0.4～2
体积安定性	合格	合格	–	合格	合格	–	合格	合格	–
细度　0.9mm 筛余 %，≯	0	0	0.5	0	0	0.5	0	0	0.5
细度　0.125mm 筛余/%，≯	3	10	15	3	10	15	3	10	15

四、石灰的应用

表 2-1-5 石灰的适用范围

品种名称	适用范围
生石灰	配置石灰膏：磨细成生石灰粉
石灰膏	用于调制石灰砌筑砂浆或抹面砂浆 稀释成石灰乳（石灰水）涂料，用于内墙和平顶刷白
生石灰粉（磨细生石灰粉）	用于调制石灰砌筑砂浆或抹面砂浆 配制无熟料水泥（石灰矿渣水泥、石灰粉煤灰水泥、石灰火山灰水泥等） 制作硅酸盐制品（如灰砂砖等） 制作碳化制品（如碳化石灰空心板） 用于石灰土（灰土）和三合土
消石灰粉	制作硅酸盐制品 用于石灰土（石灰＋黏土）和三合土

1. 制作石灰乳涂料

石灰乳由消石灰粉或消石灰浆掺大量水调制而成。可用于建筑室内墙面和顶棚粉刷。掺入 107 胶或少量水泥粒化高炉矿渣（或粉煤灰），可提高粉刷层的防水性；掺入各种色彩的耐碱材料，可获得更好的装饰效果。

2. 配制砂浆

石灰浆和消石灰粉可以单独或与水泥一起配制成砂浆，前者称石灰砂浆，后者称混合砂浆，用于墙体的砌筑和抹面。为了克服石灰浆收缩性大的缺点，配制时常要加入纸筋等纤维质材料。

3. 拌制石灰土和石灰三合土

消石灰粉与黏土的拌和物，称为灰土，若再加入砂（或碎石、炉渣等）即成三合土。

灰土和三合土在夯实或压实下，密实度大大提高，而且在潮湿的环境中，黏土颗粒表面的少量活性氧化硅和氧化铝与 $Ca(OH)_2$ 发生反应，生成水硬性的水化硅酸钙和水化铝酸钙，使黏土的抗渗能力、抗压强度、耐水性得到改善。

三合土和灰土主要用于建筑物基础、路面和地面的垫层。

4. 生产硅酸盐制品

磨细生石灰（或消石灰粉）和砂（或粉煤灰、粒化高炉矿渣、炉渣）等硅质材料加水拌和，经过成型、蒸养或蒸压处理等工序而成的建筑材料，统称为硅酸盐制品。如灰砂砖、粉煤灰砖、粉煤灰砌块、硅酸盐砌块等。

五、石灰的贮存

（1）应注意防潮和防碳化

生石灰应贮存在干燥的环境中，要注意防雨防潮，并不宜久存。最好运到工地（或熟化工厂）后立即熟化成石灰浆，将储存期变为陈伏期。

消石灰贮存时应包装密封，以隔绝空气，防止碳化；对石灰膏，应在其上层始终保留2cm 以上的水层，以防止其碳化而失效。

（2）注意安全

由于生石灰受潮熟化时放出大量的热，而且体积膨胀，所以，储存和运输生石灰时，还要注意安全。

在石灰装卸过程中也要注意安全。

第二节　建筑石膏

石膏是以 $CaSO_4$ 为主要成分的气硬性胶凝材料。

一、石膏的分类

1. 天然石膏

可分为天然二水石膏和天然硬石膏。

天然二水石膏（$CaSO_4 \cdot 2H_2O$），属于以硫酸钙为主所形成的沉积岩，一般沉积在距地表 800 ~ 1500m 的深处。密度约为 2.2 ~ 2.4g/cm³，难溶于水。

天然硬石膏又称无水石膏，它是由无水硫酸钙（$CaSO_4$）所组成的沉积岩石，其密度

约为 $2.9 \sim 3.1\mathrm{g/cm^3}$。硬石膏矿层一般位于二水石膏层以下的深处，其晶体结构比较稳定，化学活性较差。

2. 化学石膏

是指化工生产过程中所生成的以 $CaSO_4 \cdot 2H_2O$ 或 $CaSO_4 \cdot 0.5H_2O$ 为主要成分的副产品。

二、石膏的生产

1. 建筑石膏

建筑石膏（半水石膏）是将二水石膏加热脱水制成的产品，由于其脱水工艺不同，所形成的半水石膏类型也不同。其中在蒸压环境中加热（蒸炼）可得 α 型半水石膏，在回转窑或炒锅中进行直接加热（煅烧）可得 β 型半水石膏。

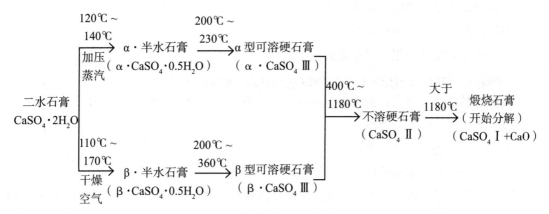

图 2-2-1 建筑石膏的生产工艺

普通建筑石膏：β 型半水石膏再经磨细所制得的白色粉末，其密度为 $2.60 \sim 2.75\mathrm{g/cm^3}$，松堆积密度为 $800 \sim 1000\mathrm{kg/m^3}$，是土木工程中应用最多的石膏材料。

2. 高强石膏

高强石膏是将天然二水石膏蒸压脱水而得的。型半水石膏经磨细制得的白色粉末，其密度为 $2.6 \sim 2.8\mathrm{g/cm^3}$，松堆积密度为 $1000 \sim 1200\mathrm{kg/m^3}$。

由于高强石膏具有较高的强度和黏结能力，多用于要求较高的抹灰工程、装饰制品和制作石膏板；当加入防水剂后它还可制成高强防水石膏，加入少量有机胶结材料可使其成为无收缩的胶粘剂。

3. 硬石膏

半水石膏在 200℃ 左右时转变而成脱水半水石膏，其结构不稳定，在潮湿条件下易转变成相应的半水石膏。当温度继续升高时可转变成可溶性硬石膏（$CaSO_4$ Ⅲ），但其性质变化却不大，也能很快地从空气中吸收水分而水化，且强度较低。

可溶性硬石膏在 400℃ $\sim$ 1180℃ 范围煅烧转变成不溶性硬石膏（$CaSO_4$ Ⅱ），其结构体变得紧密和稳定，密度大于 $2.99\mathrm{g/cm^3}$，难溶于水，凝结很慢。只有加入某些激发剂（如碱性粒化高炉矿渣、石灰等）后，才能使其具有一定的水化和硬化能力；不溶性硬石膏经磨细后可制成无水石膏水泥（硬石膏水泥），它主要用于制作石膏灰浆、石膏板和其他石膏制品。

4. 高温煅烧石膏

煅烧温度大于 1180℃时，$CaSO_4$ 开始部分分解，称为煅烧石膏，其主要成分为 $CaSO_4$ 和少量石灰，能凝结硬化，强度高。在 1600℃ 以上，$CaSO_4$ 全部分解成石灰。

$$CaSO_4 \longrightarrow CaO + SO_2 + O_2$$

三、建筑石膏的凝结与硬化

（1）建筑石膏的凝结与硬化机理很复杂，但其硬化理论主要有两种：

结晶理论（又称溶解—沉淀理论）；

胶体理论（又称局部反应理论）。

浆体内部的化学变化结果主要为：

$$CaSO_4 \cdot 0.5H_2O + 1.5H_2O \longrightarrow CaSO_4 \cdot 2H_2O + 19300 J/mol$$

按照结晶理论，建筑石膏的凝结硬化过程可分为三个阶段，即：

水化作用的化学反应阶段；

结晶作用的物理变化阶段；

硬化作用的强度增强阶段。

（2）石膏凝结硬化机理：半水石膏加水拌和后很快溶解于水，并生成不稳定的过饱和溶液；溶液中的半水石膏经过水化反应而转化为二水石膏。因为二水石膏比半水石膏的溶解度要低（20℃时，以 $CaSO_4$ 计，二水石膏为 2.05g/L，α 型半水石膏为 7.06g/L，β 型半水石膏为 8.16g/L），所以二水石膏在溶液中处于高度过饱和状态，从而导致二水石膏晶体很快析出。

由于半水石膏完全水化的理论需水量是 18.6%，而实际用水量远大于此，通常：

1）普通建筑石膏（β 型半水石膏）水化时的用水量一般为 60% ~ 80%。因此，未参与水化的多余水分蒸发后在石膏硬化体内会留下大量的孔隙，从而使其密实度和强度都大大降低。通常其强度只有 7.0 ~ 10.0MPa。

2）高强石膏（α 型半水石膏），由于其水化时的用水量较低（为 35% ~ 45%），只是建筑石膏用水量的一半，因此其硬化体结构较密实，强度也较高（可达 24.0 ~ 40.0MPa）。

四、建筑石膏的技术性质

1. 建筑石膏的技术要求

《建筑石膏》（GB9776—1999）规定，根据建筑石膏的主要技术指标可划分为优等品、一等品和合格品等三个质量等级，并要求它们的初凝时间不小于 6min，终凝时间不大于 30min，其他技术性能指标应满足规定要求。

表 2-2-1 建筑石膏的主要技术指标

技术要求	等级		
	优等品	一等品	合格品
抗折强度（MPa）	2.5	2.1	1.8
抗压强度（MPa）	5.0	4.0	3.0
细度，0.2mm 方孔筛筛余≥（%）	5.0	10.0	15.0

2. 建筑石膏的技术特性

①凝结硬化快。建筑石膏水化迅速，常温下完全水化所需时间仅为 7 ~ 12min。适合于大规模连续生产。在使用石膏浆体时，若需要延长凝结时间，可掺加适量缓凝剂。

②硬化后孔隙率大、强度较低。建筑石膏孔隙率可高达 40% ~ 60%。建筑石膏制品的表观密度较小（400 ~ 900kg/m³），导热系数较小（0.121 ~ 0.205W/（m·K））。较高的孔隙率使得石膏制品的强度较低。

③体积稳定。建筑石膏凝结硬化过程中体积不收缩，还略有膨胀，一般膨胀率为 0.5% ~ 1.5%。

④不耐水。石膏的软化系数仅为 0.3 ~ 0.45。若长期浸泡在水中还会因二水石膏晶体溶解而引起溃散破坏；若吸水后受冻，还会因孔隙中水分结冰膨胀而引起崩溃。因此，石膏的耐水性、抗冻性都较差。

⑤防火性能良好。石膏制品本身不可燃，而且具有抵抗火焰靠近的能力。

⑥具有一定调湿作用。由于石膏制品内部的大量毛细孔隙对空气中水分具有较强的吸附能力，在干燥时又可释放水分。

⑦装饰性好。石膏洁白、细腻。

五、建筑石膏的应用

1. 粉刷石膏

是由建筑石膏或由建筑石膏与无水石膏（$CaSO_4$ Ⅱ）二者混合后，再掺入外加剂、填料等制成。按其用途不同可分为面层粉刷石膏（M）、底层粉刷石膏（D）和保温层粉刷石膏（W）三类。《粉刷石膏》（JC/T517—1993）的标准规定，初凝时间应不小于 1h，终凝时间应不大于 8h。根据其强度可划分为优等品（A）、一等品（B）和合格品（C）三个等级。

表 2-2-2 粉刷石膏的分类

产品类别	面层粉刷石膏			底层粉刷石膏			保温层粉刷石膏	
等级	优等品	一等品	合格品	优等品	一等品	合格品	优等品	一等品,合格品
抗压强度/MPa，≮	5.0	3.5	2.5	4.0	3.0	2.0	2.5	1.0
抗折强度/MPa，≮	3.0	2.0	1.0	2.5	1.5	0.8	1.5	0.6

2. 石膏板

（1）纸面石膏板

根据国家标准 GB/T9775—1999《纸面石膏板》的规定，纸面石膏板的主要技术要求有：外观质量、尺寸偏差、对角线长度差、断裂荷载、单位面积质量、护面纸与石膏芯的黏结、吸水率、表面吸水量和遇火稳定性。其中吸水率、表面吸水量仅适用于耐水纸面石膏板；遇火稳定性仅适用于耐火纸面石膏板。

纸面石膏板按其用途分为：

普通纸面石膏板；

耐水纸面石膏板；

耐火纸面石膏板。

①普通纸面石膏板

是以建筑石膏作为主要原料，掺入适量轻集料、纤维增强材料和外加剂构成芯材，并与护面纸板牢固地黏结在一起的建筑板材。护面纸板（专用的厚质纸）主要起到提高板材抗弯、抗冲击性能的作用。

耐火极限一般为 5 ~ 15min。板材的耐水性差，受潮后强度明显下降，且会产生较大变形或较大的挠度。

具有可锯、可刨、可钉等良好的可加工性。是目前广泛使用的轻质板材之一。

②耐水纸面石膏板

是以建筑石膏为主要原料，掺入适量纤维增强材料和耐水外加剂等构成耐水芯材，并与耐水护面纸牢固地黏结在一起的吸水率较低的建筑板材。

表 2-2-3 耐水纸面石膏板的含水率、吸水率、表面吸水率要求

含水率/%，≯				吸水率/%，≯						表面吸水率/%，≯		
优等品、一等品		合格品		优等品		一等品		合格品		优等品	一等品	合格品
平均值	最大值	平均值	最大值	平均值	最大值	平均值	最大值	平均值	最大值	平均值		
2.0	2.5	3.0	3.5	5.0	6.0	8.0	9.0	10.0	11.0	1.6	2.0	2.4

表 2-2-4 耐水纸面石膏板的单位面积质量、受潮挠度、湿粘接要求

板厚/mm	单位面积质量/（kg/m²），≯			受潮挠度/mm，≯			护面纸与石膏芯的湿黏结
	优等品	一等品	合格品	优等品	一等品	合格品	
9	9.0	9.5	10.0	48	52	56	板材浸水 2h，护面纸与石膏芯不得剥离
12	12.0	12.5	13.0	32	36	40	
15	15.0	15.5	16.0	16	20	24	

表 2-2-5 普通纸面石膏板、耐水纸面石膏板的断裂荷载

板材厚度/mm	纵向断裂荷载/N，≮				横向断裂荷载/N，≮			
	优等品		一等品、合格品		优等品		一等品、合格品	
	平均值	最小值	平均值	最小值	平均值	最小值	平均值	最小值
9	392	352	353	318	167	150	137	123
12	539	485	490	441	206	185	176	150
15	686	617	637	573	255	229	216	194
18	833	750	784	706	294	265	255	229

③耐火纸面石膏板

以建筑石膏为主，掺入适量轻集料、无机耐火纤维增强材料和外加剂构成耐火芯材，并与护面纸牢固地黏结在一起的改善高温下芯材结合力的建筑板材。

属难燃性建筑材料，具有较高的遇火稳定性，其遇火稳定时间大于 20 ~ 30min。GB 50222—95 规定，当耐火纸面石膏板安装在钢龙骨上时，可作为 A 级装饰材料使用。其他性能与普通纸面石膏板相同。

主要用作防火等级要求高的建筑物的装饰材料，如影剧院、体育馆、幼儿园、展览馆、博物馆、候机（车）大厅、售票厅、商场、娱乐场所及其通道、楼梯间、电梯间等的吊顶、墙面、隔断等。

第三节 水玻璃

水玻璃俗称泡花碱，是由不同比例的碱金属氧化物和二氧化硅化合而成的一种可溶于水的硅酸盐。

建筑常用的为硅酸钠（$Na_2O \cdot nSiO_2$）水溶液，又称钠水玻璃。

要求高时也用硅酸钾（$K_2O \cdot nSiO_2$）的水溶液，又称钾水玻璃。

一、水玻璃的生产

（1）湿法：将石英砂和苛性钠溶液在压蒸锅（2～3个大气压）内用蒸汽加热，并加搅拌，使直接反应而成液体水玻璃。

$$n SiO_2 + 2NaOH \longrightarrow Na_2O \cdot nSiO_2 + H_2O$$

（2）干法：是将石英砂和碳酸钠磨细拌匀，在熔炉中于1300～1400℃高温下熔化，生产固体水玻璃，将固体水玻璃装进蒸压釜中，通入水蒸气，使固体水玻璃溶解于水中，便获得液体水玻璃。

$$n SiO_2 + Na_2CO_3 \xrightarrow{1300 \sim 1400℃} Na_2O \cdot nSiO_2 + CO_2 \uparrow$$

二氧化硅（SiO_2）与氧化钠（Na_2O）的摩尔数的比值 n，称为水玻璃的模数，$n \geq 3$ 的称为中性水玻璃，$n < 3$ 的称为碱性水玻璃。

水玻璃溶解于水的难易随水玻璃模数 n 而定。n 值越大，水玻璃的越难溶于水。

n 为1时，能溶解于常温水中；当 n 大于3时，要在4个大气压以上的蒸汽中才能溶解。

水玻璃的浓度越高，模数越高，则水玻璃的密度和黏度越大，硬化速度越快，硬化后的黏结力与强度、耐热性与耐酸性就越高。但水玻璃的浓度和模数不宜太高。水玻璃的浓度一般用密度来表示，通常为 1.3～1.5g/cm³，模数为 2.6～3.0。

液体水玻璃可以与水按任意比例混合。

二、水玻璃的硬化

水玻璃在空气中吸收二氧化碳，析出二氧化硅凝胶，并逐渐干燥脱水成为氧化硅而硬化，其表达式为：

$$Na_2O \cdot nSiO_2 + CO_2 + mH_2O \Longrightarrow nSiO_2 \cdot mH_2O + Na_2CO_3$$

由于空气中二氧化碳的浓度较低，为加速水玻璃的硬化，常加入氟硅酸钠（Na_2SiF_6）作为促硬剂，加速二氧化硅凝胶的析出。

$$2(Na_2O \cdot nSiO_2) + mH_2O + Na_2SiF_6 \Longrightarrow (2n+1)SiO_2 \cdot mH_2O + 6NaF$$

氟硅酸钠的适宜用量为水玻璃重的 12%～15%。

三、水玻璃的性质

①黏结力强、强度较高。水玻璃在硬化后，其主要成分为二氧化硅凝胶和氧化硅，因而具有较高的黏结力和强度。用水玻璃配制的混凝土的抗压强度可达 15～40MPa。

②耐酸性好。由于水玻璃硬化后的主要成分为二氧化硅，它可以抵抗除氢氟酸、氟硅酸以外的几乎所有的无机和有机酸。用于配制水玻璃耐酸混凝土、耐酸砂浆、耐酸胶泥等。

③耐热性好。硬化后形成的二氧化硅网状骨架，在高温下强度下降不大。用于配制水玻璃耐热混凝土、耐热砂浆、耐热胶泥。

④耐碱性和耐水性差。在硬化后，仍然有一定量的水玻璃 $Na_2O \cdot nSiO_2$。由于 SiO_2 和 $Na_2O \cdot nSiO_2$ 均可溶于碱。碱或碱金属的氢氧化物，几乎都可以与水玻璃发生反应，生成相应的水化硅酸盐晶体。$Na_2O \cdot nSiO_2$ 可溶于水，所以水玻璃硬化后不耐碱、不耐水。为提高耐水性，常采用中等浓度的酸对已硬化的水玻璃进行酸洗处理。

四、水玻璃的应用

①涂刷材料表面，提高抗风化能力：以密度为 $1.35g/cm^3$ 的水玻璃浸渍或涂刷黏土砖、水泥混凝土、硅酸盐混凝土、石材等多孔材料，可提高材料的密实度、强度、抗渗性、抗冻性及耐水性等。

$$Na_2O \cdot nSiO_2 + Ca(OH)_2 = Na_2O \cdot (n-1)SiO_2 + CaO \cdot SiO_2 + H_2O$$

②加固土壤：将水玻璃和氯化钙溶液交替压注到土壤中，生成的硅酸凝胶和硅酸钙凝胶可使土壤固结，从而避免了由于地下水渗透引起的土壤下沉。

$$CaCl_2 + Na_2O \cdot nSiO_2 + mH_2O = 2NaCl + nSiO_2 \cdot (m-1)H_2O + Ca(OH)_2$$

③配制速凝防水剂：水玻璃加两种、三种或四种矾，即可配制成所谓的二矾、三矾、四矾速凝防水剂。

④修补砖墙裂缝：将水玻璃、粒化高炉矿渣粉、砂及氟硅酸钠按适当比例拌和后，直接压入砖墙裂缝，可起到黏结和补强作用。

表 2-3-1 修补墙砖裂缝混凝土成分配比及参数

液体水玻璃			矿渣粉	砂	氟硅酸钠（%）
模数	比重	重量			
2.3	1.52	1.5	1	2	8
3.36	1.36	1.15	1	2	15

⑤配制耐酸胶凝、耐酸砂浆和耐酸混凝土。耐酸胶凝是用水玻璃和耐酸粉料（常用石英粉）配制而成。与耐酸砂浆和混凝土一样，主要用于有耐酸要求的工程。如硫酸池等。

⑥配制耐热胶凝、耐热砂浆和耐热混凝土。水玻璃胶凝主要用于耐火材料的砌筑和修补。水玻璃耐热砂浆和混凝土主要用于高炉基础和其他有耐热要求的结构部位。

第四节 菱苦土

菱苦土，又称镁质胶凝材料或氯氧镁水泥，是由含 $MgCO_3$ 为主的原料（如菱镁矿），在 $750 \sim 850℃$ 下煅烧，经磨细而得的一种白色或浅黄色粉末，其主要成分为 MgO。

菱苦土与水拌和后迅速水化并放出大量的热，其凝结硬化很慢，强度很低。通常用氯化镁（$MgCl_2$）的水溶液（也称卤水）来拌和，氯化镁的用量为 55% ~ 60%（以 $MgCl_2 \cdot 6H_2O$ 计）。氯化镁可大大加速菱苦土的硬化，且硬化后的强度很高。硬化后的主要产物为 $xMgO \cdot yMgCl_2 \cdot zH_2O$。加氯化镁后，初凝时间为 30 ~ 60min，1d 时的强度可达最高强度的 60% ~ 80%，7d 左右可达最高强度（抗压强度达 40 ~ 70MPa）。硬化后的表观密度为 1000 ~ 1100kg/m³。

菱苦土硬化后的主要产物 $xMgO \cdot yMgCl_2 \cdot zH_2O$，吸湿性大，耐水性差，遇水或吸湿后易产生翘曲变形，表面泛霜，且强度大大降低。因此菱苦土制品不宜用于潮湿环境。菱苦土在存放时，须防潮、防水，且贮存期不宜超过 3 个月。

为了改善菱苦土制品的耐水性，可采用硫酸镁（$MgSO_4 \cdot 7H_2O$）和硫酸亚铁（$FeSO_4 \cdot H_2O$）来拌和，但强度有所降低。也可掺入少量的磷酸盐或防水剂。此外也可掺入活性混合材料，如粉煤灰等。

菱苦土与各种纤维的黏结良好，且碱性较低，对各种纤维和植物的腐蚀较弱。建筑上常用菱苦土与木屑（1：1.5 ~ 3）及氯化镁溶液（密度为 1.2 ~ 1.25g/cm²）制作菱苦土木屑地面。它具有保温、防火、防爆（碰撞时不发火星）及一定的弹性。表面刷漆后，使用于纺织车间、教室、办公室、影剧院等，但不宜用于经常潮湿的环境。

第三章 水 泥

水泥：粉状水硬性无机胶凝材料。加水搅拌后成浆体，能在空气中硬化或者在水中更好的硬化，并能把砂、石等材料牢固地胶结在一起。

早期石灰与火山灰的混合物与现代的石灰火山灰水泥很相似，用它胶结碎石制成的混凝土，硬化后不但强度较高，而且还能抵抗淡水或含盐水的侵蚀。长期以来，它作为一种重要的胶凝材料，广泛应用于土木建筑、水利、国防等工程。

水泥从诞生至今的180多年发展历程中，为人类社会进步及经济发展做出了巨大贡献，与钢材、木材一起并称为土木工程的三大基础材料。由于水泥具有原料资源较易获得、成本相对较低、工程使用性能良好，以及与环境有较好的相容性，在目前乃至未来相当长的时期内，水泥仍将是不可替代的主要土木工程材料。使用者如能准确了解各种水泥的特性及应用范围，对工程质量等将有重要作用。

第一节 通用硅酸盐水泥

水泥按照其用途和性能，可分为通用水泥、专用水泥、特性水泥。通用水泥是指大量用于一般土木建筑工程的水泥。工程中最常用的硅酸盐类水泥，主要有硅酸盐水泥、普通硅酸盐水泥、矿渣硅酸盐水泥、火山灰质硅酸盐水泥、粉煤灰硅酸盐水泥和复合硅酸盐类水泥六大类，统称为通用硅酸盐水泥。

一、硅酸盐水泥（波特兰水泥）

（一）定义

根据国家标准《通用硅酸盐水泥》（GB175—2007）规定，凡由硅酸盐水泥熟料、0～5%石灰石或粒化高炉矿渣、适量石膏磨细制成的水硬性胶凝材料，统称为硅酸盐水泥。硅酸盐水泥分两种类型，不掺加混合材料的称 I 型硅酸盐水泥，其代号为 P·I；在硅酸盐水泥熟料粉磨时掺加不超过水泥质量 5% 的石灰石或粒化高炉矿渣混合材料的称 II 型硅酸盐水泥，其代号为 P·II。

（二）硅酸盐水泥特点

1. 硅酸盐水泥的优点与应用

硅酸盐水泥强度等级较高，主要用于重要结构的高强度混凝土和预应力混凝土工程。硅酸盐水泥凝结硬化较快，硬化后的水泥石密实，耐冻性优于其他通用水泥，适用于要求凝结快、早期强度高、冬季施工及严寒地区遭受反复冻融的工程。抗碳化能力强。空气中的二氧化碳与水泥石中的氢氧化钙反应生成碳酸钙的过程叫碳化。硅酸盐水泥碱性强，密实度高，因此抗碳化能力强，适用于二氧化碳浓度较高的环境，如翻砂、铸造车间等，特别适用于重要的钢筋混凝土结构及预应力混凝土及工程。干缩小。硅酸盐水泥加硬化过程中形成大量的水化硅酸钙凝胶，使水泥石密实，游离水分少，不易产生干缩裂纹，可用于干燥环境中的混凝土工程。耐磨性好。硅酸盐水泥强度高，耐磨性好，适用于有耐磨要求的混凝土工程，比如路面与地面工程。

2. 硅酸盐水泥的缺点与分析

（1）腐蚀性差。硅酸盐水泥石中含有大量的氢氧化钙和水化铝酸钙，易引起软水、酸类和盐类的腐蚀。因此，它不适用于经常与流动的淡水接触及有水压作用的工程，也不适用于受海水、其他腐蚀性介质等作用的工程。

（2）水化热高。硅酸盐水泥熟料中硅酸三钙和铝酸三钙含量高，早期放热量大，放热速度快，早期强度高，用于冬季施工常可避免冻害。但高放热量对大体积混凝土工程不利，如无可靠的降温措施，不宜用于大体积混凝土工程

（3）耐热性差。硅酸盐水泥石在温度为 250℃ 时，水化物开始脱水，水泥石强度下降，当温度达到 700℃ 以上时，水化产物分解，水泥石结构开始破坏。因此硅酸盐水泥不宜单独用于有耐热、高温要求的混凝土工程。

（4）湿热养护效果差。硅酸盐水泥，在常规养护条件下硬化快、强度高，但是经过蒸汽养护后再经自然养护 28 天测得的抗压强度往往低于未经蒸汽养护的 28 天的抗压强度。

二、普通硅酸盐水泥

（一）定义

普通硅酸盐水泥简称为普通水泥、普通硅酸盐水泥是指熟料和石膏组分大于或等于80%且小于95%，掺加大于5%且不超过20%的粒化高炉矿渣、火山灰质混合材料、粉煤灰、石灰石等活性混合材料，其中允许用不超过水泥质量8%的非活性混合材料，或不超过水泥质量5%的窑灰代替活性混合材料，共同磨细制成的水硬性胶凝材料，其代号为P·O。

（二）特点与应用

普通硅酸盐水泥由于掺入了少量混合材料，故某些活性性能与硅酸盐水泥相比稍有差异。普通硅酸盐水泥被广泛用于各种混凝土和钢筋混凝土工程，是我国目前主要的水泥品

种之一。

三、矿渣硅酸盐水泥

（一）定义

矿渣硅酸盐水泥简称矿渣水泥。矿渣硅酸盐水泥有两个品种，一种是熟料和石膏组分大于或等于50%且小于80%，掺加大于20%且不超过50%的活性混合材料粒化高炉矿渣，其中允许用不超过水泥质量8%的其他活性材料、非活性材料或窑灰中的任一种材料代替，代号为P·S·A；另一种是熟料和石膏组分不少于30%且少于50%，掺加大于50%且不超过70%的活性混合材料粒化高炉矿渣，其中允许用不超过水泥质量8%的其他活性混合材料、非活性混合材料或窑灰中的任一种材料代替，代号为P·S·B。

（二）矿渣水泥特点

1. 矿渣水泥优点与应用

具有较强的抗溶出性侵蚀及抗硫酸盐侵蚀的能力，较适用于受溶出性或硫酸盐侵蚀的水工建筑工程、海港工程及地下工程。但是在酸性水（包括碳酸）及含镁盐的水中，矿渣水泥的抗侵蚀性能却较硅酸盐水泥及普通水泥差。水化热低。矿渣水泥由于熟料减少，因此水化热低，宜用于大体积混凝土工程。早期强度低，但是在后期，由于水化硅酸钙凝胶数量增多，强度不断增长，最后甚至超过同强度等级的普通硅酸盐水泥。环境温度，湿度，对凝结硬化影响较大。采用蒸汽养护或压蒸养护等湿热处理方法，则能显著加快硬化速度。耐热性强，可用于耐热混凝土工程，如制作冶炼车间、锅炉房等高温车间。

2. 矿渣水泥缺点与分析

保水性差，泌水性较大，干缩性较大。矿渣水泥中混合材料掺量较多，且磨细粒化高炉矿渣有尖锐棱角，所以矿渣水泥的标准稠度需水量较大。但是其保持水分的能力较差，泌水性也较大，故矿渣水泥的干缩性较大。如果养护不当，易产生裂纹。抗冻性较差，耐磨性较。矿渣水泥的抗冻性、抗渗性、耐磨性和抵抗干湿交替循环的性能均不及硅酸盐水泥和普通水泥。因此，矿渣水泥不宜用于严寒地区水位经常变动的部位，也不宜用于高速挟沙水流冲刷和其他具有磨耐要求的工程。抗碳化能力较差。矿渣水泥硬化后碱度较低，因此表层的碳化作用进行的较快，碳化深度也较大。这对钢筋混凝土不利，当碳化深入到达钢筋表面时，就会导致钢筋锈蚀。

四、火山灰质硅酸盐水泥

（一）定义

火山灰质硅酸盐水泥简称火山灰水泥。火山灰质硅酸盐水泥是指熟料和石膏组分不少于 60% 且少于 80%，掺加大于 20% 且少于 40% 的火山灰质活性混合材料磨细制成的水硬性胶凝材料，其代号为 P·P。

（二）火山灰质水泥特点与应用

火山灰质水泥的凝结硬化特性、水化放热、强度发展、碳化等性能，都与矿渣水泥基本相同。但其抗冻性、耐磨性都比矿渣水泥差，故应避免用于有抗冻要求的部位。火山灰质水泥干燥收缩较大，在干热条件下会产生起粉现象，所以火山灰质水泥不宜用于干热环境施工的工程。火山灰质混合材料在潮湿环境下，会吸收石灰而产生膨化胶化作用，使水泥石结构致密，因而有较高的密实度和抗渗性，适宜用于抗渗要求较高的工程。

五、粉煤灰硅酸盐水泥

（一）定义

粉煤灰硅酸盐水泥简称粉煤灰水泥。粉煤灰硅酸盐水泥是指熟料和石膏组分不少于 60% 且少于 80，掺加大于 20% 且不超过 40% 的粉煤灰活性混合材料磨细制成的水硬性胶凝材料，代号为 P·F。

（二）粉煤灰水泥特点与应用

粉煤灰水泥的凝结硬化过程与火山灰质水泥基本相同，性能也与矿渣水泥和火山灰水泥相似。由于粉煤灰水泥具有干缩性较小、抗裂性较好的优点，而且水化热比硅酸盐水泥和普通水泥低，抗侵蚀性较强，因此适用于水利工程及大体积混凝土工程。

六、复合硅酸盐水泥

（一）定义

复合硅酸盐水泥简称复合水泥。复合硅酸盐水泥是指熟料和石膏组分不少于 50% 且少于 80%，掺加大于 20% 且不超过 50% 两种或两种以上的活性或非活性混合材料，其中允许用不超过水泥质量 8% 的窑灰代替，惨矿渣时混合材料掺量不得与矿渣硅酸盐水泥重复，磨细制成的水硬性胶凝材料，代号为 P·C。

（二）复合水泥特点与应用

用于掺入复合水泥的混合材料有粒化高炉矿渣、火山灰质混合材料、粉煤灰、石灰石，符合标准要求的粒化精炼铁渣、粒化增钙液态渣及各种新开发的活性混合材料及各种非活性混合材料。复合水泥同时掺入两种或两种以上的混合材料，他们在水泥中不是简单叠加，而是相互补充。复合材料的特性取决于所掺混合材料的种类、掺量、相对比例，与矿渣水泥、火山灰水泥、粉煤灰水泥有不同程度的相似，应根据所掺入的混合材料种类，参照其他掺混合材料水泥的适用范围和工程实践经验选用。

第二节　其他种类水泥

一、快硬硅酸盐水泥

无收缩快硬硅酸盐水泥是一种改性硅酸盐水泥，它具有硬化速度快、早期及后期强度高、微膨胀等优良性能，在各类建筑工程中，有着广泛的用途。

（一）生产工艺

无收缩快硬硅酸盐水泥适合于中、小回转窑生产厂生产，其工艺要点是：煅烧优质熟料，其矿物组成以高 C、S 含量为宜，f-CaO 越低越好。

膨胀剂为经特定温度煅烧而成的 CaO，生产膨胀剂所用石灰石的 CaO 含量要求较高，煅烧温度必须严格控制在一定范围，煅烧设备以小型回转窑为宜。

确定水泥中膨胀剂的掺量是选定水泥配合比的重要环节，必须严格控制。

水泥粉磨细度的控制是获得快硬高强性能的关键，一般控制细度比粉磨普通水泥低。实际生产时，以控制出磨水泥的比表面积为宜。为了提高粉磨效率，根据实际条件并通过试验，选用合适的助磨剂。

（二）主要技术性能

一般物理性能：终凝时间较短，硬化速度快；石灰膨胀剂的掺入不影响水泥的安全性，具有与硅酸盐水泥相同的长期稳定性。

具有明显的早强性。用其配制的建筑砂浆及混凝土同样具有早强和高强性能，根据要求，可制得 1 天大于 20MPa，3 天大于 30MPa 及 28 天标号大于 50MPa 的早强或高强混凝土。

微膨胀性：水泥及其配制的建筑砂浆及混凝土具有微膨胀性能，大大改善了硅酸盐水泥混凝土的抗收缩性能。

具有高的钢筋黏结力。

抗冻性等耐久性与硅酸盐水泥相同。

（三）应用

无收缩快硬硅酸盐水泥适宜于配制快硬高强砂浆或混凝土，用于建筑装配式框架节点和钢筋浆锚连接节点；各种现浇混凝土工程的接缝工程；机器设备安装的二次灌浆工程；要求快硬、高强、无收缩的混凝土工程。

在全国范围内，无收缩快硬硅酸盐水泥已被广泛应用于各类建筑工程，取得了良好的技术、经济效果。今后，随着产品质量的不断提高和建筑技术的进步，无收缩快硬硅酸盐水泥将会得到更加广泛的推广与应用。

二、铝酸盐水泥（高铝水泥）

高铝水泥和硅酸盐水泥都是属于水硬性水泥，前者的主要矿物组成是铝酸钙，后者的主要矿物组成是硅酸钙，由于矿物组成的不同，水泥的特性也不相同。

早在19世纪后半叶，法国由于海水和地下水对混凝土结构侵蚀破坏事故的频繁发生，一度成为土木工程上的重大问题，法国国民振兴会曾以悬赏金鼓励为此做贡献者。研究者们发现，合成的铝酸钙具有水硬性，并对海水和地下水具有抗侵蚀能力。1908年，法国拉法基采用反射炉熔融法生产成功高铝水泥并取得专利，解决了海水和地下水工程的抗侵蚀问题。在实际使用中还发现了高铝水泥有极好的早强性，在第一次世界大战期间，高铝水泥被大量用来修筑阵地构筑物。20世纪20年代以后，逐渐扩展到工业与民用建筑。到30年代初，在法国本土及其非洲殖民地区的一批高铝水泥混凝土工程不断出现事故，诸多研究工作者遂着手深入进行该水泥的水化硬化机理和以强度下降为中心的耐久性研究，发现高铝水泥的水化产物因发生晶形转变而使强度降低。此后，在结构工程中的应用都比较慎重。而主要发展了在耐热、耐火混凝土和膨胀水泥混凝土中的应用。20世纪80年代以后，不定形耐火材料在耐火材料行业中的比例迅速增加，高铝水泥作为结合剂的用量也日益增加。

中国的高铝水泥，在建国初期为国防建设需要而开始立项研制，并开创性的采用回转窑烧结法生产高铝水泥，产品主要用作耐火浇注料的结合剂，以及配制自应力水泥、膨胀剂等。也成功地应用于火箭导弹的发射场地等国防建设和抢修用水泥。

近年来，随着化学建材的迅速兴起，高铝水泥作为硅酸盐水泥凝结硬化时间的调节添加剂已愈来愈被材料工作者重视，并将成为化学建材的重要原材料之一。其用量将大大超过耐火材料。

（一）高铝水泥的制造方法与化学矿物组成

高铝水泥的制造方法主要有以下几种：

1. 回转窑烧结法

由于中国的矾土含铁量较低，因此具有较宽的烧结温度范围，比较适合用回转窑烧结法生产。回转窑烧结法采用烟煤作燃料，具有生产成本低、生产效率高、质量容易稳定的特点，在中国被广泛采用。

回转窑烧结法的要点是：选用优质矾土和优质石灰石为原料，按一定比例配合送入球磨机，粉磨成生料，然后进入回转窑进行烧结，烧成的熟料经球磨机粉磨成细粉即成为高铝水泥。

当选用工业氧化铝和优质石灰石为原料时，采用天然气和柴油或重油等无灰燃料可生产出白色的纯铝酸钙水泥。由于其杂质含量低，广泛用来配制高档耐火浇注料，同时由于其颜色为白色，已将它与白色硅酸盐水泥混合用于化学建材中需要装饰效果的场合。

回转窑烧结法的组分设计一般在 Al_2O_3-CaO-SiO_2 三元相图中的 CA-CA_2-C_2AS 三角形内，生料在回转窑的烧结过程中，首先通过固相反应形成 CA 矿物，由于石灰石在分解后具有较高的反应活性，因此会局部出现少量 $C_{12}A_7$ 矿物，但随着温度的提高，矾土中的 Al_2O_3 和 SiO_2 的反应速度加大，熟料中的矿物会逐渐按设计组成达到相平衡，最终 $C_{12}A_7$ 消失，熟料矿物主要矿相为 CA，其次为 CA_2 和 C_2AS，以杂质存在的 Fe_2O_3 和 TiO_2，形成 C_2F 和 CT。

因此，用回转窑烧结法生产的高铝水泥，在煅烧状态较好的情况下，不会存在 $C_{12}A_7$（这也是化学建材用高铝水泥中不希望存在的矿物）。用回转窑烧结法生产化学建材用高铝水泥，其配料成分的稳定控制、烧成制度的严格掌握和稳定水泥的矿相组成，十分重要。

2. 电弧炉熔融法

用矾土和石灰质原料，按设计成分计算配合比混合，用电弧炉进行熔化，在控制冷却的情况下，形成熟料。经球磨机粉磨至要求的细度即为高铝水泥。

用电弧炉熔融法适合生产 CaO 含量较高的高铝水泥。用回转窑烧结法生产的熟料，其 CaO 含量一般在 35% 以内，因为 CaO 含量过高，就会使熟料的温度烧成范围变的狭窄而不易稳定操作。而用熔融法生产，就可以配制 CaO 含量较高也即 CA 矿物含量较高的水泥，从而获得早期强度更高的高铝水泥，另外熔融法还适合利用高铁矾土做原料，生产 Fe_2O_3 含量较高的水泥。

用熔融法生产高铝水泥的技术要点是选用优质矾土和优质石灰质原料，在熔化过程中尽可能掌握氧化气氛，因为还原气氛中会有 FeO 生成，并形成称为 Pleochroite 的多色矿物，根据 Midgley 教授的研究认为 Pleochroite 的化学式为：（Ca，Na，K，Fe^{2+}）A（Fe^{3+}，Al）B（Al_2O_7）5（AlO_4）6-x（Si，TiO_2）x，Pleochroite 的生成会对高铝水泥的性能产生有害影响，导致 $C_{12}A_7$ 的含量增多，使高铝水泥的凝结硬化过程难于控制。

另外，用熔融法生产高铝水泥，冷却条件对性能会产生巨大的影响。因此，控制冷却是一个重要工序。

3. 反射炉熔融法

反射炉熔融法是法国的 Lafarge 公司的专有技术，Fondu 水泥，Secar51 水泥，德国的海德堡生产的 ISTRA40，ISTRA50 水泥都采用反射炉熔融法生产。

反射炉熔融法与电弧炉熔融法同样适合生产高钙含量和高铁含量水泥，并且需要严格控制气氛和冷却过程，以保证产品质量的稳定性。

4. 市场上不同制造方法的几种高铝水泥的性能

（二）高铝水泥的特性及用途

1. 高铝水泥的水化特性

高铝水泥的主要矿物为铝酸一钙（CA），次要矿物为二铝酸一钙（CA_2），与水反应可用下式表示：高铝水泥在常温下的水化产物 CAH_{10} 和 C_2AH_8 都属于介稳产物，它们在温度超过 35℃情况下会转变成稳定的 C_3AH_6，在这种晶形转变过程中，会引起强度下降，其原因为：

（1）CAH_{10} 和 C_2AH_8 是六角片状晶体，C_3AH_6 为立方晶形晶体，C_3AH_6 的结合力比 CAH_{10} 和 C_2AH_8 差。

（2）在晶形转变过程中释放出结晶水而使孔隙率增大。

（3）水化初期或低温下形成的 $Al(OH)_3$ 为胶状体，充填在晶体间起增强的作用。温度提高后铝胶转变为晶体三水铝石（$Al_2O_3 \cdot {}_3H_2O$）降低了胶体的增强作用。

因此，对单独将高铝水泥用于结构工程，需持慎重态度。但是由于高铝水泥的水化产物不出现游离 $Ca(OH)_2$，也不像硅酸盐水泥中存在 C_2S 矿物，因此在作为耐火混凝土的结合剂时，不会发生如硅酸盐水泥在反复加热和冷却的过程中因 CaO 和 $Ca(OH)_2$ 的反复形成，以及 $\beta\text{-}C_2S$ 的多晶转变而使耐火混凝土产生体积不稳定的弊病。而且高铝水泥具有早强性，在窑炉中施工，可以尽量缩短养护期，即所谓"一天混凝土"，因此高铝水泥被广泛应用于耐火材料行业。

2. 高铝水泥和硅酸盐水泥的混合物的水化

（1）高铝水泥的水化产物 CAH_{10}、C_2AH_8 与硅酸盐水泥水化产物 C-S-H 凝胶反应形成水化硅铝酸钙（stratlingite）也称为水化钙黄长石 C_2ASH_8，由于 C_2ASH_8 的形成，避免了 CAH_{10} 和 C_2AH_8 因转化为 C_3AH_6 而产生的强度下降。

（2）高铝水泥值得注意的特性之一是具有能加快硅酸盐水泥凝结时间，加速强度发挥和缓解水化热的性能。高铝水泥和普通硅酸盐水泥简单混合时高铝水泥的加入量对硅酸盐水泥凝结时间的影响曲线，由曲线可见不同的高铝水泥对硅酸盐水泥的促凝效果有一定的区别，但总的趋势比较接近。

（3）精心选择高铝水泥的适宜添加量，可以使与硅酸盐水泥的混合物获得满意的水化性能，既获得了高的早期强度，又保留了良好的长期强度。不同高铝水泥与硅酸盐水泥的混合物对胶砂强度的影响，当高铝水泥的加入量为 10% 时，不仅可以获得一定值的 6 小时强度，而且在养护过程中强度还会不断增长。28 天的强度值基本上达到纯硅酸盐水泥的 28 天强度值。而且三种不同的高铝水泥效果基本相同。

综上所述，高铝水泥和硅酸盐水泥的混合物可以改变原有两种水泥的性能，而开发出各种新型胶凝材料。

3. 高铝水泥与石膏混合物

高铝水泥和各种石膏的混合物，在加水搅拌后发生相互反应，而形成钙矾石，

$$3CA+3CaSO_4+41H_2O \longrightarrow C_3A \cdot 3CaSO_4 \cdot 32H_2O+6Al(OH)_3$$
$$3CA+CaSO_4+21H_2O \longrightarrow C_3A \cdot CaSO_4 \cdot 12H_2O+6Al(OH)_3$$

石膏矾土膨胀水泥，无水石膏矾土水泥，止水堵漏水泥，自应力水泥和混凝土膨胀剂都是利用上述反应原理。

随着石膏形态的不同，膨胀效果也会产生很大区别，使用无水石膏膨胀效果比较好，

且容易稳定。半水石膏反应迅速，膨胀量大，且不易稳定。究竟采用哪种石膏，需要根据开发的产品性能要求而定。

近十几年来，商品砂浆的迅速兴起，利用石膏和高铝水泥的膨胀效应，往往用作收缩补偿，以克服砂浆的开裂问题。实际上，在形成钙矾石的过程中希望形成高结合水的 $3CaO \cdot Al_2O_3 \cdot 3CaSO_4 \cdot 32H_2O$ 钙矾石，在富 $Ca(OH)_2$ 的条件下，高含水的钙矾石比较容易形成，而硅酸盐水泥水化时就可以提供 $Ca(OH)_2$，有时可以另外配入 $Ca(OH)_2$。

4. 高铝水泥具有抗生物酸侵蚀的性能

已广泛用于污水管道的制造和某些食品加工厂的地面材料。

（三）高铝水泥应用于配制商品砂浆——一个极具开发前景的领域

高铝水泥加入到硅酸盐水泥中，可以加快混合物的凝结时间和加速强度的早期发挥。当合理的选用各种添加剂，即可配制出既有快凝快硬的性能，还能获得所需要的流动性，保水性，黏结性以及收缩补偿性。

例如地面自流平材料，二次地面基线找平，以及旧地面的修补，一方面需要通过添加剂获得优秀的自流平性能，而且需要获得快速硬化的性能，快速吸收水分的性能，以便可以尽快能行走进行下一个工序。

高铝水泥应用于化学建材，首先是为了加快凝结和硬化，以达到增加工作效率的目的。但实际上，高铝水泥主要组分的反应基础应该是铝酸钙与硫酸钙与氢氧化钙或来源于硅酸盐水泥中的氢氧化钙之间的反应，反应产物钙矾石是一种含有大量结合水的矿物（含 $32H_2O$），通过这一矿物的快速形成，可以使硬化体在短时间内具有低的残余水。从而可降低硬化体因水分蒸发而产生大的收缩。

利用高铝水泥和硅酸盐水泥混合后产生的这一系列性能，已广泛用来配制各种商品砂浆。如：瓷砖粘贴剂、瓷砖薄胶泥、自流平地面材料、密封材料、止水堵漏材料、快硬砂浆、修补砂浆、黏结砂浆、浇注砂浆。

（四）与硅酸盐水泥、石灰、石膏配制加热硬化型水泥制品

加热硬化型水泥组成物是一种由硅酸盐水泥、高铝水泥、石膏类、石灰类组成的混合物。在加水混合后，在水泥存在的情况下，在常温下硬化速度迟缓，但经 60℃ 以上加热会急速硬化而形成制品，其反应本质是高铝水泥中的铝酸钙与硅酸盐水泥中的 $Ca(OH)_2$ 和无水石膏或半水石膏在 60℃ 以上急剧反应形成钙矾石（$3CaO \cdot Al_2O_3 \cdot 3CaSO_4 \cdot 32H_2O$）。

日本积水化学已利用这一原理生产建筑外墙板，由于在加热加压过程中只需保持 30 分钟即可成型板材，大大缩短了水泥制品的生产周期，给大型板材连续机械化生产创造了条件。

加热硬化型水泥组成物，由硅酸盐水泥 81% ~ 96.5%，高铝水泥 10 ~ 2.4%，无水石膏及半水石膏 5 ~ 0.7%，石灰 5 ~ 0.5，以水泥混合物为 100%，在加入 0.2 ~ 2.0% 的碱金属有机碳酸盐，经混合而成。

碱金属碳酸盐如苹果酸钠、乙二醇酸钠等的加入可以改善混合物的加热成型性能，使刚刚加热硬化后的制品的机械强度发挥良好，防止成型物脱模时出现损坏。

加热硬化型水泥混合物与细木片，木屑的混合经加水加压加热可形成不同体积密度的大型板材。它具有优良的强度、防火性能和耐久性，已成功的用作内外墙板。

加热硬化型水泥混合物还可以与聚合物涂层等一起热压形成复合制品，起到增强和装饰作用。

以铝酸钙为主要矿物的高铝水泥已有近 100 年的应用开发历史，过去主要利用其单一水泥的特性进行使用，如因其具有耐海水侵蚀性而使用于海港工程；利用其快速硬化性能而用于军事抢修工程；利用其耐火耐热性而应用于不定形耐火材料等。近代，随着化学建材的开发，高铝水泥和硅酸盐水泥的复合性能已愈来愈被人们重视，因为两种水泥复合后既能保留硅酸盐水泥的后期强度，又能利用高铝水泥的早强特性；既能保留硅酸盐水泥的耐久性，又能克服高铝水泥因水化产物晶形转化而产生的后期强度损失问题；同时还能利用高铝水泥和硅酸盐水泥和石膏共同反应形成钙矾石这一高含水矿物，起到快速硬化、快速吸水、收缩补偿等作用，从而获得良好的砂浆性能。

各种化学添加剂的使用，使这种水泥混合物获得优良的流动性。黏结性等各种使用性能，使商品砂浆获得了无限发展空间。

三、白色硅酸盐水泥

白色硅酸盐水泥（简称白水泥）是一种以白度较高为特征的特种水泥，广泛用于建筑装饰材料，如水磨石、地花砖、斩假石、水刷石、雕塑及各种建筑工程表面装饰等，在白水泥中掺入耐碱色素可制成彩色水泥，还可制作白色和彩色混凝土构件。

（一）白水泥的生产工艺简介

水泥的生产工艺可以用"两磨一烧"来概括，就是原料的粉磨、熟料煅烧、水泥的粉磨。与普通硅酸盐水泥生产不同的是，在白水泥的生产过程中，需要采取各种措施控制着色成分的含量、状态以提高产品的白度。水泥的颜色主要是由 Fe_2O_3，引起的，随熟料中 Fe_2O_3，含量的变化，水泥熟料的颜色有所不同。当熟料中 Fe_2O_3，含量在 3% ~ 4% 时，熟料呈暗灰色；含量在 0.4% ~ 0.7% 时，熟料呈淡绿色；进一步降低至 0.35% ~ 0.4% 时，熟料即呈现为白色（略带淡绿色）。因此白水泥生产中主要降低 Fe_2O_3 含量，这是与普通硅酸盐水泥的主要不同之处。为达到控制熟料中的 Fe_2O_3 含量的目的，必须从进厂原燃材料就严格控制，同时在工艺参数及工艺流程和设备选择上加以配合，才能生产出高白度的水泥。

1. 生料及其粉磨

生料制备与普通水泥生产工艺相似，采用两级破碎将原料破碎后入库（有的厂再进行一次复选，因不同粒径的原料 Fe_2O_3，含量不同），通过计量设备入磨。生料粉磨为控制生产设备磨耗进入生料，一般采用分别粉磨再混合的方式进行。如赤峰市白水泥厂采用ATOXl3.5 立磨粉磨石灰石和萤石，用砂磨粉磨较难磨的高岭石，两磨的成品混合后进入CF 库（生料均化库）备用。破碎和粉磨后的主要指标见表 3-2-1。

表 3-2-1 水泥生料破碎和粉磨后的质量控制指标

原料种类	质量标准
破碎后石灰石	粒度 40mm 筛余＜ 5.0%，水份＜ 1.2%
破碎后高岭石	粒度 25mm 筛余＜ 5.0%，水份＜ 1.2%
破碎后萤石	粒度 25mm 筛余＜ 5.0%，水份＜ 1.2%
粉磨后石灰石	细度 80μm 筛余＜ 6.0%，水份＜ 1.0%
粉磨后高岭石	细度 80μm 筛余＜ 0.80%，水份＜ 1.0%

2. 煤粉制备

在煤粉制备过程中，为防止过多带入 Fe，煤粉制备最好采用立磨。如采用管磨，应采用非金属材料衬板及研磨体，或采用高耐磨金属材料衬板及研磨体。赤峰市白水泥厂采用立磨粉磨煤粉，块煤经破碎后入磨，粉磨后入煤粉仓备用。破碎和粉磨后的主要指标为破碎后煤：粒度 25mm 筛余＜ 5.0%，水份＜ 10%；粉磨后煤粉：细度 80mm 筛余＜ 8.0%，水份＜ 1.0%。

3. 熟料烧成

熟料的烧成过程工艺控制对水泥的质量和白度有着重要的影响。烧成过程中，为了使原料、燃料中的铁能够以二价铁的形式存在，应当控制烧成气氛为还原气氛。生料中铁含量较低，因此其烧成温度需要控制在 1500℃以上；熟料的冷却方式对白度也有一定的影响，熟料的快速冷却有利于提高熟料的强度和性能，也可以提高白度。赤峰市白水泥厂采用带有二级悬浮预热器的中空窑，生料由 CF（生料均化库）库经喂料称进入窑系统。入窑生料及出窑熟料主要指标为生料：产 $CaCO_3$ 目标值 ±0.5，细度 80μm 筛余＜ 7.0%，水份＜ 1.5%；熟料：白度＞ 78%，产 CaO ＜ 1.5%，温度 100 ~ 150℃，水份 2.0 ±1.0%，堆积密度 ±75g/L。

4. 白水泥制成

制成生产工艺过程作为水泥生产的最后环节，因为主要是物理变化，所以控制入磨的各种物料质量及合理选用工艺设备最为重要。赤峰市白水泥厂选用康比丹磨，它可以使水泥细度稳定在 80μm 筛余 2.0 ±1.0%，比表面积 450 ~ 500cm²/g。另外，混合材及石膏的质量应严格控制，他们的白度应大于熟料白度。入磨料及出磨料主要指标为破碎后石膏：粒度 25mm 筛余＜ 5.0%，水份＜ 1.2%；破碎后混合材：粒度 25mm 筛余＜ 5.0%，水份＜ 1.2%；出磨水泥：细度 80μm 筛余 2.0 ±1.0%，SO_3 目标值 ±0.3%，温度＜ 125℃。

5. 白水泥产品技术指标及生产过程工艺控制

白水泥产品的技术指标控制有：熟料中 MgO 含量＜5.0%；水泥中 SO_3 含量＜3.5%；白度＞87；混合材掺加量 0 ～ 10%；水泥细度为 0.08mm 方孔筛筛余不得超过 10%；初凝不得早于 45min，终凝不得迟于 12h；安定性用沸煮法检验，必须合格。水泥强度指标见表 3-2-2。

表 3-2-2 白水泥强度控制指标

标号	抗压强度（MPa）		抗压强度（MPa）	
	3d	28d	3d	28d
32.5	12.0	32.5	3.0	6.0
42.5	17.0	42.5	3.5	6.5
52.5	22.0	52.5	4.0	7.0

为了达到提高白水泥产品强度和白度等物化性能的目的，在生产过程中还需要对以下工艺进行控制：

（1）原燃料控制：①严格控制入厂原料的铁含量；②严格控制入厂石膏的质量，减少杂质，必要时进行冲洗备用；③燃料选择应在保证热值前提下，严格控制灰份及铁含量；④研磨介质只能用选定的介质，不可随意更换。

（2）配料控制：①选择适当的 KH 值。熟料中 C_3S 含量和 C_3S/C_2S 比值的增加，水泥白度增加。但 KH 过高，又会使煅烧困难，游离钙增加从而影响强度；②由于熟料中 Fe_2O_3 含量低，所以其硅率较普通熟料高出许多，熟料白度会随硅率增加而提高，但当硅率大于 3.5 时，白度会下降；③由于熟料中 Fe_2O_3 含量低。硅率和石灰饱和系数较高，较难烧，须加入矿化剂。一般在 0.5% 以内，超过后白度会下降。

（3）运行控制：①控制好煤粉质量，调整好火焰形状；②控制好风，处于还原气氛；③缩短冷却带，保证熟料急冷并有最大温差。

（二）白水泥生产用原料及其对原料成分要求

1. 石灰质原料

石灰质原料主要为白水泥提供氧化钙，主要的矿物有石灰石、白垩等。对石灰质原料的要求主要是控制氧化铁和氧化镁含量。氧化铁含量高的时候产品白度下降，氧化镁的存在会影响水泥制品的体积安定性。白水泥生产过程中对石灰石的质量控制指标：CaO54.5%；$Fe_2O_3$0.1%；MgO1.0%；粒度 25 ～ 400mm；水份雨季最大小于 3.0%。

2. 硅质原料

硅质原料主要有高岭土、叶蜡石、含铁量较低的砂质黏土。硅质原料为水泥中提供二氧化硅和氧化铝成分。赤峰市白水泥厂使用高岭土为硅质原料，用叶蜡石为校正原料。高岭土质量控制指标：$SiO_2$70.0%；$Fe_2O_3$0.2%；$Al_2O_3$14.0% ～ 20.0%；粒度 25 ～ 400mm；

水份雨季最大小于 3.0%。

3. 矿化剂

由于白水泥中铁含量控制十分严格，煅烧过程中需要将煅烧温度控制在 1500℃以上，同时需要加入矿化剂。矿化剂一般采用萤石。其质量控制指标为 GaF_2，含量 > 85.0%，水份含量雨季最大小于 3.0%。

4. 混合材

混合材是在水泥制成过程中添加的一种具有一定反应活性的材料，在保证产品质量的前提下可以降低产品的成本。赤峰市白水泥厂使用精选石灰石为混合材，其质量控制指标为氧化铝含量 < 2.5%，白度 > 84。

5. 石膏

石膏是水泥粉磨过程中加入的，用以调节水泥初凝和终凝时间的调节剂。为了控制产品的白度，白水泥厂要求石膏的白度 > 84，三氧化硫含量 > 43%。

6. 燃煤

水泥厂的燃料可以选用油、天然气和煤。使用燃煤时需要严格控制燃煤中铁含量和灰份含量。为此需要采用高质量的燃煤。赤峰市白水泥厂使用的优质烟煤。其燃煤质量控制指标：灰份 < 10.0%；挥发份 25% ~ 30%；灰份 × 灰份中氧化铁含量 < 1.0%；发热量 6500 ~ 7000（kCal/kg）；雨季最大水份 < 3.0%。

白水泥是一种广泛用作建筑装饰材料的特种水泥，其生产过程中对各种矿物原料的控制指标较普通水泥严格，煅烧过程中所需要的温度也较普通硅酸盐水泥高。对各种矿物原料中氧化铁含量的控制是提高水泥白度的主要途径。

四、道路硅酸盐水泥

道路硅酸盐水泥是由道路硅酸盐水泥熟料加适量石膏和符合标准要求的混合材料，磨制而成的水硬性胶凝材料，具有抗折强度高、耐磨性强、干缩性小、水化热低、抗硫酸盐侵蚀性强、抗冻性好等优点，用其配制的混凝土具有良好的施工性能和优良的耐久性，技术性能优于普通硅酸盐水泥混凝土，主要应用于高等级公路、飞机跑道、交通道路、城市大面积路面建设以及军事等重点关键性工程。

（一）原燃材料及配料方案

1. 原燃材料

采用石灰石、砂岩、粉煤灰、转炉渣四组分配料，控制指标分别为：

石灰石：$CaO \geq 48\%$，$K_2O \leq 0.35\%$；

砂岩：$SiO_2 \geq 90\%$，$K_2O \leq 0.85\%$，水分 $\leq 6\%$；

粉煤灰：$Al_2O_3 \geq 26\%$，$K_2O \leq 0.85\%$，水分 $\leq 15\%$：

转炉渣：$Fe_2O_3 \geq 20\%$，水分 $\leq 8\%$。

进厂原材料化学成分见表 3-2-3。

表 3-2-3 进厂原材料

原料	水分	CaO	SiO_2	Al_2O_3	Fe_2O_3	MgO	SO_3	K_2O	Na_2O	烧失量	合计
石灰石	1.10	50.02	3.90	1.67	0.40	1.80	–	0.28	0.12	41.33	99.52
砂岩	4.70	0.34	92.97	2.71	1.22	0.43	–	0.79	0.16	0.95	99.57
粉煤灰	12.69	4.53	49.77	29.94	5.01	1.08	2.20	0.70	0.34	6.39	99.96
转炉渣	6.00	36.34	16.92	4.08	24.28	9.34	–	0.09	0.16	2.03	93.24

进厂煤水分控制 $\not> 12\%$，分析基低位热值控制 4：24MJ/kg，煤粉细度控制 $\not> 12\%$。

试验前要加强进厂原材料质量控制，保证原燃材料的质量稳定，尤其要严格控制原燃材料水分，避免物料输送、计量时发生堵卡。

2. 配料方案

GB13693—2005（（道路硅酸盐水泥》标准中规定道路硅酸盐水泥熟料中 C_3A 含量应 $\not> 5.0\%$、C_4AF 含量《16.0%、f-CaO 含量 $\not> 1.0\%$，经和用户沟通后，设计熟料率值为：$KH=0.92 \pm 0.02$、$SM=2.1 \pm 0.1$、$AM=0.7 \pm 0.1$。

由于粉煤灰及转炉渣的配比同生产普通硅酸盐水泥熟料时的配比有较大差异，试验前需调整这两种原材料配料秤下料口，并校准配料秤，实现稳定准确喂料。

要提前进行生料、熟料荧光分析与化学分析对比、校准工作。执行道路水泥熟料配料方案时，要密切关注出磨和入窑生料变化情况，加大取样频次，必要时可随时取瞬时样，确保出磨和入窑生料的稳定。

（二）熟料煅烧与质量控制

1. 熟料煅烧

道路硅酸盐水泥熟料采用的是中饱和比、低硅酸率、低铝氧率的配料方案，与煅烧普通的硅酸盐水泥熟料相比，熟料在煅烧过程中，液相出现温度较低，烧结范围窄，液相黏度低现象，使熟料结粒小，易出现"飞砂""堆雪人"现象。在这种情况下，一方面有利于硅酸盐矿物的生成和游离氧化钙的吸收，另一方面窑皮密度和厚度上升，烧成带末端容易长厚窑皮，容易造成窑内结圈、结蛋等不正常工况的出现，严重影响熟料质量，给操作带来一定难度，因此，熟料煅烧是研制道路水泥的关键。

2. 质量控制

熟料煅烧操作上要合理控制好窑速和熟料产量，保持良好的窑内通风；要求窑头火焰火力集中，保证足够的烧成温度来控制窑皮的恶性增长；控制好头尾煤比例，尽可能选用燃烧特性好的燃料，且煤粉细度和水分尽可能低。在篦冷机操作中，尤其应保持篦冷机一室合理的压力，掌控好篦床速率与料层厚度，保证高温料层风量稳定且充足，使熟料快速冷却，保证熟料质量，防止"堆雪人"现象的发生。

（三）道路硅酸盐水泥的制备

GBl3693—2005《道路硅酸盐水泥》规定道路硅酸盐水泥中：烧失量应 $\not>$ 3.0%，SO_3 应 $\not>$ 3.5%，MgO 应 $\not>$ 5.0%，比表面积为 300 ~ 450m^2/kg，初凝不早于 1.5h，终凝不得迟于 10h，28d 干缩率应 $\not>$ 0.10%，28d 磨耗量应 $\not>$ 3.0kg/m^2。

1. 水泥配比

GBl3693—2005（（道路硅酸盐水泥》规定水泥中允许掺加 $\not>$ 10% 的活性混合材，混合材料应为符合 GB/T1596，F 类粉煤灰、符合 GB/T203 的粒化高炉矿渣、符合 GB/T 6645 的粒化电炉磷渣或符合 YB/T022 的钢渣。经过对各种混合材的对比分析，选择资源丰富且活性较高的矿渣作为混合材，选用脱硫石膏作为调凝剂，并添加自产增强型液体助磨剂。

按配比计量后的物料送人配置 ϕ120cm×100cm 辊压机 +V 型选粉机 +ϕ4.2m×13m 两仓闭路水泥磨系统进行共同粉磨。

2. SO_3 指标

石膏对水泥的水化起着重要作用，一方面石膏的存在能使水泥中 C_3A 在早期 Ca^{2+}、OH^- 离子的饱和溶液中形成胶凝状的钙矾石薄膜，封闭了水泥颗粒的表面，从而阻碍了水分子和离子的扩散，起着调节水泥水化的作用；另一方面，钙矾石早期的形成并在水泥水化产物中的相互穿插能促进水泥早期强度的形成，还能弥补水泥水化产生的微观裂缝、补偿其收缩应变，并抑制裂缝的产生，能有效改善路面干缩开裂问题。综合考虑上述性能，在道路水泥粉磨过程中我们控制 SO_3 的含量在 2.3% ~ 2.7% 之间。进厂脱硫石膏应控制水分 $\not>$ 15%，水分大时要进行晾晒，防止发生卡堵造成喂料不稳。

3. 细度指标

道路硅酸盐水泥细度太粗会导致水化速度慢，水化不完全，早期强度偏低；粉磨过细则水泥浆体要达到同样的流动度，需水量就过多，会增加水泥制件的干缩。因此我们在生产过程中要严格控制出磨水泥细度，比表面积控制在 330 ~ 370m^2/kg 范围内。

五、抗硫酸盐硅酸盐水泥

（一）抗硫酸盐硅酸盐水泥简介

1. 定义

中抗硫酸盐硅酸盐水泥：以适当成分的硅酸盐水泥熟料，加入适量石膏磨细制成的具有抵抗中等浓度硫酸根离子侵蚀的水硬性胶凝材料。

高抗硫酸盐硅酸盐水泥：以适当成分的硅酸盐水泥熟料，加入适量石膏磨细制成的具有抵抗较高浓度硫酸根离子侵蚀的水硬性胶凝材料。

2. 熟料矿物组成

中抗硫水泥：$C_3A \leq 5\%$，$C_3S \leq 55\%$

高抗硫水泥：$C_3A \leq 3\%$，$C_3S \leq 50\%$

3. 用途

一般用于受硫酸盐侵蚀的海港、水利、地下、隧道、涵洞、道路和桥梁基础等工程。

4. 抗硫酸盐水泥概述

混凝土的硫酸盐腐蚀是化学腐蚀中的一种。在各种条件下，硫酸盐介质对硬化水泥石的腐蚀作用，以及由此而引起的混凝土材料破坏是影响混凝土工程服务年限的重要原因之一。我国八盘峡水电站工程，由于电站左岸山头硫酸根离子含量高达 12300mg/L 以上，致使主厂房的混凝土墙发生严重腐蚀。刘家峡水电站、察尔汗盐湖铁路、公路工程以及暴露于海水中的码头、防波堤等混凝土工程也遭受着不同程度的硫酸盐腐蚀。为了确保混凝土工程的耐久性，除了采用适宜的混凝土工艺措施外，还要求工程中使用抗硫酸盐硅酸盐水泥。

根据国家标准 GB748—83 规定，凡以适当成分的生料烧至部分熔融，所得的以硅酸钙为主的特定矿物组成的熟料，加入适量石膏，磨细制成的具有一定抗硫酸盐侵蚀性能的水硬性胶凝材料，称为抗硫酸盐硅酸盐水泥，简称抗硫酸盐水泥。

5. 油井水泥简介

用途：专用于油井、气井的固井工程，将套管与周围岩层胶结封固，封隔地层内油、气、水，防止互相窜扰，在井内形成油流通道。

要求：注入过程中要有一定的流动性和合适的密度；注入后应较快凝结，短期达到相当强度；硬化后有良好稳定性和抗渗性、抗蚀性。

油井底部的温度和压力随着井深的增加而提高，高温高压对水泥性能影响大。

按井深，分为 A ～ J 九个级别，普通型、中抗硫型、高抗硫型三类。

（二）抗硫酸盐水泥腐蚀机理

硫酸盐腐蚀主要是环境介质中的硫酸盐与水泥浆体组分之间发生化学反应，导致水泥混凝土结构破坏。常见的腐蚀反应有以下几种：

1. 硫酸盐与水化铝酸盐作用（以 Na_2SO_4 为例）

当环境介质中硫酸根离子浓度较低时，在饱和的石灰溶液中，硫酸根离子和水化铝酸盐作用生成水化硫铝酸钙晶体，产生体积膨胀，使已硬化的水泥石结构产生巨大应力而崩溃。

$$N\bar{S}+CH+2H \longrightarrow C\bar{S}H_2+NH$$

$$C_3AH_6+3C\bar{S}H_2+2OH \longrightarrow C_3A \cdot 3C\bar{S} \cdot 32H$$

2. 硫酸盐与 CH 作用（以 $MgSO_4$ 为例）

$$M\bar{S}+CH+2H \longrightarrow MH+C\bar{S}H_2$$

这类反应，一方面由于二水石膏结晶而引起体积膨胀，造成混凝土结构的破坏；另一方面，由于 MH 溶解度极小，在 CH 溶液中几乎不溶，因此只要有 Mg^{2+} 存在就会不断生成无定形 MH 沉淀，大大降低 CH 浓度，导致水泥的其他组分分解，混凝土强度下降。

3. 硫酸盐与 C-S-H 作用（在 $MgSO_4$ 腐蚀下）

$$C_x\bar{S}_yH_z+xM\bar{S}+（3x+0.5y-z）H \longrightarrow xMH+xC\bar{S}H_2+0.5y\bar{S}_2H$$

在 $MgSO_4$ 的作用下，水泥石中的 CH 不断被溶出，系统碱度降低，致使上述反应很容易发生。这种反应不仅生成膨胀性产物二水石膏，并且直接导致水泥的主要水化产物 C-S-H 的分解，造成强度损失和黏结力下降，对混凝土的破坏作用很大。

（三）水泥原材料和熟料矿物要求

抗硫酸盐水泥所用原材料与硅酸盐水泥基本相同，也是石灰质原料、黏土质原料和铁质校正原料。但是抗硫酸盐水泥对熟料矿物组成的要求与硅酸盐水泥差别很大。

根据硫酸盐腐蚀机理，水化硅酸钙在系统碱度不太低时是稳定的。硬化浆体中容易受腐蚀的组分是水泥石中的氢氧化钙和水化铝酸钙，然熟料中 C_3A 和 C_3S 含量高时，水泥水化生成的水化铝酸钙和氢氧化钙就多，腐蚀作用就更严重。因此，水泥的抗硫酸盐性在很大程度上取决于水泥熟料的矿物组成及相对含量。

C_3A 水化产物是水泥中最易受腐蚀的组分。因此，限制熟料中 C_3A 的含量是提高水泥抗硫酸盐腐蚀能力的主要措施。实践证明，C_4AF 的耐蚀性比 C_3A 强，所以用 C_4AF 来代替部分 C_3A，也就是适当降低 C_3A 含量，相应提高 C_4AF 的含量，就能够在保证有足够的溶剂矿物以利于烧成的情况下，提高水泥抵抗硫酸盐腐蚀的能力。

C_3S 在水化时要析出较多的 CH，而 CH 的存在是造成腐蚀的两一个重要因素，所以适当降低 C3S 的含量，相应增加耐蚀性较好的 C_2S，也是提高水泥耐蚀性的措施之一。

因此，必须限制抗硫酸盐水泥熟料的矿物组成及相对含量一般，抗硫酸盐水泥熟料中 C_3A 不得超过 5.0%，C_3S 不得超过 50.0%，C_3S 与 C_4AF 的总量不得超过 22.0%。用于严重腐蚀环境中的高抗硫酸盐水泥，则需限制其熟料矿物组成为 $C_3A \leqslant 2.0\%$，$C_3S \leqslant 35.0\%$。

（四）抗硫酸盐水泥标准

国家 标准 GB748—83（92）将抗硫酸盐水泥分为 325、425 和 525 三个标号，并且提出如下的技术要求：

（1）硅酸是钙、铝酸三钙和铁铝酸四钙，熟料中的矿物含量 $C_3S < 50\%$，$C_3A < 5\%$，$C_4AF < 22\%$。

（2）烧失量：熟料的烧失量不得超过 1.5%。

（3）游离石灰：熟料中游离石灰的含量不得超过 1.0%。

（4）氧化镁：熟料中氧化镁含量不得超过 5.0%。

（5）三氧化硫：水泥中三氧化硫的含量不得超过 5%。

（6）细度：0.080mm 方孔筛筛余不得超过 10.0%。

（7）凝结时间：初凝不得早于 45min，终凝不得迟于 12h。

（8）安定性：用沸煮法检验，必须合格。

（9）强度：各龄期强度均不得下表规定数值。

表 3-2-4 抗硫酸盐水泥各龄期强度

水泥标号	抗折强度（MPa）			抗压强度（MPa）		
	3d	7d	28d	3d	7d	28d
325	2.5	3.5	5.5	12.0	18.5	32.5
425	3.5	4.5	6.5	16.0	24.5	42.5
525	4.0	5.5	7.0	21.0	31.5	52.5

（五）抗硫酸盐水泥的生产工艺

抗硫酸水泥的生产工艺与硅酸盐水泥基本上相似，不同之处在于熟料矿物成分中 C_3S、C_3A 和 C_4AF 的含量有所限制。在实际生产中，我国抗硫酸盐水泥的矿物组成一般为：$C_3S=40\% \sim 60\%$，$C_3S+C_2S=70\% \sim 80\%$，$C_3A=2\% \sim 4\%$，$C_4AF=15\% \sim 18\%$，$f\text{-}CaO \leqslant 0.5\%$。率值控制范围为：$KH=0.8 \sim 0.85$，$SM=2.2 \sim 2.5$，$IM=0.7 \sim 1.0$。

由于抗硫酸盐水泥的 KH 较低，SM 较高，C_3A/C_4AF 的比值较小，故熟料的形成热比普通水泥熟料低，易于烧成。但因液相的黏度较低，对窑皮维护不利，应加强熟料烧成控制，稳定热工制度，严格掌握熟料结粒情况。

抗硫酸盐水泥粉磨时，比表面积控制可略高于普通水泥，以利于达到强度指标。抗硫酸盐水泥因熟料中 C_2S 和 C_4AF 含量高，易磨性较差，故生产抗硫酸盐水泥时，水泥磨的台时产量将有所下降，单位电耗相应提高。采用助磨剂，则情况会改善。

（六）抗硫酸盐水泥的性能

1. 强度

由于熟料中矿物组分 C_3S、C_3A 含量偏低，因此抗硫酸盐水泥早期强度低，3d、7d 强度增进率小。大量实验研究表明，随着熟料中 C_3S 含量的减少，水泥软练强度及强度增进率都降低。

2. 抗硫酸盐腐蚀性

抗硫酸盐腐蚀是抗硫酸盐水泥的特性。抗硫酸盐水泥的抗腐蚀能力与水泥熟料的矿物组成、水泥的细度等因素有关，也与环境水中 SO_4^{2-} 浓度及 Cl^-、Mg^{2+} 等异离子的存在有关，还与环境所处温度等条件有关。

（1）熟料矿物组成

如前所述，减少熟料中的 C_3S 和 C_3A，相应增加 C_2S 和 C_4AF 的含量，是提高水泥抗硫酸盐腐蚀性能的主要措施。表 3-2-5 反映了熟料矿物组成对水泥抗硫酸盐腐蚀性能的影响。

表 3-2-5 熟料矿物组成对水泥抗硫酸盐腐蚀性能的影响

矿物组成（%）				$2cm \times 2cm \times 10cm$ 的 1：5 砂浆试体 在 3%Na_2SO_4 溶液中浸泡			
				线膨胀（%）			
C_3A	C_4AF	C_3S	C_2S	3月	6月	9月	1年
5	15	50	30	1.20	胀坏	–	–
5	15	60	20	1.26	胀坏	–	–
5	15	70	10	1.40	胀坏	–	–
5	15	80	0	1.60	胀坏	–	–
4	16	60	20	0.41	2.5	胀坏	–
4	16	70	10	1.38	胀坏	–	–
3	17	60	20	0.18	0.58	1.22	1.56
3	17	70	10	0.68	3.70	胀坏	–
2	18	60	20	0.15	0.68	1.18	0.59
2	18	70	10	0.65	3.34	胀坏	–
1	19	60	20	0.06	0.15	0.30	0.90
1	19	70	10	0.14	0.38	0.57	1.31
0	20	60	20	0.01	0.02	0.06	0.11
0	20	70	10	0.02	0.08	0.14	0.50
10	10	50	30	胀坏	–	–	–

（2）环境介质中硫酸根离子浓度

硫酸盐腐蚀主要有钙矾石结晶型和石膏结晶型两种形式。当 SO_4^{2-} 浓度较低时，主要生成钙矾石；当 SO_4^{2-} 浓度较高时，则以石膏结晶型为主。因此，SO_4^{2-} 浓度的变化会引起腐蚀机理的变化，从而使水泥的抗腐蚀能力不同。当然，即使 SO_4^{2-} 浓度的变化不至于引起腐蚀机理的变化，腐蚀的速度和程度也会随着 SO_4^{2-} 浓度的升高而加快加重，使水泥抗腐蚀的能力下降。

（3）异离子的影响

SO_4^{2-} 浓度相同时，在环境介质中还存在不同于 SO_4^{2-} 的其他离子时，水泥对硫酸盐腐蚀抵抗能力也不一样，人们对此进行了相应的研究。

由腐蚀机理可以看出，如果环境介质中存在较多的 Mg^{2+}，那么 $MgSO_4$ 一方面使水泥混凝土浆体中 CH 转变成石膏和 MH，引起膨胀破坏，另一方面又将部分 C-S-H 分解或转化成黏结性极差的水化物，造成强度和质量损坏。硫酸盐、镁盐两种腐蚀相互叠加，大大加重了破坏力，使混凝土结构难以耐久。

环境介质中 Cl^- 的存在将显著缓解硫酸盐腐蚀的速度和程度，这是由于 Cl^- 的渗透速度大于 SO_4^{2-}。虽然在 Cl^- 和 SO_4^{2-} 同时存在的情况下，水泥石中的水化铝酸钙首先与 SO_4^{2-} 反应，但这只是对水泥混凝土结构表面而言；在结构内部，由于 Cl^- 先行渗入并与内部 OH^- 置换，借助于 CH 的作用，水化铝酸钙与 Cl^- 反应生成单氯铝酸钙（$3CaO \cdot Al_2O_3 \cdot CaCl_2 \cdot 10H_2O$）和三氯铝酸钙（$3CaO \cdot Al_2O_3 \cdot 3CaCl_2 \cdot 32H_2O$），从而减少了硫铝酸钙的生成量，并且由于异离子效应，生成的硫铝酸钙膨胀破坏作用也大大降低。因此，Cl^- 存在时，处于硫酸盐腐蚀环境中的水泥混凝土工程耐久寿命得以提高。

总的说来，水泥抗硫酸盐腐蚀的性能既受内部因素的作用，又受外界条件的影响，其中降低 C_3A 和 C_3S 的含量是提高水泥耐腐蚀性能的关键。

3. 水化热

由于抗硫酸盐水泥熟料中 C_3A 和 C_3S 的含量都比较低，因此其水化热也较低。从下表 3-2-6 可见，水化热与其矿物组成，特别是 C_3A 的含量有很大关系。抗硫酸盐水泥的水化热大大低于普通硅酸盐水泥的水化热。

表 3-2-6 熟料矿物组成与水化热

水泥品种	比表面积（m^2/kg）	矿物组成（%）		水化热（kJ/kg）	
		C_3S	C_3A	3d	7d
抗硫酸盐水泥 1	337	26.4	2.0	153.9	206.1
抗硫酸盐水泥 2	337	46.2	1.7	229.8	279.8
抗硫酸盐水泥 3	350	45.8	3.2	222.9	256.1
抗硫酸盐水泥 4	–	49.1	2.4	223.6	272.1
抗硫酸盐水泥 5		44.0	5.0	196.8	255.4
普通硅酸盐水泥 1	342	46.9	8.2	275.9	324.5
普通硅酸盐水泥 2	–	45.0	11.0	225.4	334.9
普通硅酸盐水泥 3	–	55.0	11.0	314.0	385.2

4. 其他性能

抗硫酸盐水泥的其他性能如胀缩、抗渗、抗冻、弹性模量等，与硅酸盐水泥相似。

（七）抗硫酸盐水泥应用

抗硫酸盐水泥适用于一般收硫酸盐腐蚀的海港、水利、地下、隧道、引水、道路和桥梁基础等工程。由抗硫酸盐水泥制备的普通混凝土，一般可抵抗硫酸根离子浓度低于2500mg/L的纯硫酸盐腐蚀。

在我国，抗硫酸盐水泥已广泛应用于有硫酸盐腐蚀的工程，如成昆铁路的隧道工程、青海盐湖筑路工程、新疆公路工程、锦西葫芦岛海港工程等。这些工程环境复杂，有的环境介质中含有大量的岩盐、芒硝、石膏等可溶性盐，有的硫酸根离子浓度达到1×10^5mg/L以上，使用抗硫酸盐水泥都能取得较好的效果。

当然，也有些工程如成昆铁路上的六渡河 2 号隧道、中坝及黑井隧道等，由于SO_4^{2-}浓度过高，最高达1.57×10^5mg/L，远远超过了抗硫酸盐水泥的抗腐蚀能力；有些化工厂（如硫酸厂）受硫酸盐腐蚀的同时还受酸的腐蚀；有些油井的地下水中也含有硫酸盐，这时又要求采用抗硫酸盐油井水泥，因此，实际的腐蚀情况是复杂的，腐蚀原因是多方面的，仅仅靠使用抗硫酸盐盐水泥仍然难以满足工程需要。

世界各国都在抗硫酸盐水泥的理论研究和生产实践方面开展了大量的工作，通过各种途径改善抗硫酸盐水泥的性能，使其适应于不同硫酸根离子浓度的腐蚀环境，使其适应于受硫酸盐腐蚀的专用工程如海洋、油井等，使其能同时具有早强、地热、快硬等其他优良性能，是抗硫酸盐水泥发展的主要趋向。

六、膨胀水泥和自应力水泥

（一）膨胀和自应力水泥的研制目的及其用途

普通水泥混凝土由于水分蒸发等原因而收缩、开裂，引起混凝土耐久性下降。人们希望有这样一种水泥，它在凝结硬化时能产生适量的膨胀，以抵消其收缩，从而消除混凝土因收缩而引起的各种弊病。对钢筋混凝土中的钢筋施加机械预应力可大幅度增加钢筋混凝土制品的承载能力，大量节约钢材。但是在有些场合这种工艺很烦琐，有时甚至不易达到目的。因此人们也在探索，能否用水泥水化所产生的膨胀来张拉钢筋，以简化预应力工艺。

膨胀和自应力水泥就是围绕着上述目的研制和发展起来的。膨胀水泥主要用于配制补偿收缩混凝土，补偿水泥混凝土的收缩，防止或减少混凝土裂缝的产生。自应力水泥用于配制自应力（或称化学应力）混凝土。经过几十年来的研究和实践，逐步认识到不管是那一种用途的膨胀混凝土，都要求一定的限制条件来发挥其膨胀作用，而其本质的作用是使膨胀混凝土的膨胀能，利用各种限制方式，主要是利用钢筋骨架的限制，将水泥膨胀时的化学能转换成张拉钢筋的机械能，从而使混凝土内部建立一定的压应力。因此用作补偿收缩和产生自应力的水泥混凝土只有膨胀值和建立压应力效值的差别，而没有本质的差别。

下面先简述补偿收缩混凝图的工艺原理及其用途。由于水泥混凝土的干缩值一般在0.04% 左右，而其极限变形为 0.02% 左右。因此要求补偿收缩混凝土在所使用的配筋条件下的膨胀值稍大于 0.04%，使混凝土最终建立少量的压应力，一般在 10 公斤/厘米"以下（美国鲁宾 Rubin 建议 2 ~ 7 公斤/厘米²）。或者使混凝土所受的拉力低于混凝土的抗拉强度。这样就可以防止混凝土的干缩开裂。目前，美国的补偿收缩水泥以混凝土七天限制膨胀为0.04 ~ 0.10% 来控制生产。这在目前的水泥和混凝土工艺技术条件下是可以做到的。因而补偿收缩混凝土在美国、日本等对建筑工程提出更高要求的国家已得到较大量的采用。美国、日本每年生产或配制的膨胀水泥各约 50 万吨，其中大部分是用于补偿收缩混凝土的。我国膨胀水泥的研制和应用虽也较早，应用的面也较宽，但由于技术经济和应用研究跟不上等多方面的原因，其使用量只占我国膨胀水泥混凝土用量的百分之十左右。

补偿收缩混凝土的强度、弹性模量、干缩、蠕变、抗冻融循环等性能与硅酸盐水泥混凝土相似，而其防止开裂及抗渗性能大大提高，从而可用于对防止开裂及抗渗要求高的混凝土建筑物及制品。但是要指出的是，除了它能通过限制，使混凝土内部建立一定压应力和抗渗性较好之外，其他如干缩、温度变化以及结构上各种使混凝土产生裂缝的因素，对补偿收缩水泥混凝土仍然同样起作用。在进行工程设计时，必须注意到这点。

补偿收缩混凝土主要用于水池、油罐，或以混凝土预制板拼装水池或油罐时的后浇缝；对楼板有防渗要求的多层汽车停车场，要求接缝少的停车广场，停机坪，机场跑道，高速公路路面；地下建筑物，自防水屋面板，防渗楼板；水池、油罐、井壁、水坝的防渗层；基础等构筑物的后浇缝；梁柱接头、机器垫脚螺丝的锚固；矿井、管道、地下工程的抢检、堵漏等。某实验曾用硫铝酸盐膨胀水泥混凝土对直径 51.9 米高 5.8 米，以 120 块预制混凝土板拼装的贮油罐进行了拼缝试验，获得了成功。美国用 K 型膨胀水泥配制补偿收缩轻混凝土修建了一个四层汽车停车场。还铺设了长 16600 米、宽 225 米、厚 35.6 厘米的补偿收缩混凝土跑道，其伸缩缝间距为 37.5 米（用普通混凝土为 15 米），使用效果好。江苏省科研所和南通市城建局曾用硅酸盐膨胀水泥作自防渗屋面的试验，获得了好的效果。也曾用明矾石膨胀水泥配制的补偿收缩混凝土修建了一座 600 平方米的人防工程，配筛率0.3 ~ 0.6%，导入自应力 2 ~ 8 公斤/平方厘米，经三年观察，效果良好。长江水利科学院和浙江大学用低热微膨胀水泥配制的混凝土，进行了 30 米长的水坝及大型坝块试验，取得了明显的效果。在北京饭店及毛主席纪念堂的混凝土基础工程中，分别使用了浇筑水泥和明矾石膨胀水泥制作后浇缝，获得了成功。具有微膨胀性且早期强度高的硫铝酸盐早强水泥、浇筑水泥已成功地用于多层建筑预制梁柱之间的锚固。由于硫铝酸盐早强水泥在负温下强度仍能增长，特别适宜于北方地区的冬季施工。

对用于产生预应力目的的自应力（或化学应力）的膨胀混凝土来说，理论上要求它在混凝土内建立的压应力达到机械预应力的水平，如 150 公斤/平方厘米。但是，要达到这一水平还要作很大的努力。据国外资料报道，以 K 型膨胀水泥配制的自应力混凝土，在实验室条件下，可得到 70 公斤/平方厘米的自应力，但是由于构件扭曲，外保护层质量不易保证等原因，实际生产的构件自应力值为 35 公斤/平方厘米，因而认为目前阶段仅适于制造对预应力值要求低的结构构件。我国最近几年发展的铝酸盐和硫铝酸盐自应力水泥和铝酸盐高自应力水泥，由于膨胀相—钙矾石是在低碱度条件下形成的，同时还形成了适量起胶凝作用的凝胶相。因而这种自应力混凝土与 K 型和 M 型膨胀、自应力水泥配制的自应力混凝土相比，可以在较小的自由膨胀下获得较高的自应力值，在一定程度上解决了构件扭曲和外保护层质量下降的问题。在实验室已制得 10 ~ 120 公斤/平方厘米的自应力混凝土，而实际使用的混凝土的自应力值也已达到 80 公斤/平方厘米。

目前我国膨胀和自应力水泥每年的用量约为 15 万吨，百分之九十左右用于制造自应力水泥压力管。其中绝大部分用作输水，少部分用于输油、输气。与美国、日本等国膨胀混凝土主要用于补偿收缩混凝土相比，具有我国的特色。这一方面是由于在我国以水泥压力管来代替铸铁管或部分钢管，从经济上和资源利用上是合理的，国家给予了大力的支持。另一方面从技术上来说，我们认识到：自应力水泥压力管中钢筋的三向限制状态可以避开棘手的制品挠曲问题；此外，自应力水泥压力管均由工厂生产，混凝土配比、工艺均能做到严格控制；而在使用上，用作水管或埋地使用可以把干缩造成的自应力损失减到最小。日本和苏联也有以膨胀混凝土制造自应力水泥压力管的成功经验。但是，无论从国际和国内来说，自应力水泥混凝土用于其他方面，如用于墙板、楼板、薄壳、钢丝网水泥板等预制品，及用于水槽、隧道、公路路面等现场浇注都还处于试验性阶段。

（二）膨胀和自应力水泥的研制状况

"波特兰水泥"（即硅酸盐水泥）于 1824 年取得专利权。与硅酸盐水泥相比，膨胀水泥研制要晚一百来年。人们从海水破坏硅酸盐水泥混凝土的原因—形成了"水泥杆菌"即钙矾石或三硫酸盐型水化硫铝酸钙（$3CaO \cdot Al_2O_3 \cdot 3CaSO_4 \cdot 32H_2O$）得到了启示。法国的劳西耶最早认识到水泥混凝土中形成的钙矾石所产生的膨胀可用来抵消收缩和产生化学预应力。他从 20 世纪 30 年代中期开始，提出了制造膨胀水泥的方案。他提出的膨使水泥是由波特兰水泥、膨胀剂和矿渣所组成。膨胀剂是由矾石、石膏和白垩磨成生料，加以煅烧而制得，矿渣的加入是为了控制膨胀率。其后，1958 年美国的克莱恩等在上述基础上发展了 K 型膨胀水泥，1964 年正式投入生产。与劳西耶提出的膨胀水泥相比，K 型水泥进展的地方是：明确了膨胀剂的矿物组成是以无水硫铝酸钙（$3CaO \cdot 3Al_2O_3 \cdot CaSO_4$）为主，此外还要有适量的 CaO 和 $CaSO_4$；由于对膨胀剂及其掺量做到了有效控制，所以不需要再加矿渣作为后期膨胀的稳定剂。

苏联在研制膨胀水泥方面，虽然也主要根据形成钙矾石使水泥膨胀的原理，但在技术途径上则侧重于矾土水泥熟料的应用。如米哈依洛夫在 20 世纪 40 年代制成的不透水膨胀水泥，是由矾土水泥、石膏和水化铝酸四钙共同粉磨而制得的。其中水化铝酸四钙还是用矾土水泥和石灰经水化、干燥粉磨而制得。布德尼可夫在 50 年代制成了石膏矾土膨胀水泥，它是由矾土水泥与石膏共同粉磨而制得的。米哈依洛夫在 50 年代发展的 M 型硅酸盐膨胀水泥（或称硅酸盐自应力水泥），是由波特兰水泥、矾土水泥和石膏按一定比例共同粉磨而制得。六七十年代苏联和保加利亚又研制了以煅烧明矾石代替矾土水泥的明矾石膨胀水泥。美国还曾研究过一种 S 型膨胀水泥，即从铝酸三钙含量高的硅酸盐水泥熟料，适当增加石膏掺量而制得膨胀水泥。也曾研制过类似苏联的 M 型膨胀水泥。但据报道，由于 M

及 S 型膨胀水泥耐硫酸盐侵蚀性能不及 K 型膨胀水泥,从 1973 年起已停止生产。

日本从 20 世纪 60 年代起才发展膨胀水泥混凝土。其特色是研制和出售各种类型的膨胀剂。其中应用最广的是以无水硫铝酸钙为主,并具有适量 CaO 和 $CaSO_4$ 的膨胀剂,与波特兰水泥拌和后其性能与 K 型膨胀水泥一样。其膨胀量可在现场根据需要进行调节。日本、苏联等国都还用低品位矾土或黏土来制造含无水硫铝酸钙的膨胀剂。有的膨胀剂则是以一定温度煅烧的 CaO 为主。日本方式配制膨胀水泥的优点是,用户只要购买少量膨胀剂可自行配制不同膨胀量的膨胀混凝土,但相应要求用户有较高的技术水平和现场有较好的搅拌设备。

由于钙矾石在高于 100℃时会出现相转变,因此对于油井用的膨胀水泥曾采用了以一定温度煅烧的 MgO 作为膨胀剂。此外还应用铝粉、铁粉来作为膨胀剂,我国自 20 世纪 50 年代中期即开始研制膨胀水泥,至 70 年代初期所研制的膨胀和自应力水泥,主要是以回转窑烧结法制造的矾土水泥作为重要组分的。在这期间我国曾研制成功了膨胀性不透水水泥,无收缩不透水水泥,石膏矾土膨胀水泥,快凝膨胀水泥,硅酸盐膨胀水泥,硅酸盐自应力水泥和铝酸盐白应力水泥等。由于我国用回转窑烧结法所制得的矾土水泥熟料的矿物组成是以 $CaO \cdot Al_2O_3$ 为主,以 $CaO \cdot 2Al_2O_3$ 为辅,而几乎不存在 $12CaO \cdot 7Al_2O_3$,与苏联以高炉法在炼铁同时制得的矾土水泥的矿物组成有很大的不同。因此,苏联文献报道的硅酸盐自应力水凝结时间过短,需加缓凝剂的现象并未在我国发生。由于同样原因,我国的矾土水泥为研制以矾土水泥为基础的铝酸盐自应力水泥创造了良好的基础。目前,以上两种水泥已广泛应用于制造自应力水泥压力管。硅酸盐自应力水泥一般是由生产水泥压力管的制品厂用硅酸盐水泥,矾土水泥和石膏自行配制,也有个别工厂专门少量供应这种硅酸盐自应力水泥。每年用量在十万吨左右。其 1:2 混凝土的自应力值一般为 20 ~ 30 公斤/平方厘米。铝酸盐自应力水泥则是在石膏矾土膨胀水泥的基础上研制成功的一种专用水泥,用于制造较大口径和较高压力的自应力水泥压力管。其 1:2 混凝土的自应力值为 50 公斤/平方厘米左右。目前每年的生产量约为二万吨。70 年代后期我院又进一步研制了 1:2 混凝土自应力值为 80 公斤/平方厘米的铝酸盐高自应力水泥,已批量试产承受高压力的自应力水泥压力管,并已试铺于福建、江西等地的高水头、小流量的水电站,作为引水管之用。50 毫米内径的自应力混凝土管已试用于静水头为 160 米的水电站;内径为 950 毫米的自应力水泥混凝土管已试用于静水头为 100 米的水电站。

1974 年起,研究以无水硫铝酸钙熟料为基础的自应力、膨胀和早强(微膨胀)水泥。这种熟料以无水硫铝酸钙和 $\beta\text{-}2CaO \cdot SiO_2$ 为主要矿物组成。而自应力、膨胀和早强(微膨胀)水泥则是在其中掺加不同量的石膏研磨而成。硫铝酸盐自应力水泥 1:2 混凝土的自应力值为 50 公斤/平方厘米左右。已于 1978 年鉴定投产。硫铝酸盐早强水泥具有微膨胀特性,早期强度高,1:3 砂浆 12 小时耐压强度可达 300 公斤/平方厘米,掺加适量外加剂后可在负 15° 至负 25℃下使用。由于这种水泥以较低品位的矾土为原料,不要求以优质烟煤为燃料,因此无论从性能和经济上来说都是很有发展前途的水泥品种系列。从已看到的国外资料还未见有类似的报道。目前这种硫铝酸盐自应力和早强水泥年产三万吨左右。硫铝酸盐自应力水泥主要用于制造较大口径和较高压力的自应力水泥压力管。而具有微膨胀特性的硫铝酸盐早强水泥则主要试用于负温条件下高层建筑梁柱节点的浆锚，以及其他需要快速补强的工程。

由于铝酸盐和硫铝酸盐自应力水泥浆体具有良好的孔结构，因此具有良好的不透气性，单管试验 12 公斤/平方厘米不透气，并已试验成功 8 公斤/平方厘米的试验管线和 5 公斤/平方厘米的运行输气管线。

在 20 世纪 60 年代中至 70 年代初，研制了以未经煅烧的天然明矾石作为含铝组分的膨胀和自应力水泥。目前明矾石膨胀水泥已鉴定推广，明矾石自应力水泥的研制正进入鉴定阶段。天然明矾石膨胀水泥的特点是膨胀较慢，但后期强度高，适宜于制作补偿收缩混凝土。天然明矾石自应力水泥的自应力值略高于 M 型膨胀水泥。由于采用价格低廉且不经煅烧的明矾石来代替矾土水泥熟料，因而无论从经济和能源节约角度来看，这种水泥是有发展前途的。

在 20 世纪 60 年代在石膏矿渣水泥的基础上，研制并批量试用了以高炉矿渣作为含铝组分的膨胀水泥。长江水利科学院和浙江大学等单位已研制成功低热微膨胀水泥。这种水泥的成分介于矿渣硅酸盐水泥和石膏矿渣水泥之间，具有水化热低、微膨胀等特性，因而在浇筑大坝上很有发展前途。

在 20 世纪 60 年代还研制了以 CaO 和 MgO 为膨胀组分的硅酸盐类型的膨胀水泥。前者现名浇注水泥，每年有数百吨至数千吨的小批量生产。这种水泥有微膨胀，早期强度高，主要用于梁柱节点的浆锚。后者曾在油井固井中试用。此外我国还有些单位利用其他含铝组分，如铝粉、矾浆（提炼明矾的废浆）、电解铝时的铝渣等来配制膨胀和自应力水泥。

由上述可见，膨胀和自应力水泥种类繁多，名称不一。我国和苏联把用作补偿收缩的水泥称为膨胀水泥，用作配制自应力混凝土的水泥称为自应力水泥。而美国、日本则把这两种水泥统称为膨胀水泥，而在配制混凝土时区分为补偿收缩或自应力混凝土。从配制水泥的基材又可分为以硅酸盐水泥熟料，矾土水泥熟料，硫铝酸盐熟料，高炉矿渣为基础的膨胀或自应力水泥。从产生膨胀的主要组分则又可分为形成钙矾石，形成氢氧化物 $[Mg(OH)_2$ 和 $Ca(OH)_2]$ 和金属粉型（铝粉和铁粉）。在形成钙矾石这一大类中又可分为在饱和 $Ca(OH)_2$ 浓度下形成钙矾石和在低于饱和浓度下形成钙矾石这两类性能特点不同的水泥。一般说来，前者自由膨胀和限制膨胀的比值大，性能不易稳定控制。而后者自由膨胀和限制膨胀的比值小，性能较易控制。

第四章　混凝土

混凝土是由胶凝材料（水泥）、细骨料（如砂子）、粗骨料（石子）及必要时掺入矿物混合材料与化学外加剂按一定比例混合，经搅拌成塑状拌和物，随着时间逐渐硬化，具有强度特性的人工石材。正是由于混凝土它是一种多相的、分散的复合材料，所以若其中一项原材料达不到要求或比例不合适，均会对整个混凝土造成影响，从而引起混凝土的质量下降，导致混凝土浇筑以后很容易出现裂纹，甚至坍塌的现象，直接影响着整个工程结构的质量。优质的混凝土必须有合格的强度、良好的耐久性和经济性，三者是一个有机的整体，相互影响、缺一不可。基于此对混凝土材料与混凝土质量间的关系进行了分析，希望对相关工作能够有所借鉴。

第一节　概　述

一、混凝土组成材料

一般来讲，普通混凝土由水泥净浆作为胶凝材料，矿物集料作为填充材料这两大部分组成。现在，随着混凝土技术的发展，混凝土的组料增加了外加剂和矿物掺合料，而且其组成材料还在向多样化发展，这些混凝土组成材料在结构中各自发挥着不同的作用，共同提高混凝土的质量。水泥净浆起着包裹集料、填充空隙、润滑材料、便于施工、硬化强度和耐久性的作用，因此，它对混凝土的质量是起着决定性的作用；集料在减少水泥净浆的发热、干缩和提高混凝土体积的稳定性、耐久性等方面起着很大的作用，还有它的经济、廉价、成本低的作用也不可小视；外加剂和矿物掺合料的应用，在提高混凝土的高性能化、多功能化以及组料的相容性和叠加效应等方面影响较大。

二、混凝土材料性能

（1）混凝土的热学性能。与混凝土材料的力学性能类似，混凝土材料的热学性能也可以由一些参数来进行表现，例如导热和热胀冷缩系数等，这些系数是在设计和配比混凝土材料时必须重点考虑的因素。但与一般的砖结构相比，混凝土结构的导热系数都很大，而这就可能在外墙上形成冷桥问题，进而影响到工程的施工效率。水泥作为一种重要的胶凝材料，经常会因为水分或内部化学反应的影响而出现变形，进而导致混凝土体积改变。一旦混凝土体积变化超过允许范围，就会导致裂缝和破坏。为了解决这一问题，实际中通常会使用膨胀水泥和膨胀剂。

（2）混凝土材料的力学性能。对于混凝土材料而言，其重要的一个性能就是力学性能，力学性能的好坏将对混凝土质量造成严重影响。现实中，材料力学性能主要可以用抗压、抗震、支压以及抗弯强度等参数进行表示。混凝土在实际工程建设中被广泛应用的另一个重要原因就在于其表面受到小于静力强度的应力时，破损问题不会立即出现，而是会随着应力的长期作用，才会逐渐表现出裂缝问题。

（3）混凝土的表面触感性能。混凝土材料的表面触感性能是现实中易被人们感知到的性能之一，这直接会对建筑使用者对空间的感受造成影响。混凝土材料的质感、颜色一般是由工程实际需求和工艺方式来决定的，进而给使用者带来不同的触感感受。

第二节 普通混凝土的组成材料

普通混凝土是指由水泥、粗细集料加水拌和，经水化硬化而成的一种人造石材。

在混凝土中，一般以砂子为细集料，石子为粗集料。粗细集料的总量占混凝土体积的70%以上，其余为水泥浆和少量的孔隙。在混凝土拌和物中，水泥和水形成水泥浆来填充砂子空隙并包裹砂粒，形成砂浆。砂浆又填充石子空隙并包裹石子颗粒，形成混凝土结构。水泥浆在砂石颗粒间起着润滑作用，使拌和物具有一定的流动性。当水泥浆凝结硬化后，把砂子集料牢固地胶结成一整体，而起到胶结作用。砂石材料一般不与水泥浆起化学反应，它在混凝土中主要起骨架和填充作用，因而可以大大节省水泥。同时还可降低水化热，减小混凝土由于水泥浆硬化而产生的收缩，并起到抑制混凝土裂缝扩展的作用。

混凝土的技术性质在很大程度上是由原材料的性质及其相对含量决定的，同时也与施工工艺有关。因此，了解其原材料的性质、作用及其质量要求，合理选择原材料，才能保证混凝土的质量。

一、水泥

1. 水泥品种选择

由于不同品种的水泥在性能上各有其特点，而在实际应用中，应根据工程所处的环境条件、建筑物的特点及混凝土所处的部位，选用适当的水泥品种以满足不同工程的不同要求。

对一般条件下的普通混凝土，可采用普通硅酸盐水泥或硅酸盐水泥，火山灰质硅酸盐水泥，粉煤灰质硅酸盐水泥。

水位变化区的外部混凝土，建筑物的溢流面和有耐磨性要求的混凝土，有抗冻要求的混凝土，应优先选用中热硅酸盐水泥、硅酸盐水泥、普通硅酸盐水泥。

大体积建筑的内部混凝土，位于水下的混凝土和基础混凝土，宜选用低热矿渣硅酸盐水泥，矿渣硅酸盐水泥，粉煤灰硅酸盐水泥，火山灰质硅酸盐水泥。

当环境水对混凝土有硫酸盐侵蚀时，应选用抗硫酸盐水泥。

受蒸汽养护的混凝土，宜选用矿渣硅酸盐水泥，火山灰质硅酸盐水泥，粉煤灰硅酸盐水泥。

2. 水泥标号选择

水泥的标号应与混凝土的强度等级相适应。对于中、低强度的混凝土，水泥标号为混凝土强度等级的 1.5 ~ 2.5 倍为宜；对于高强度混凝土，水泥标号与混凝土强度等级的比值可小于 1，但一般也不宜小于 0.8，用高标号水泥配制低强度等级的混凝土时，会对混凝土拌和物的和易性及混凝土的耐久性带来不利影响；而用低标号水泥配制高强度等级的混凝土是时，会因水灰比太小而影响拌和物的流动性，并显著增加水化热和混凝土各种变形，同时，混凝土的强度也得不到保证，经济上也不合理。

二、砂子

粒径在 0.16 ~ 5mm 的集料称为砂子。一般工程大都采用河砂。人工砂是岩石轧碎而成富有棱角，比较洁净，其缺点是片状颗粒和石粉较多，且成本较高。

1. 砂的颗粒级配

砂的颗粒级配是指大小不同的砂子颗粒互相搭配的比例情况，如果搭配比例适当，大颗粒砂子形成的空隙由中等颗粒砂子来填充，中等颗粒砂子形成的空隙由小颗粒砂子来填充，这样逐级填充，使砂子颗粒间的总空隙率降到尽可能的小，因此，砂子级配好就意味着砂子空隙率较小。我国按砂子颗粒的不同分布根据 0.630mm 筛孔的累计筛余量分成三个级配区，Ⅰ区粗砂；Ⅱ区中砂；Ⅲ区细砂。

2. 砂的粗细程度

砂的粗细程度是指不同粒径的砂粒混合在一起后的平均粗细程度。在重量相同的条件下。如果粗颗粒越多，则砂子颗粒数目就越少，砂子的总表面积就越小；若粗颗粒过多，中小颗粒相对就越少，则砂子颗粒间搭配就不好，使砂子的空隙率增大，因此，砂子的粗细程度必须结合级配来考虑。

砂的颗粒级配和粗细程度，可通过筛分析法来评定，砂子的粗细程度用细度模数（μf）来表示，根据《普通混凝土用砂质量标准及检验方法》（JGJ52—92）的规定，把砂分为：粗砂 $\mu f=3.7 ~ 3.1$；中砂 $\mu f=3.0 ~ 2.3$；细砂 $\mu f=2.2 ~ 1.6$。

砂子的级配和粗细对所配混凝土性能有不同的影响。使用级配较好的砂子，不仅节约水泥，而且还可以提高混凝土的强度和密实性。在配比相同的条件下，若砂子过粗，则混凝土拌和物黏聚性差，容易产生离析、泌水现象；若砂子过细，虽然混凝土拌和物黏聚性较好，但流动性显著减小，为满足流动性，需加入较多的拌和水，混凝土强度降低。因此，拌制混凝土最好选用级配良好，颗粒粗细适中的砂子，这样不仅节约水泥，而且还可以提高混凝土的强度。

3. 砂中含泥量

砂中含泥量应符合 JGJ52—92 中的规定。

表 4-2-1 砂中含泥量限值

混凝土强度等级	大于或等于 C30	小于 C30
含泥量（%）	≤ 3.0	≤ 5.0

另外，砂的坚固性、砂中有害物质含量均应符合《普通混凝土用砂质量标准及检验方法》（JGJ52—92）有关规定的限值。

三、石子

粒径大于 5mm 的集料称为粗集料。普通混凝土常用的粗集料有卵石和碎石两种。卵石表面光滑，空隙率及比表面积较小拌制相同流动性的混凝土时，水泥浆用量较少，但硬化后与水泥黏结性较差。碎石是由坚硬岩石轧碎而成，表面粗糙，颗粒富有棱角，与水泥黏结性较牢。卵石与碎石各有优点，在实际工程中。应本着满足工程技术要求及经济的原则来选用。

1. 最大粒径

粗集料公称粒径的上限称为粗集料的最大粒径。最大粒径增大时，如果大小颗粒搭配适当，则其总表面积减小，水泥浆用量也会降低，从而可配制出比较经济的混凝土。然而最大粒径的选用，要受到搅拌机容量和叶片强度、结构断面尺寸、钢筋净间距和施工条件等因素制约。我国《铁路混凝土砌体工程施工规范》（TB10210—2001）规定：粗集料最大颗粒不得大于结构截面最小尺寸的 1/4，同时不得大于钢筋间最小净距的 3/4，在实心板中，不得超过 50mm。此外，在浇注混凝土时，由于石子粒径增大，在石子底部易积留水分，形成水囊或气泡，减弱石子与砂浆的黏结力而降低所配混凝土的强度。

2. 颗粒级配

石子和砂子一样，也要求具有良好的颗粒级配，其原理基本相同，目的是使石子颗粒间空隙率尽可能的小，以求节约水泥，提高混凝土的强度。

石子的颗粒级配也是通过筛分析试验作出鉴定的有连续级配和间断级配两种。连续级配要求颗粒尺寸由大到小连续分级。每一级粒径的颗粒都占有适当的比例。连续级配的石子所配混凝土，一般和易性较好，不易发生离析，应用较为广泛，间断级配是人为地剔除集料中的某些粒级，造成颗粒粒级的间断，使大粒径颗粒的空隙由小粒径颗粒来填充。用间断级配的石子拌制混凝土，可较好发挥集料作用以节约水泥用量，但由于颗粒粒径相差较大，容易使混凝土拌和物产生分层离析，影响混凝土的强度质量。

3. 卵石或碎石的压碎指标

应符合 JGJ53—92 中相应的规定。

粗集料的坚固性是指在气候、外力和其他物理力学因素作用下集料的抗碎裂能力。其坚固性指标应符合有关规定。

4. 卵石或碎石的含泥量

应符合 JGJ53—92 中相应的规定。

表 4-2-2 卵石或碎石的含泥量

混凝土强度等级	大于或等于 C30	小于 C30
含泥量（%）	≤ 1.0	≤ 2.0

5. 卵石或碎石的针、片状颗粒含量

应符合 JGJ53—92 中相应的规定。

表 4-2-3 卵石或碎石的针、片状颗粒含量

混凝土强度等级	大于或等于 C30	小于 C30
针、片状颗粒含量	≤ 15%	≤ 25%

四、拌和及养护用水

用来拌和及养护混凝土的水，不应含有对混凝土、钢筋混凝土和预应力混凝土产生有害的影响，一般符合国家标准的生活饮用水均可用来拌制和养护混凝土。遇到被工业废水或生活废水所污染的河水或含有矿物质较多的泉水时，应事先进行检验，合格后方可使用。

另外，随着建筑设计水平的不断提高，相继出现滑升模板，泵送混凝土、喷射混凝土等先进工艺，对混凝土的技术性能和经济指标都提出了新的要求。掺用外加剂就能改善混凝土在流动性、可塑性、密实性、抗冻性、快硬、缓凝、早强、高强等方面的性能，满足各种施工新工艺的需要。因此，混凝土外加剂将成为配置混凝土不可缺少的第五种组成材料。

综上所述，要配制质量优良的混凝土，除要选用质量合格且适当的组成材料外，还要求混凝土拌和物具有适于施工的和易性，才能在运输时不易分层离析，浇注时容易捣实，成型后表面易修整，获得均匀密实的混凝土。

第三节　普通混凝土的主要技术性质

一、混凝土拌和物的和易性

（一）混凝土和易性的内容

和易性是指新拌水泥混凝土易于各工序施工操作（搅拌、运输、浇灌、捣实等）并能获得质量均匀、成型密实的性能。也称混凝土的工作性。和易性是一项综合的技术性质，它与施工工艺密切相关。通常包括有流动性、保水性和黏聚性等三个方面的含义。

1. 流动性

是指新拌混凝土在自重或机械振捣的作用下，能产生流动，并均匀密实地填满模板的性能。流动性反映出拌和物的稀稠程度。若混凝土拌和物太干稠，则流动性差，难以振捣密实；若拌和物过稀，则流动性好，但容易出现分层离析现象。主要影响因素是混凝土用水量。

2. 黏聚性

是指新拌混凝土的组成材料之间有一定的黏聚力，在施工过程中，不致发生分层和离析现象的性能。黏聚性反映混凝土拌和物的均匀性。若混凝土拌和物黏聚性不好，则混凝土中集料与水泥浆容易分离，造成混凝土不均匀，振捣后会出现蜂窝和空洞等现象。主要影响因素是胶砂比。

3. 保水性

是指在新拌混凝土具有一定的保水能力，在施工过程中，不致产生严重泌水现象的性能。保水性反映混凝土拌和物的稳定性。保水性差的混凝土内部易形成透水通道，影响混凝土的密实性，并降低混凝土的强度和耐久性。主要影响因素是水泥品种、用量和细度。

新拌混凝土的和易性是流动性、黏聚性和保水性的综合体现，新拌混凝土的流动性、黏聚性和保水性之间既互相联系，又常存在矛盾。因此，在一定施工工艺的条件下，新拌混凝土的和易性是以上性质的矛盾统一。

目前，还没有能够全面反映混凝土拌和物和易性的简单测定方法。通常，通过实验测定流动性，以目测和经验评定粘聚度和保水度。混凝土的流动性用稠度表示，其测定方法有坍落度与坍落扩展法和维勃稠度法两种。

（二）影响混凝土和易性的主要因素

1. 水泥数量与稠度的影响

混凝土拌和物在自重或外界振动动力的作用下要产生流动，必须克服其内在的阻力，拌和物内在阻力主要来自两个方面：骨料间的摩擦力及水泥浆的黏聚力，骨料间摩擦力的大小主要取决于骨料颗粒表面水泥浆层的厚度，亦水泥浆的数量。水泥浆的黏聚力大小主要取决于浆的干稀程度，亦即水泥浆的稠度。混凝土拌和物在保持水灰比不变的情况下，水泥浆用量越多，包裹在骨料颗粒表面的浆层就越厚，润滑作用越好，骨料间摩擦力减小，混凝土拌和物易于流动。反之则小。混凝土拌和物水泥浆用量不能太少，但也不能过多，应以满足拌和物流动性要求为度。当混凝土加水过少时，即水灰比过低，不仅流动性太小，在一定施工条件下难以成型密实。但若加水过多，水灰比过大，水泥浆过稀，这时拌和物虽流动性大，但将产生严重的分层离析和泌水现象，并且严重影响混凝土的强度和耐久性。当混凝土拌和物的坍落度太小时，保持水灰比不变的条件下，适量增加水泥浆；当拌和物坍落度太大时，保持砂率不变的条件下，适量增加砂石。

2. 砂率的影响

砂率是指混凝土中砂的质量占砂、石总质量的百分比。所谓合理砂率是指在用水量及水泥用量一定的情况下，能使混凝土拌和物获得最大的流动性，且能保持黏聚性及保水性能良好的砂率值。确定砂率的原则是：在保证混凝土拌和物具有的黏聚性和流动性的前提下，水泥浆最省时的最优砂率。

砂率的变动，会影响新拌混凝土中集料的级配，是集料的空隙率和总表面积有很大变化，对新拌混凝土的和易性产生显著影响。在水泥浆数量一定时，砂率过大，集料的总表面积及空隙率都会增大，需较多水泥浆填充和包裹集料，使起润滑作用的水泥浆减少，新拌混凝土的流动性减小。砂率过小，集料的空隙率显著增加，不能保证在粗集料之间有足够的砂浆层，也会降低新拌混凝土的流动性，并会严重影响黏聚性和保水性，容易造成离析、流浆等现象。

3. 组成材料性质的影响

水泥品种的影响：在水泥用量和用水量一定的情况下，采用矿渣水泥或火山灰水泥拌制的混凝土拌和物，其流动性比用普通水泥时小，在相同用水量情况下，混凝土较较稠。若要二者达到相同的坍落度，矿渣水泥或火山灰水泥拌制每立方米混凝土的用水量必须增加一些，且矿渣水泥拌制的混凝土拌和物泌水性较大。骨料性质的影响：骨料性质指混凝土所用骨料的品种、级配、颗粒粗细及表面形状等。建筑碎石颗粒级配分连续粒级和单粒级。采用连续粒级的颗粒级配较好，拌制的混凝土和易性好，不易发生离析。单粒级的碎石拌制的混凝土和易性较差，容易离析，不易振捣。外加剂的影响：混凝土拌和物掺入减水剂或引气剂，流动性明显提高，引气剂还可以有效的改善混凝土拌和物的黏聚性和保水性，二者还分别对硬化混凝土的强度与耐久性起着十分有利的作用。改善混凝土拌和物流变性能的外加剂。包括各种减水剂、引气剂和泵送剂等。

4. 拌和物存放时间及环境温度的影响

搅拌拌制的混凝土拌和物，随着时间的延长会变得越来越干稠，坍落度将逐渐减小，这是由于拌和物中的一些水分逐渐被骨料吸收，一部分被蒸发，以及水泥的水化与凝聚结构的逐渐形成等作用所致。混凝土拌和物的和易性还受温度的影响，随着环境温度的升高，混凝土的坍落度损失的更快，因为这时的水分蒸发及水泥的化学反应将进行的更快。同样配合比的混凝土，气温愈高坍落度愈小。大约气温每增加10C，坍落度约减2～3cm。

（三）改善混凝土和易性的措施

1. 采用合理砂率

在用水量和水灰比（即水泥浆量）一定的前提下，能使混凝土拌和物获得最大流动性，且能保持良好黏聚性及保水性的最小砂率，称其为合理砂率。砂率有一个合理范围，处于这一范围的砂率叫合理砂率。当采用合理砂率时，在用水量和水泥用量一定的情况下，能使混凝土拌和物获得最大的流动性且能保持良好的黏聚性和保水性。合理砂率随粗集料种类、最大粒径和级配、砂子的粗细程度和级配，混凝土的水灰比和施工要求的流动性而变化，需要根据实际施工条件，通过试验来选择。

2. 改善砂、石的级配

颗粒级配是指它的大小搭配程度，这对混凝土的黏聚性和流动性有影响，就是指工作性或工作度，一般泵送混凝土对这个要求高，他要求是连续级配，不能是单粒径。粗细程度是指它的大小，有粗砂、中砂、细砂和特细砂之分，一般工程用为中砂，细砂比表面积大，需要的胶凝材料多，混凝土成本高。因为砼是靠骨料、细集料和水泥浆三者形成密实的胶合体，而共同受力形成强度。骨料的粗细和级配直接关系到砼的密实度，所以一定要考虑的。评定的指标有砂的粗度械模数、材料的筛分结果（判定级配好坏）、材料的含泥量、有机物烧失量等。粗骨料最大粒径愈大，配制相同坍落度的混凝土所需要单方加水量和单方水泥用量愈少，粗骨料的级配也有同样的效果。细骨料的细度模数愈小，则同样单方用水量所配制混凝土的坍落度愈小，反之则愈大，因颗料愈细同样重量的细骨料的表面积愈大，所需要水量变愈多的原因。

3. 调整水泥浆用量

在保持水灰比不变的条件下，以增加水泥浆量的办法来调整拌和物的流动性。水泥用量的增加使胶凝材料的数量变大，混凝土发黏，所以说黏聚性就变大了。流动性，水泥用量的增加使胶凝材料的数量变大而不是变小，但是在保证容重一致的前提下，砂石的数量反而减少，流动性反而变大，举例说C25和C35混凝土在同一个坍落度的前提下，C35的流动性反而更好。

4. 掺加各种外加剂

外加剂的添加对混凝土的和易性存在很大的影响。仅需少量的外加剂就能使混凝土拌和物在不增加水泥用量的条件下，获得十分好的和易性，不但流动性可以显著增加，并且还能可行的改善混凝固拌和物的黏聚性以及保水性，并且提升混凝土的强度以及耐久性。粉煤灰由于是微细玻璃珠所组成，犹如滚珠起滑动作用，故能增大坍落度。引气剂由于能使混凝土含气量增加，因而能增大混凝土的坍落度。引气减水剂及减水剂则由于表面活性作用，能分散水泥颗粒，因而增大混凝土的坍落度。

5. 提升振捣机械的效率与功能

经过提升振捣效能，可以降低施工条件相比拌和物和易性的要求，因而保持达到原有和易性能的捣实效果。

新拌混凝土的和易性对工程的质量控制非常重要，研究了影响新拌混凝土和易性的相关原因，并以此提出了相应的改善措施，对工程施工过程中混凝土质量的控制提供一定的参考。

二、混凝土的强度

（一）混凝土的强度等级

混凝土的强度等级是指混凝土的抗压强度。混凝土的强度等级应以混凝土立方体抗压强度标准值划分。采用符号 C 与立方体抗压强度标准值（以 N/mm 或 MPa 计）表示。混凝土的抗压强度是通过实验得出的，我国采用边长为 150mm 的立方体作为混凝土抗压强度的标准尺寸试件。规定以边长为 150mm 的立方体在（20±2）℃的温度和相对湿度在95% 以上的潮湿空气中养护 28d，依照标准实验方法测得的具有 95% 保证率的抗压强度作为混凝土强度等级。

按照 GB50010—2002《混凝土结构设计规范》规定，普通混凝土划分为十四个等级，即：C15，C20，C25，C30，C35，C40，C45，C50，C55，C60，C65，C70，C75，C80。

（二）影响混凝土强度的因素

1. 配合比的因素

现在的混凝土公司试验室主任在设计混凝土配合比时，进行混凝土配制强度的计算时所采用的标准差一般取值是根据实际生产混凝土的月统计的标准差，而各个混凝土公司试验室同一强度等级的配合比都有各种配合比，比如说，C30 结构的，基础的，抗渗的等等，结果在计算同一强度等级时是放在一起计算的，这就造成了配合比计算的标准差存在较大的差异，不符合实际情况，也导致了计算出的配制强度不具有代表性。还有在计算掺合料的掺量时往往没有考虑水泥的实际掺合料情况，造成了掺合料掺量过掺的现象。配合比的调整与确定时，试验室技术工作人员一般不考虑工地现场情况和混凝土公司原材料的波动情况，试拌配合比混凝土的坍落度普遍较小，且试拌的配合比配制强度刚好满足计算设计要求。

2.原材料的因素

（1）水泥的因素

混凝土抗压强度与混凝土使用的水泥强度成正比，在配合比相同的情况下，所使用的水泥强度越高，制成的混凝土强度越高。水泥混凝土的影响取决于水泥的化学成分及细度。水泥强度主要来自于早期强度及后期强度，而且这些影响贯穿于混凝土中。用早期强度较高的水泥来制作混凝土，其强度增长较快，但在后期可能以较低的强度而告终。现在的水泥企业在利润不高的情况下，也在想方设法地降低成本，在掺加混合材时尽量选择价格低的混合材，特别是一些小的水泥粉磨站企业购买的水泥熟料也不稳定，这就造成了水泥的质量不稳定，直接导致了水泥与外加剂适应性较差，给混凝土企业的质量控制带来了不利的因素，如果不及时调整配合比，将最终影响混凝土的实际强度。

（2）骨料的影响

骨料极重要的参数是骨料的形状、结构、最大尺寸及级配。大多数天然骨料，其强度几乎不被利用，因为破坏决定于其他两项（水泥浆基体及过渡区）。一般而言，强度和弹性模量高的集料可以制得质量好的混凝土。但过强、过硬的集料不但没有必要，相反，还可能在混凝土因温度或湿度等原因发生体积变化时，使水泥石受到较大的应力而开裂。骨料颗粒的粒形、粒径、表面结构和矿物成分，往往影响混凝土过渡区的特性，从而影响混凝土的强度。粗骨料的含泥量、泥块含量、针片状含量过高将直接影响混凝土的强度。粗骨料的颗粒级配差造成孔隙率大，大的孔隙率要由水泥砂浆来填充，如果不增加水泥浆体，将直接导致混凝土强度的降低。细骨料的细度模数、含泥量、泥块含量、有害杂质直接影响混凝土的强度。砂偏细比表面积增大，增加用水量，致使水灰比增大，降低混凝土的强度。砂的含泥量高，会破坏砂与水泥浆的结合力，从而降低砂浆与粗骨料的黏结力，导致混凝土强度的降低。

（3）外加剂的影响

混凝土外加剂掺量过多影响混凝土的和易性、凝结时间、可泵性、混凝土硬化强度发展速率、耐久性、抗裂性、结构荷载性等。混凝土外加剂掺量不均匀，也会造成混凝土的凝结时间也不均匀，因此，外加剂的掺量与品质的好坏在施工中造成质量问题是不容忽视的。

3.水灰比的影响

混凝土的强度随着水灰比的增大而降低，反之随着水灰比的降低而增大。如果在混凝土中加入过量的水，导致混凝土的水灰比增大，那么多余的水就存在于混凝土的孔隙中，混凝土的内部密实度就会降低，进而影响混凝土的强度。如果在冬季温度比较低的情况下，水在混凝土内部结冰产生体积膨胀，破坏混凝土的内部结构，对混凝土的耐久性产生了最不利的影响。在实际生产中，混凝土公司试验室的当班试验员不及时检测砂石含水率，搅拌操作员又不及时减少用水量时，那么实际生产的混凝土中水灰比就增大了，尤其是在下雨天，砂的含水率及不稳定，从而造成混凝土的水灰比也极不稳定，最终影响混凝土的强度。

4. 龄期、温度、湿度的影响

混凝土强度随龄期的增长而逐渐提高，在正常使用环境和养护条件下，混凝土早期强度（3~7天）发展较快，28天可达到设计强度。此后强度发展逐渐缓慢，在混凝土养护过程中温度，湿度和龄期是影响强度形成的主要因素。

5. 施工、养护的影响

模板及支架在施工中出现问题，将会直接影响水泥混凝土的强度；混凝土搅拌运输车进入工地现场后，由于工地现场组织管理不当，致使混凝土不能在规定的时间内浇筑完毕，导致混凝土流动性降低，在浇筑混凝土时易产生蜂窝、麻面，影响混凝土的强度。如果施工人员不按规定进行振捣、局部振捣不密实、过振、漏振都可能影响混凝土的强度。浇筑后的混凝土不及时养护、养护不充分都影响混凝土的强度。混凝土强度不足时，过早拆除支撑模板，过早荷载作用或者超堆荷载会使混凝土梁、板产生裂缝，导致强度降低。

（三）提高混凝土强度的措施

1. 优化配合比

设计混凝土配合比时，进行混凝土配制强度的计算时所采用的标准差应根据实际生产混凝土的月统计的相同配比的标准差，使计算出的配制强度具有代表性。在计算掺合料的掺量时应当考虑水泥的实际掺合料情况。配合比的调整与确定时，试验室技术工作人员必须考虑工地现场情况和混凝土公司原材料的波动情况，试拌配合比混凝土的坍落度必须考虑坍损在内，试拌的配合比配制强度要远大于计算设计要求，也就是说，强度富余要高。砂率调整应尽量符合现场砂石具体情况，砂率不要过大。

2. 原材料

（1）水泥。水泥厂家应尽量选用知名品牌生产厂家的，且还要不断督促水泥生产厂家尽量少掺混合材，使所使用的水泥强度尽量提高，制成的混凝土强度也越高。尽量选用两家水泥生产厂家，哪家水泥质量好、适应性好就全部使用，反之哪家水泥质量下降、适应性不好就尽量不用或少使用。且应当与水泥生产厂家签订详细的合同条款，在合同中必须注明水泥强度不得低于多少，与外加剂的适应性必须要达到什么标准，否则应当赔偿损失。

（2）骨料所选用的骨料必须在形状、结构、最大尺寸及级配符合要求。尽量选用强度和弹性模量高的集料，以便制得质量好的混凝土。所选用的粗骨料的含泥量、泥块含量、针片状含量必须符合标准要求。所选用的细骨料的细度模数在2.3~3.0之间，因为中砂可以获得较好的强度、和易性、流动性。细骨料的含泥量、泥块含量、有害杂质含量必须符合标准要求。作为混凝土企业试验室必须制定相关的规章制度，并且督促、培训、教育试验员要有高度的使命感和责任感，并使相关规章制度在工作执行中行之有效，在试验室主任的带领下，把大家紧紧团结在一起。

（3）外加剂外加剂的选用应尽量选用知名品牌、信誉、质量好的厂家。每一批外加剂进厂时，必须检测合格后方能入库。混凝土公司技术人员要不断进行外加剂的混凝土试验，以确保外加剂在混凝土的掺量准确、均匀，保证新拌混凝土的和易性、凝结时间、可泵性、硬化强度发展速率、耐久性、抗裂性、结构荷载性等均较好。

3. 水灰比

尽可能降低水灰或者采用较小的水灰比。混凝土试验室当班试验员必须及时检测砂石含水率并把信息反馈给操作员，以便及时调整用水量，在下雨天，必须提高砂石含水率的检测频率，从而使混凝土的水灰比相对稳定，以保证混凝土的强度。

4. 施工、养护

施工方必须督促检查模板及支架在施工中的牢固性，确保不会出现任何问题。工地现场施工必须制定一系列的管理措施，确保混凝土在规定的时间内浇筑完毕。检查督促施工人员必须按照规定进行振捣，保证混凝土的密实度。浇筑后的混凝土应及时保湿养护14天，并有专人负责。当混凝土达到规定的强度时，才能拆除支撑模板。

三、混凝土的变形

混凝土的变形包括非荷载作用下的变形和荷载作用下的变形。非荷载下的变形，分为混凝土的化学收缩、干湿变形及温度变形；荷载作用下的变形，分为短期荷载作用下的变形及长期荷载作用下的变形——徐变。

（一）非荷载作用下的变形

1. 化学收缩（自生体积变形）

在混凝土硬化过程中，由于水泥水化物的固体体积，比反应前物质的总体积小，从而引起混凝土的收缩，称为化学收缩。

特点：不能恢复，收缩值较小，对混凝土结构没有破坏作用，但在混凝土内部可能产生微细裂缝而影响承载状态和耐久性。

2. 干湿变形（物理收缩）

干湿变形是指由于混凝土周围环境湿度的变化，会引起混凝土的干湿变形，表现为干缩湿胀。

（1）产生原因

混凝土在干燥过程中，由于毛细孔水的蒸发，使毛细孔中形成负压，随着空气湿度的降低，负压逐渐增大，产生收缩力，导致混凝土收缩。同时，水泥凝胶体颗粒的吸附水也发生部分蒸发，凝胶体因失水而产生紧缩。当混凝土在水中硬化时，体积产生轻微膨胀，这是由于凝胶体中胶体粒子的吸附水膜增厚，胶体粒子间的距离增大所致。

（2）危害性

混凝土的干湿变形量很小，一般无破坏作用。但干缩变形对混凝土危害较大，干缩能使砼表面产生较大的拉应力而导致开裂，降低混凝土的抗渗、抗冻、抗侵蚀等耐久性能。

（3）影响因素

1）水泥的用量、细度及品种

水灰比不变：水泥用量愈多，砼干缩率越大；水泥颗粒愈细，砼干缩率越大。

2）水灰比的影响

水泥用量不变：水灰比越大，干缩率越大。

3）施工质量的影响

延长养护时间能推迟干缩变形的发生和发展，但影响甚微；采用湿热法处理养护砼，可有效减小砼的干缩率。

4）骨料的影响

骨料含量多的混凝土，干缩率较小。

3. 温度变形

温度变形是指混凝土随着温度的变化而产生热胀冷缩变形。混凝土的温度变形系数 α 为 $(1 \sim 1.5) \times 10^{-5} / ℃$，即温度每升高 1℃，每 1m 胀缩 0.01 ~ 0.015mm。温度变形对大体积混凝土、纵长的砼结构、大面积砼工程极为不利，易使这些混凝土造成温度裂缝。可采取的措施为：采用低热水泥，减少水泥用量，掺加缓凝剂，采用人工降温，设温度伸缩缝，以及在结构内配置温度钢筋等，以减少因温度变形而引起的混凝土质量问题。

（二）荷载作用下的变形

1. 混凝土在短期作用下的变形

混凝土是一种由水泥石、砂、石、游离水、气泡等组成的不匀质的多组分三相复合材料，为弹塑性体。受力时既产生弹性变形，又产生塑性变形，其应力应变关系呈曲线。卸荷后能恢复的应变 $\varepsilon_{弹}$ 是由混凝土的弹性应变引起的，称为弹性应变；剩余的不能恢复的应变 $\varepsilon_{塑}$，则是由混凝土的塑性应变引起的，称为塑性应变。

混凝土的弹性模量：在应力—应变曲线上任一点的应力 σ 与其应变 ε 的比值，称为混凝土在该应力下的变形模量。影响混凝土弹性模量的主要因素有混凝土的强度、骨料的含量及其弹性模量以及养护条件等。

2. 砼在长期荷载作用下的变形——徐变（Creep）

混凝土在持续荷载作用下，除产生瞬间的弹性变形和塑性变形外，还会产生随时间增长的变形，称为徐变。

（1）徐变特点：

在加荷瞬间产生瞬时变形，随着时间的延长，又产生徐变变形。荷载初期，徐变变形增长较快，以后逐渐变慢并温度下来。卸荷后，一部分变形瞬时恢复，其值小于在加荷瞬间产生的瞬时变形。在卸荷后的一段时间内变形还会继续恢复，称为徐变恢复。最后残存的不能恢复的变形，称为残余变形。

（2）徐变对结构物的影响

有利影响：可消除钢筋混凝土内的应力集中，使应力重新分配，从而使混凝土构件中局部应力得到缓和。对大体积混凝土则能消除一部分由于温度变形所产生的破坏应力。

不利影响：使钢筋的预加应力受到损失（预应力减小），使构件强度减小。

（3）影响徐变因素

混凝土的徐变是由于在长期荷载作用下，水泥石中的凝胶体产生黏性流动，向毛细孔内迁移所致。影响混凝土徐变的因素有水灰比、水泥用量、骨料种类、应力等。砼内毛细孔数量越多，徐变越大；加荷龄期越长，徐变越小；水泥用量和水灰比越小，徐变越小；所用骨料弹性模量越大，徐变越小；所受应力越大，徐变越大。

四、混凝土的耐久性

（一）混凝土耐久性的概述

1. 混凝土耐久性概念

混凝土的耐久性指的是混凝土在设计年限内抵抗各种破坏因素的能力，并能使其体积的稳定性和良好的使用性能得到长期的保持，进而保持混凝土外观的整体性和结构安全的能力。

2. 混凝土耐久性的主要内容

混凝土自身质量，安全使用期和环境介质的侵蚀作用是混凝耐久性的主要的三个方面。根据建筑物的性质，混凝土安全使用期一般在五十年到一百年之间。而影响混凝土的使用年限的因素中就有环境介质的侵蚀，介质包括化学、物理、气体、水溶液和大气等的侵蚀作用，也包括钢筋锈蚀、混凝土碳化、固体的碰撞磨损、气蚀和高速流水冲刷等。混凝土以自身质量依据，钢筋混凝土有无裂缝、充分湿养护、低水灰比、振捣密实等，其耐久性较高。

3. 混凝土耐久性的重要性

在工程建设中，混凝土的耐久性具有重大的意义。如果混凝土的耐久性不足就会使混凝土的性能下降，给工程的建设带来严重的后果，进而带来不利的经济效益和社会效益。目前在我国社会经济飞速发展的形势下，扩大了其基础设施建设工程的规模，一旦工程进入维修期，就需要巨大的重建费用和维修费用。因此，混凝土耐久性的提高，具有促使工程重建费用和维修费用降低的重要作用。

（二）影响混凝土耐久性的因素

1. 混凝土的渗透性因素

1）液体通过混凝土的流畅性被称为混凝土的渗透性，混凝土中存在着许多大小，形状不同的毛细孔、气孔甚至裂缝。混凝土的渗透性取决于水泥石的渗透性，而水泥石的渗透性取决于胶凝体颗粒的尺寸、形状和数量及毛细孔的连通性。液体、可溶性有害物质侵入混凝土的难易程度是由混凝土的渗透性来决定的。混凝土的钢筋腐蚀、侵蚀、抗冻融和碳化能力受混凝土的渗透性直接影响，由此可见，混凝土的高抗渗透性能有利于提高混凝土的耐久性。因此，混凝土高抗渗透的性能，有利于提高混凝土的耐久性。

2）影响混凝土抗渗性的主要因素是水灰比，集料最大粒径，养护方法，水泥品种以及外掺剂。

2. 混凝土冻融因素

1）混凝土内部的各种孔隙中存留着通过混凝土的孔隙渗透进来的水和其硬化凝固后存留下来的游离水。混凝土内部孔隙中存留的水会在周围气温下降时，会受冻结冰造成体积膨胀，使材料的内部结构得到破坏。当混凝土的水是饱和的状态，混凝土毛细管中的水结冰时会产生很大的压力。此时当冰的蒸汽压力低于其自身的蒸汽压力时，混凝土凝胶孔中没有结冰的水会向渗透到毛细管中冰的界面，渗透压力就此产生。当混凝土的细观强度低于毛细孔所承受水的渗透压力和膨胀力时，混凝土内部孔壁结构会遭到破坏，导致混凝土产生开裂的现象。

2）影响混凝土抗冻性的因素是混凝土的饱水程度、集料、水灰比和水泥用量、外加剂、龄期。

3. 混凝土的碱集料反应因素

混凝土原材料中的活性成分和碱性物质产生的化学反应生成的膨胀物质，使混凝土内部产生膨胀应力，导致其开裂现象为混凝土的碱集料反应。在混凝土成型多年以后会逐渐产生碱集料反应，降低了混凝土的耐久性，使混凝土的使用价值得到丧失。这种反应是产生在整个混凝土中，很难对其造成的破坏做到阻止和预防，挽救和修补的难度也相当的大。

4. 混凝土碳化因素

混凝土中渗透进来的酸性气体和二氧化碳与混凝土中主要的氢氧化钙成分产生化学反应的过程成为混凝土的碳化。混凝土的中性化也是所谓的碳化，提高混凝土的抗压强度是混凝土碳化有利的作用。但是其最重要的还是体现在不利的作用上，混凝土的碳化会使保护钢筋的碱性环境丧失，进而破坏钢筋表面的纯化膜引起钢筋的生锈，以至于导致混凝土的黏结力下降和产生裂缝。

5. 混凝土硫酸盐侵蚀因素

混凝土的开裂、剥落和膨胀等现象是由于硫酸盐溶液进入到混凝土基体中与水泥水化产物产生的反应引起的，混凝土出现这种损坏现象，会使其结构的稳定性和完整性丧失，降低了混凝土的强度，进而影响到了混凝土的安全使用年限。

（三）提高混凝土耐久性的措施

根据上述对影响混凝土耐久性的因素分析，提高混凝土的耐久性可以从以下几个方面进行。

1. 混凝土配合比的合理设计

（1）水泥品种的选择。对水泥品种的选择要以工程所处的环境要求为依据，水泥材料的强度是影响混凝土耐久性的主要因素，其强度是通过砂浆水泥的硬化和凝结产生的，一旦水泥石遭到损坏，就会破坏混凝土的耐久性。所以在选择水泥时要结合工程性能的具体要求并注意其性能的好坏，这样才有利于提高混凝土的耐久性。

（2）控制水灰比。在混凝土结构的设计中保证充足的用水量和控制水灰的配合比，能使混凝土的密实度得到提高，是提高混凝土耐久性的关键因素之一。水灰比一定的范围内，混凝土的强度会随着水灰比的变小而变高，当水灰比越来越大时，其用水量也越来越多，由多余水分的蒸发而留下的毛细孔也会变得越来越多，从而降低了混凝土的强度。

（3）改善粗骨料、砂的颗粒级配。在不同粒径的砂粒需要相互搭配的情况下，保证砂颗粒良好的级配，使其空隙率变小，从而到节省水泥和改善混凝土拌和物和易性的目的，进而可以实现混凝土的强度，密实度和耐久性的提高。

2. 合理的利用外加剂

在拌制混凝土的过程中合理的掺入高效活性矿物掺料和高效减水剂，可以使混凝的性能得到改善和提高，其使用方便，可以使技术经济效果得到提高。其中高效活性矿物掺料的掺入，有利于提高水泥石的密实度，进而提高混凝土的抗渗透性。

3. 提高混凝土的强度

混凝土的耐久性和其强度虽然是两个不同的概念，而其又存在着密切的联系。混凝土内部结构是其本质的联系，因为它们都和水灰比有直接的联系。混凝土充分密实的情况下，混凝土的强度会随着混凝土的孔隙率和水灰比的降低而提高。由此可见，混凝土强度的提高的同时其耐久性也得到了一定程度的提高。

4. 加强施工控制环节

造成混凝土结构破坏的因素既有环境因素，也有混凝土自身的化学物理干缩和收缩过大的因素。过高过热的水化性会引起温度的裂缝，延迟硫酸铝的生成和碱骨料反应等现象。由此可见，减小或消除环境因素和混凝土本身的结构破坏因素，是混凝土的耐久性得到提高的有效途径之一，所以，要想通过避免温度裂缝和收缩的产生，来使混凝土耐久性得到提高，就必须加强施工控制环节。

随着环境污染和混凝土的广泛使用，我国广大的施工、设计和相关的主管部门越来越重视混凝土的耐久性问题。混凝土耐久性的重要因素主要包括混凝土抗渗性、抗冻性、化学侵蚀、碱集料反应等。所以在实际的工程中要以工程的实际的情况为依据，采取科学、合理和有效的措施来使混凝土的耐久性得到提高。

第四节　混凝土外加剂

外加剂作为混凝土中不可或缺的组成部分，通过将外加剂加入到混凝土中可以显著提升混凝土的质量，使混凝土的性能得到改善，并降低混凝土中水泥的用量，节省施工成本。在实际应用过程中，不同类型的外加剂功效也有所不同，在实际应用时要谨慎选择，并合理地进行应用，保证混凝土的施工质量。所以，要正确地认识混凝土外加剂，从而将外加剂的作用充分发挥出来。

一、外加剂的分类与作用

1. 混凝土外加剂的分类

混凝土外加剂的分类：①具有改善新拌混凝土流动性能的功能，如减水剂、泵送剂等；②具有调节混凝土凝结时间、硬化性能等，改善混凝土硬化现象的作用，如缓凝剂、早强剂、速凝剂等；③具有调节混凝土内部气体含量的功能，比如引气剂、发气剂、消泡剂等；④具有改善混凝土自身的耐久性功能，如抗冻剂、抗渗剂、引气剂等；⑤能为混凝土提供一些其他的性能，比如泡沫剂、膨胀剂、防腐剂等。

2. 混凝土外加剂的基本作用

1）在混凝土施工工程中加入适量外加剂，能有效地改善施工的条件，有效地减少施工人员的工作量，有助于推动机械化施工操作的进行，并且还能有效地保证施工质量，确保施工安全。对于施工质量要求较高的工程项目，可以在施工过程中加入一些高性能的减水剂，以便于配制高强度的混凝土，适用于远距离运输和超高高度泵送的需求。

2）在混凝土施工工程中加入适量外加剂，能有效地缩短混凝土的养护时间和预制厂蒸养时间，并且可以提前对模板进行拆除，提高模板的周转率，加快施工进度，缩短施工周期，以达到节约成本的目的。

3）在混凝土施工工程中加入一些外加剂，能有效地改善和提高混凝土的质量。大多数类型的外加剂能有效地提高混凝土的强度，使得混凝土的密实性和耐久性大大增强；改善混凝土的抗冻性能；调节混凝土的干燥收缩现象等。

4）在一定的环境和条件下，加入外加剂不仅能有效地保证混凝土的质量，而且还能有效地降低水泥的用量。

5）在混凝土施工工程中加入适量外加剂，还能有效地节约施工成本。外加剂的加入能有效地减少水泥的用量，对应地就节约了资源。此外，外加剂的加入能有效地增强混凝土的和易性，降低施工的难度，大大缩短了混凝土的养护时间，自然而然地节约了资源。因此，在混凝土施工过程中加入外加剂能有效地减少对资源的占用，从而节约施工成本。表 4-4-1 所示为各种外加剂节约水泥用量表。

表 4-4-1 各种外加剂节约水泥用量表

外加剂种类		节约水泥 /%
减水剂	糖蜜、木质素、胡敏酸盐类	5 ~ 10
	树脂、聚羧酸类	10 ~ 20
	苯系磺酸盐类	15 ~ 25
早强剂	无机盐类	—
	高效复合剂	10 ~ 15
	普通复合剂	5 ~ 10
引气剂	表面活性剂、松香皂类	5 ~ 8

二、常用外加剂的品种、功能及使用范围

1. 普通减水剂（塑化剂）

1）主要类型：木质素类、糖密类、胡敏酸盐类。

2）功能：在确保混凝土坍落度基本相似的条件下，能有效地减少对水泥材料的使用量，并且有效地改善混凝土的和易性能，从而提高混凝土的强度和质量。

3）适用范围：此类型的减水剂主要适用于普通混凝土、钢筋混凝土等工程；还适用于泵送和对混凝土耐久性有特殊要求的工程项目。

2. 高效减水剂（超塑化剂）

1）主要类型：普通类的减水剂改善类型、聚烷基芳基环酸盐类型、三聚氰胺类型、树脂磺酸盐类型、聚羧酸类型。

2）功能：在确保混凝土坍落度基本相似的条件下，各种类型的减水剂的减水率不同，可以根据实际情况来进行有针对性的选择。5 种类型的减水剂都能起到减少水泥用量，改善混凝土的拌和性能，增强混凝土的强度等功能。

3）适用范围：此类型的减水剂主要适用温度在 0℃ 以上的混凝土工程，并且对混凝土的耐久性和泵送等有特殊要求的混凝土工程。

3. 早强剂

1）主要类型：氯盐类、硫酸盐类、亚硝酸盐类等。

2）功能：此类型的外加剂能有效地改善混凝土早期的强度，并且有效地缩短施工时间和模板周转周期。

3）适用范围：此类型的减水剂主要适用于对早强或者防冻有特殊要求的混凝土工程。

4. 复合早强剂

1）主要类型：主要借助各种类型的钠盐与三乙丙醇等物质发生化学反应形成复合类型的早强剂。

2）功能：此类型的外加剂能有效地改善混凝土的早期强度，并且提高施工效率，缩短施工周期。

3）适用范围：此类型的减水剂主要适用于普通混凝土、钢筋混凝土等工程。

5. 早强减水剂

1）主要类型：普通类型的早强减水剂、高效型早强减水剂。

2）功能：此类型的外加剂能有效地改善混凝土的早期强度，减少施工人员的工作量（养护方面），提高工作效率，缩短施工周期；此外，还能有效地提高混凝土的拌和性能，减少水泥的使用量。

3）适用范围：此类型的减水剂主要适用于普通混凝土、钢筋混凝土等工程；还适用于泵送和对混凝土拆模时间有要求的工程项目。

6. 泵送剂

1）主要类型：普通类型的泵送剂、高效型的泵送剂。

2）功能：此类型的外加剂能有效地提高混凝土的拌和性能；减少泵送导管的阻力系数，有效地改善泵送的效率和泵送高度。

3）适用范围：此类型的减水剂主要适用于大体积混凝土或者高层建筑等施工操作。

7. 缓凝剂

1）主要类型：木质素的糖类，比如蔗糖、果糖等；各种类型的酸类，比如柠檬酸、水杨酸等；各种类型的无机盐类，比如磷酸盐等。

2）功能：此类型的外加剂在其他条件保持不变的情况下，能有效地延长混凝土的凝结时间。

3）适用范围：此类型的减水剂主要适用于大体积混凝土浇筑、持续时间较长及炎热条件等施工的混凝土工程。由于大体积进行混凝土浇筑或温度过高进行施工时，会产生一定的温度裂缝，为了有效地避免混凝土出现裂缝现象，可以加入此类型的外加剂延长混凝土的凝结时间。

8. 缓凝减水剂

1）主要类型：外加剂主要分为两种类型，包括普通类型的缓凝减水剂和高效型缓凝

2）功能：此类型的外加剂不仅具有缓凝作用而且还具有减水功效，其能有效地提高混凝土的强度，缩短施工周期；此外，还能有效地提高混凝土的拌和性能；减少水泥的使用量；由于其具有缓凝作用，能有效地降低混凝土早期出现的水化热，避免混凝土发生开裂。

3）适用范围：此类型的外加剂主要适用于体积大进行混凝土浇筑、炎热条件等施工的混凝土工程。由于大体积进行混凝土浇筑或温度过高进行施工时，会产生一定的裂缝，为了有效地避免混凝土出现裂缝，可以加入此类型的外加剂延长混凝土的凝结时间。

三、混凝土外加剂的质量控制

1.要求供应方提供证明文件

为了有效地保证混凝土的外加剂能充分发挥其功效和性能，在正式使用前，施工单位需要对供应方所提供的各类质检资料、质量证明书等进行检查，符合要求后才能进入到施工现场。外加剂进入到施工现场时，施工单位需要安排专业的人员来对其进行验收工作，确保进入现场的各类外加剂的指标符合施工要求。比如，当普通类型的外加剂进入到施工现场时，试验检测人员需要对混凝土外加剂的均匀性、减水率、凝结时间和与水泥的相容性等指标进行全面的检测，确保其各项性能符合施工要求。当引气减水剂进入到施工现场内部后，试验检测人员需要对引气减水剂的减水率、含气量及均匀性等各项性能指标进行检测，确保其符合施工要求；当早强剂进入到施工现场时，检验人员需要对早强剂的减水率、凝结时间差、抗压强度比等指标进行全面的检测，确保其性能指标符合施工要求；当防冻剂进入到施工现场时，检测人员需要对防冻剂的防冻参数等进行检测，确保混凝土的防冻性能符合要求。

检测人员要严格按《混凝土外加剂应用技术规范》（GB50119—2013）要求来对各种类型的外加剂进行检验，检测时应特别检测外加剂同水泥等材料的适应性，以混凝土配合比为标准，因为有的外加剂虽然所有指标均满足规范要求，但其不一定能配出满足施工要求的混凝土。对不符合要求的外加剂需及时清理出施工现场，避免影响混凝土的质量。

2.自检试验

在混凝土施工过程中，需要加入的外加剂类型较多，这会直接影响混凝土的性能和施工质量。为了有效地保证施工质量和施工效率，在每批外加剂进入到施工现场后，在使用前应对外加剂进行自检，自检首先在施工现场通过工地试验室对常规指标进行检测（主要是适应性检测），在满足要求后及时按批次送样外检（主要是一些化学分析指标）；这样才能更加全面地确保混凝土外加剂的性能符合施工要求和质量要求，最大限度地减少质量隐患的发生。

3.正确储存

不同类型的外加剂在存储方面也各有不同，固体外加剂储存方法与水泥相同，而液体外加剂储存时应严格按照生产厂家要求进行储存，特别应注意外加剂的保质期。因此，对于容易发生结晶的外加剂，工作人员在对其进行存储时，需要根据外加剂的物理和化学特性来进行分析，有针对性地选择存储方式，避免出现外加剂受潮或沉淀现象。若外加剂在存储器内出现沉淀或漂浮等现象，需要对其进行处理，符合要求后才能进行使用。

4. 采取存放的保护措施

施工单位需要按照要求来对外加剂进行存放和保护，这样才能有效地保证外加剂的性能，从而有效地提高混凝土的质量。此外，库管人员还需要对外加剂的物理、化学性能进行充分的了解，这样才能有针对性地制定出保护方案，最大限度地减少质量事故的发生，保证施工安全和施工质量。

综上所述，随着外加剂在混凝土中的应用日益广泛，因外加剂引起的问题也受到了相关作业人员的重视。在应用外加剂时，需要根据公路工程施工时对混凝土性能的要求选择外加剂，保证外加剂的质量，提高混凝土的性能。

第五节　普通混凝土配合比设计

一、普通混凝土配合比设计的基本要求

普通混凝土配合比设计的基本要求是：混凝土配合比设计不仅仅应满足配制强度要求，还应满足施工性能，其他力学性能、长期性能和耐久性能的要求。并且应尽可能经济合理，环保节能。普通混凝土应用于建设工程的重要结构部位，为保证配合比的设计正确合理，应注意以下几个问题：（1）做好配合比设计前的准备工作；（2）掌握并检验各种材料的特性及指标；（3）设计混凝土的配合比并进行相应实验得到实验室配合比；（4）按照施工的条件进行混凝土配合比设计的调整和控制；（5）在保证混凝土质量的前提下，应注重经济效益，并作出相应的防治措施。

二、原材料选择及配合比设计中的三个基本参数的确定

（一）原材料的选择

1. 水泥

应根据设计、施工要求及工程所处环境确定水泥品种与强度等级。对于一般建筑结果及预制构件的普通混凝土，宜采用通用硅酸盐水泥；有特殊要求的混凝土也可采用其他品种的水泥。水泥强度等级的选择，应与混凝土的设计强度等级相适应。一般以水泥强度等

级为混凝土强度等级的 1.5 ~ 2.0 倍为宜，对于高强度等级混凝土可取 0.9 ~ 1.5 倍。用低强度等级水泥配制高强度等级混凝土时，会使水泥用量过大，不经济，而且还会影响混凝土的其他技术性质。用高强度等级水泥配制低强度等级混凝土时，会使水泥用量偏少，影响和易性及密实度，导致该混凝土耐久性差，故必须这么做时应掺入一定数量的混合材料。在配合比设计时，一半根据混凝土单位用水量和水胶比来确定胶凝材料用量，然后根据矿物掺合料的类型和掺量确定水泥用量，最后结合设计和耐久性等要求，选择适宜的水泥用量。

2. 矿物掺合料

为改善混凝土性能、节约水泥、调整混凝土强度等级，在混凝土拌和时加入天然的或人工的矿物材料，统称为混凝土掺合料。混凝土掺合料分为活性矿物掺合料和非活性矿物掺合料。非活性掺合料基本不与水泥组分起反应。活性矿物掺合料本身不硬化或硬化速度很慢，但能与水泥水化生成的 $Ca(OH)_2$ 起反应，生成具有胶凝能力的水化产物，如粉煤灰、粒化高炉矿渣粉、硅灰、沸石粉等。

3. 粗骨料

粗骨料应符合现行行业标准《普通混凝土用砂、石质量及检验方法标准》JGJ52—2006 的规定。宜选用规模生产能力、技术装备先进、质量稳定、质量管理严格的大型厂家生产的骨料。宜选用反击式破碎机生产的碎石。粗骨料的级配和粒形不好，必然要加大混凝土的胶凝材料用量和用水量，这样会增加混凝土的收缩开裂和渗透性。理想的石子应该是清洁、颗粒尽量接近等径、连续级配、针片状颗粒尽量少、无潜活性。

4. 细骨料

普通混凝土用细骨料按产源可分为：天然砂和人工砂。砂的粗细程度按细度模数可分为：粗砂：3.7 ~ 3.1；中砂：3.0 ~ 2.3；细砂：2.2 ~ 1.6；特细砂：1.5 ~ 0.7。砂按技术要求可分为三个级配区：Ⅰ类：宜用于强度等级大于 C60 的混凝土；Ⅱ类：宜用于强度等级小于 C30 ~ C60 及抗冻、抗渗或其他要求的混凝土；Ⅲ类：宜用于强度等级下于 C30 的混凝土。配制混凝土宜优先使用Ⅱ区中砂。当采用Ⅰ时应提高砂率，并保持足够的水泥用量，满足混凝土的和易性；当采用Ⅲ区中砂时，宜适当降低砂率；当采用特细砂时，应符合相应的规定。

5. 外加剂

在搅拌时加入的能显著提高混凝土性能的材料称为混凝土外加剂，其掺量不超过水泥质量的 5%，个别情况下其用量可达到水泥用量的 10% 以上。在混凝土掺入少量外加剂。不仅可以显著改善混凝土质量及施工性能，而且还可以有效提高混凝土工程的耐久性，满足不同工程对混凝土性能的要求。

6. 水

水是混凝土组成中比不可少的材料之一，水对混凝土的性能起着重要影响：混凝土浇筑后表面的泌出的水对混凝土性能的影响有利有弊；水灰比决定着混凝土的强度；一些有害离子（如氯离子）通过水向混凝土中掺入而进入混凝土中并对混凝土的性能产生不良影响，且有可能导致混凝土中的钢筋生锈；饱水混凝土在受冰冻时结冰对混凝土产生膨胀压，水的存在使混凝土更容易碳化，也使得混凝土中的碱骨料反应得以持续进行。

（二）混凝土配合比设计中的三个基本参数的确定

混凝土的配合比设计，实质上就是确定单位体积混凝土拌和物中水、水泥、粗集料（石子）、细集料（砂）这 4 项组成材料之间的三个参数。即水和水泥之间的比例——水灰比；砂和石子之间的比例——砂率；骨料和水泥浆之间的比例——单位用水量。在配合比设计中能正确确定这三个基本参数，就能使混凝土满足配合比设计的 4 项基本要求。

确定这三个参数的基本原则是：在混凝土的强度和耐久性的基础上，确定水灰比。在满足混凝土施工要求和易性要求的基础上确定混凝土的单位用水量；砂的数量应以填充石子空隙后略有富余的原则。

具体确定水灰比时，从强度角度看，水灰比应小些；从耐久性角度看，水灰比小些，水泥用量多些，混凝土的密度就高，耐久性则优良，这可通过控制最大水灰比和最下水泥用量来满足。由强度和耐久性分别决定的水灰比往往是不同的，此时应取较小值。但当强度和耐久性都已知的前提下，水灰比应取最大值，以获得较高的流动性。

确定砂率主要应从满足工作性和节约水泥两个方面考虑。在水灰比和水泥用量（即水泥浆用量）不变的前提下，砂率应取坍落度最大，而黏聚性和保水性又好的砂率即合理砂率可初步决定。经试拌调整而定。在工作性满足的情况下，砂率尽可能取最小值以达到节约水泥的目的。

单位用水量是在水灰比和水泥用量不变的情况下，实际反映水泥浆量和骨料间的比例关系。水泥浆量要满足包裹粗、细集料表面并保持足够流动性的要求，但用水量过大，会降低混凝土的耐久性。水灰比在 0.40 ~ 0.80 范围内时，根据粗集料的品种、粒径、单位用水量来确定。

三、混凝土配合比设计的基本资料

在进行混凝土的配合比设计前，需确定和了解的基本资料。即设计的前提条件，主要有以下几个方面：

1. 混凝土设计强度等级和强度的标准差。

2. 材料的基本情况：包括水泥品种、强度等级、实际强度、密度；砂的种类、表观密度、细度模数、含水率；石子种类、表观密度、含水率；是否掺外加剂，外加剂种类。

3. 混凝土的工作性要求，如坍落度指标。

4. 与耐久性有关的环境条件：如冻融情况、地下水情况等。

5. 工程特点及施工工艺：如构件几何尺寸、钢筋的疏密、浇筑振捣的方法等。

四、混凝土配合比设计方法及步骤

1. 计算配合比的确定

（1）计算配制强度

$$f_{cu,t} = f_{cu,k} + 1.645\sigma$$

当具有近期同一品种混凝土资料时，σ可计算获得。并且当混凝土强度等级为 C20 或 C25，计算值＜2.5MPa 时，应取 σ=2.5MPa；当强度等级 ≥ C30，计算值低于＜3.0MPa 时，应取用 σ=3.0MPa。否则，按规定取值。

（2）初步确定水灰比（W/C）

$$W/C = \frac{\alpha_a f_{ce}}{f_{cu,0} + \alpha_a \alpha_b f_{ce}}$$

（混凝土强度等级小于 C60）

α_a、α_b 回归系数，应由试验确定或根据规定选取：

表 4-5-1 不同石子品种的回归系数

石子品种	α_a	α_b
碎石	0.46	0.07
卵石	0.48	0.33

f_{ce} 水泥 28d 抗压强度实测值，若无实测值，则

$$f_{ce} = \gamma_c f_{ce,g}$$

f_{ce}，g 为水泥强度等级值，γ_c 为水泥强度等级值的富余系数。

若水灰比计算值大于规定的最大水灰比值时，应取规定的最大水灰比值。

（3）选取 1m³ 混凝土的用水量（m_{w0}）

干硬性和塑性混凝土用水量：

①根据施工条件按表 4-25 选用适宜的坍落度。

②水灰比在 0.40～0.80 时，根据坍落度值及骨料种类、粒径，按选定 1m³ 混凝土用水量。

流动性和大流动性混凝土的用水量：

以坍落度 90mm 的用水量为基础，按坍落度每增大 20mm 用水量增加 5kg 计算出未掺外加剂时的混凝土的用水量；

掺外加剂时的混凝土用水量：$m_{wa} = m_{w0}(1-\beta)$

m_{wa} 是掺外加剂混凝土每立方米混凝土的用水量；m_{w0} 未掺外加剂混凝土每立方米混凝土的用水量；β 外加剂的减水率。

（4）计算混凝土的单位水泥用量（m_{c0}）

$$m_{c0} = \frac{m_{w0}}{W/C}$$

如水泥用量计算值小于规定量，则应取规定的最小水泥用量。

（5）选用合理的砂率值（β_s）

坍落度为 10 ~ 60mm 的混凝土：如无使用经验，砂率可按骨料种类、粒径及水灰比，坍落度大于 60mm 的混凝土：按坍落度每增大 20mm，砂率增大 1% 的幅度予以调整；坍落度小于 10mm 的混凝土：砂率应经试验确定。

（6）计算粗、细骨料的用量（m_{g0}，m_{s0}）

A. 重量法：

$$m_{c0} + m_{g0} + m_{s0} + m_{w0} = m_{cp}$$

$$\beta_s = \frac{m_{s0}}{m_{s0} + m_{g0}} \times 100\%$$

m_{c0}、m_{g0}、m_{s0}、m_{w0} 为 1m³ 混凝土的水泥用量、粗骨料用量、细骨料用量和用水量。m_{cp} 为 1m³ 混凝土拌和物的假定重量，取 2350 ~ 2450kg/m³。

B. 体积法

$$\frac{m_{c0}}{\rho_c} + \frac{m_{g0}}{\rho_g} + \frac{m_{s0}}{\rho_s} + \frac{m_{w0}}{\rho_w} + 0.01\alpha = 1$$

$$\beta_s = \frac{m_{s0}}{m_{s0} + m_{g0}} \times 100\%$$

ρ_c、ρ_g、ρ_s 分别为水泥密度、粗骨料、细骨料的表观密度；ρ_w 为水的密度，α 混凝土的含气量百分数，在不使用引气型外加剂时，α 可取为 1。

2. 基准配合比的确定（调整和易性）

①若流动性太大，在砂率不变的条件下，适当增加砂、石；

②若流动性太小，保持水灰比不变，增加适量水和水泥；

③若黏聚性和保水性不良，可适当增加砂率

④调整后，测拌和物的实际表观密度 ρ_c，t，计算 1m³ 混凝土各材料的用量：

$$m_{c,j} = \frac{m_{c,b}}{M_b} \times \rho_{c,t} \qquad m_{w,j} = \frac{m_{w,b}}{M_b} \times \rho_{c,t}$$

$$m_{s,j} = \frac{m_{s,b}}{M_b} \times \rho_{c,t} \qquad m_{g,j} = \frac{m_{g,b}}{M_b} \times \rho_{c,t}$$

$m_{c,b}$、$m_{w,b}$、$m_{s,b}$、$m_{g,b}$ 是按计算配合比试配的混凝土中水泥、水、砂、石子的用量，

M_b 调整后拌和物的总质量，$m_{c,j}$、$m_{w,j}$、$m_{s,j}$、$m_{g,j}$ 是基准配合比中每立方米混凝土的水泥用量。

3. 实验室配合比的确定

（1）强度校核

检验强度时，在基准配合比基础上，增加两个配合比，其水灰比较基准配合比分别增加和减少 0.05，其用水量与基准配合比相同，砂率可分别增加或减小 1%。每个配合比制作一组试件，标准养护 28d 测抗压强度。根据三组强度与灰水比作图或计算，求出混凝土配制强度相对应的灰水比。最后按以下法则确定 1m³ 混凝土各材料用量：

①用水量（m_w）：在基准配合比用水量的基础上，根据制作强度试件时测得的坍落度或维勃稠度进行调整确定，$m_w = m_{c,j}$

②水泥用量（m_c）：以用水量乘以选定的灰水比计算确定。

③粗、细骨料用量（m_g、m_s）：取基准配合比的粗、细骨料用量基础上，按选定的灰水比作适当调整后确定。

（2）1m³ 混凝土中各材料用量的校正

①计算混凝土拌和物的计算表观密度 $\rho_{c,c}$ 值：

$$\rho_{c,c} = m_c + m_g + m_s + m_w$$

②计算出校正系数：

$$\delta = \rho_{c,t} / \rho_{c,c}$$

③当混凝土表观密度实测值与计算值之差的绝对值不超过计算值的 2% 时，则按上述方法计算确定的配合比为确定的设计配合比；

④当二者之差超过 2% 时，应将配合比中每项材料用量均乘以校正系数 δ 值，即为最终确定的设计配合比。

4. 混凝土的施工配合比的确定

现场材料的实际称量应按工地砂、石的含水情况进行修正，修正后的配合比，叫作施工配合比。

设工地测出砂的含水率为 a%、石子的含水率为 b%，则施工配合比为（每立方米混凝土的各材料用量）：

$$m_c' = m_c$$
$$m_s' = m_s(1 + a\%)$$
$$m_g' = m_g(1 + b\%)$$
$$m_w' = m_w - m_s \cdot a\% - m_g \cdot b\%$$

5. 普通混凝土配合比设计实例

1）确定混凝土的计算配合比

确定配制强度（$f_{cu,t}$, 0）

$$f_{cu,t} = f_{cu,k} + 1.645\sigma \times 5.0 = 33.225\text{MPa}$$

②确定水灰比（W/C）

$$f_{ce} = \gamma_c f_{ce,g} = 1.06 \times 42.5 = 45.05\text{MPa}$$

水泥 28d 抗压强度：

$$W/C = \frac{\alpha_a f_{ce}}{f_{cu,0} + \alpha_a \alpha_b f_{ce}} = \frac{0.46 \times 45.05}{33.2 + 0.46 \times 0.07 \times 45.05} = \frac{20.723}{34.6506} = 0.598$$

在干燥环境中要求 W/C ≤ 0.65，所以可取水灰比为 0.60。

③确定用水量（m_{w0}）：

$$m_{w0} = 175\text{kg}$$

④确定水泥用量（m_{w0}）：

$$m_{c0} = \frac{m_{w0}}{W/C} = \frac{175}{0.60} = 292\text{kg}$$

在干燥环境中，要求最小水泥用量为 260kg/m³。所以，取水泥用量为 m_{c0}=292kg

⑤确定砂率（β_s）

根据 W/C=0.60 和碎石最大粒径 40mm，查表取 β_s=33%

⑥确定 1m³ 混凝土砂、石用量（m_{g0}, m_{s0}）

$$\frac{m_{c0}}{\rho_c} + \frac{m_{g0}}{\rho_g} + \frac{m_{s0}}{\rho_s} + \frac{m_{w0}}{\rho_w} + 0.01\alpha = \frac{292}{3000} + \frac{175}{1000} + \frac{m_{s0}}{2650} + \frac{m_{g0}}{2700} + 0.01 \times 1 = 1$$

$$\beta_s = \frac{m_{s0}}{m_{s0} + m_{g0}} \times 100\% = 33\%$$

解得：m_{s0}=635kg；m_{g0}=1289kg。

混凝土计算配合比（1m³ 混凝土的材料用量）为：

水泥：292kg；水：175kg；砂：635kg；石子：1289kg。

或 $m_{c0} : m_{w0} : m_{s0} : m_{g0} = 1 : 0.60 : 2.04 : 4.15$，$m_{c0}$=292kg/m³

2）进行和易性和强度调整

①调整和易性

25L 拌和物中各材料用量

水泥：0.025 × 292=7.30（kg）；水：0.025 × 175=4.38（kg）；

砂：0.025 × 635=15.88（kg）；石子：0.025 × 1289=32.23（kg）。

由于坍落度低于规定值要求，增加水泥浆 3%，和易性良好。调整后各材料实际用量为：

水泥：$7.30 \times 1.03 = 7.52$kg；水：$4.38 \times 1.03 = 4.51$kg；

砂：15.88kg；石子：32.23kg；总重量 60.14kg。

根据拌和物实际表观密度，基准配合比

$$m_{c,j} = \frac{m_{c,b}}{M_b} \times \rho_{c,t} = \frac{7.52}{60.14} \times 2410 = 301\text{kg}$$

$$m_{g,j} = \frac{m_{g,b}}{M_b} \times \rho_{c,t} = \frac{32.23}{60.14} \times 2410 = 1292\text{kg}$$

$$m_{s,j} = \frac{m_{s,b}}{M_b} \times \rho_{c,t} = \frac{15.88}{60.14} \times 2410 = 636\text{kg}$$

$$m_{w,j} = \frac{m_{w,b}}{M_b} \times \rho_{c,t} = \frac{4.51}{60.14} \times 2410 = 181\text{kg}$$

②校核强度

表 4-5-2

组别	W/C	C/W	材料用量（kg/m³）				$f_{cu}28$（MPa）	$\rho_{c,t}$（kg/m³）
			m_w	m_g	m_s	m_c		
1	0.55	1.82	181	1292	636	329	37.8	2420
2	0.60	1.67	181	1292	636	301	33.4	2410
3	0.65	1.54	181	1292	636	278	28.2	2400

配制强度要求 $f_{cu,0} = 33.2$MPa，故第 2 组满足要求

3）计算混凝土实验室配合比

拌和物计算表观密度 $\rho_{c,c} = 181 + 1292 + 636 + 301 = 2410$（kg/m³）

$$\delta = \frac{\rho_{c,c}}{\rho_{c,t}} = \frac{2410}{2410} = 1$$

配合比校正系数：

实验室配合比（1m³ 混凝土中各材料用量）为：

$$m_{c,sh} = 301\text{kg}; \quad m_{g,sh} = 1292\text{kg}; \quad m_{s,sh} = 636\text{kg}; \quad m_{w,sh} = 181\text{kg}。$$

4）计算混凝土施工配合比（1m³ 混凝土中各材料用量）为：

$$m_c' = m_c = 301\text{kg}$$

$$m_s' = m_s(1 + a\%) = 636(1 + 3\%) = 655\text{kg}$$

$$m_g' = m_g(1 + b\%) = 1292(1 + 1\%) = 1305\text{kg}$$

$$m_w' = m_w - m_s \cdot a\% - m_g \cdot b\% = 181 - 636 \times 3\% - 1292 \times 1\% = 149\text{kg}$$

②校核强度

若配制强度要求 $f_{cu,0}$=34.6MPa

根据作图法，由配制强度得到灰水比。采用所确定的水灰比重新计算各项组成材料的用量：

水用量固定： $m_w = m_{w,j} = 181$kg ；

$$m_c = \frac{m_w}{W/C} = \frac{181}{0.58} = 312\text{kg}$$

砂、石用量采用体积法：

$$\frac{312}{3000} + \frac{181}{1000} + \frac{m_s}{2650} + \frac{m_g}{2700} + 0.01 \times 1 = 1$$

$$\beta_s = \frac{m_s}{m_s + m_g} \times 100\% = 33\%$$

$$m_g = 1267\text{kg} \quad m_s = 624\text{kg}$$

3）计算混凝土实验室配合比

拌和物计算表观密度 $\rho_{c,c}$=181+1267+624+312=2384（kg/m³）

以与选定灰水比较为接近的一组拌和物表观密度实测值为准，即 $\rho_{c,t}$=2410kg/m³

误差 $= \dfrac{2410-2384}{2384} = 1.1\% < 2\%$

实验室配合比（1m³ 混凝土中各材料用量）为：

$$m_{c,sh} = 312\text{kg}; \quad m_{g,sh} = 1267\text{kg}; \quad m_{s,sh} = 624\text{kg}; \quad m_{w,sh} = 181\text{kg}.$$

4）计算混凝土施工配合比（1m³ 混凝土中各材料用量）为：

$m_c' = m_{c,sh} = 312$kg

$m_s' = m_{s,sh}(1+a\%) = 624(1+3\%) = 643$kg

$m_g' = m_{g,sh}(1+b\%) = 1267(1+1\%) = 1280$kg

$m_w' = m_{w,sh} - m_{s,sh} \cdot a\% - m_{g,sh} \cdot b\% = 181 - 624 \times 3\% - 1267 \times 1\% = 149.6$kg

第六节 普通混凝土的质量控制

一、混凝土质量控制

混凝土质量管理的核心在于混凝土的坍落度和凝结时间，其早期强度与 28 天强度主要需做好以下工作：

1. 原材料的选择与应用

（1）指定专人定期检查、测定各种原材料和生产状态，特别是对原材料的进料、储存、计量应全方位监控。

（2）配制 C30 级普通混凝土，不需要用特殊的材料，但必须对本地区所能得到的所有原材料进行优选。除有较好的性能指标外，还必须质量稳定，即在一定时期内（至少在施工期内）主要性能没有太大的波动。

（3）强度等级在 C30 或 C35 以上的混凝土，在水泥水化时不可避免地会在内部形成细微的毛细孔。为确保混凝土强度，必须采取措施将毛细孔填满，以增加混凝土的密实性。因而，需要在砼配比中，加入微米级径增密处理的超细活性颗粒。使其在水泥浆微细空隙中水化，减少和填充毛细孔，达到增强和增密作用。

（4）高强混凝土要求低水灰比，高坍落度，这就需要掺入高性能的外加剂。目前，砼的外加剂品种较多，但高性能复合型外加剂国内尚不多见，故应作对比试验后确定。

2. 混凝土配比方案优选

首先是高强混凝土正式生产时应进行试配，选定不同的配比和投料顺序，施行优选方案。试配必须严格模拟实际生产条件，在原材料有变动时应再次试配。搅拌必须均匀，采用强制式搅拌机，较普通砼延长 50% 搅拌时间。

3. 工时质量控制

在试验室配置符合要求的高强混凝土比较容易，而在整个施工过程中，稳定质量水平较为困难。一些在普通情况下不太敏感的因素，在低水灰比情况下会变得相当敏感，这就要求在整个施工过程中必须注意各种条件、因素的变化，并且要根据变化，随时调整配合比和各种工艺参数。主要做好几项工作：

（1）严格水灰比控制：骨料的含水量应在用水量中扣除，每天需测定骨料含水量，每次配料时应采用人工测含水作为基础设定生产中的用料含水，在任何情况下都不得添加额外水量；

（2）探测砼拌和物温度，必要时测定砼水化热，控制温升，延长和保证工作时间；合理安排工艺和工序，计算各阶段所需时间，合理缩短砼从搅拌到浇捣完毕的时间；所有参与操作人员进行技术交底，完善各项记录文件。

二、混凝土砼性能的检测

1. 砼强度试件的留样。由于混凝土变异性增大，强度数值受多种因素的影响，故混凝土抗压试件的采样频数应高于普通砼。

2. 搅拌站内的实验员对拌和物性能进行测定，并按规定留取砼强度试件，试件的数量应至少能满足提供早期及 28 天强度测定所需，每 100 方应不少于一组（每组 3 块）。

3. 由于砼水灰比很低，试件内部容易产生较大拉应力，对试件宜采取水中养护并对温度进行控制。抗压强度试验前应在正常自然条件中存放几天后进行，强度测试结果较为稳定。

4. 砼强度试件的强度测定。根据实际经验，普通混凝土试件强度测定时应选用标准试件和高刚度承压板试验机，控制匀速加荷，才能保证强度测定的准确性和可靠性。根据《混凝土结构工程施工质量验收规范》（GB50204—2002）和《混凝土强度检验评定标准》（GBJ107）的有关规定对砼强度进行检验评定，但我们认为用非统计方法对混凝土强度进行检验，其不足之处在于平均强度的要求对于高强混凝土偏高，而对最低强度的要求又偏低，应根据实际情况作分析判断。对于普通混凝土强度，可按《回弹法检测普通混凝土强度技术规程》（Q/JY17—2000）进行强度测定，并应建立新的地区测强曲线。超声波法、超声回弹综合法等，对普通混凝土进行检测是适用的，但目前尚无可用的测强曲线。

三、混凝土生产中的理论探讨

为了提高混凝土的抗冻等级等耐久性指标，目前混凝土施工和生产中除了采用引气剂以外，通常采用掺入高效减水剂、降低水胶比，并采用细度较细的早强水泥和细粒掺合料等方法。其初衷是通过减少混凝土内部粗大的毛细孔数量或孔半径来提高混凝土的强度和抗冻、抗渗等耐久性能。但在混凝土生产中采用普通水泥和一般的施工方法，目前这一目的较难达到，实际生产出的混凝土大多数仍为多孔体系。一般水胶比降低，只能使混凝土内部的大毛细孔变成微毛细孔，造成大毛细孔数量减少，微毛细孔数量增多。如原苏联莫斯科门捷列夫化工学院的研究表明：水胶比由 0.4 降低为 0.22 ~ 0.25（硬化温度 20℃），水泥石中半径 0.004 ~ 0.01um 的微毛细孔（包括 0.004 ~ 0.005um 的超微孔）数量由 20.8% ~ 39.7% 增加到 28.5% ~ 41.4%、半 0.01% ~ 0.1%um 的微毛细孔数量由 26.4% ~ 33.2% 增加到 26.7% ~ 49.8%；而半径不小于 0.1 ~ 1um 的大毛细孔与半径大于 1um 的非毛细孔数量之和由 27.1% ~ 52.8% 减少至 21.7% ~ 28.3%。特别是其中 0.01 ~ 0.1um 的微毛细孔数量的中间值（变化前后分别为 29.8% 和 38.25%）与半径不小于 0.1 ~ 1um 的大毛细孔和半径大于 1um 的非毛细孔数量的中间值（变化前后分别为 39.95% 和 25.0%）之比，由 0.75 增加到 1.53，接近原来的 2.1 倍。胶凝材料中细颗粒含量的增加与水胶比的降低有类似的作用效果。如原苏联的研究表明，提高水泥的细颗粒

（＜5um）含量，由于分散度很高，水化物充填了大部分毛细孔空间，必然生成微毛细孔，并使大毛细孔数量明显减少。

目前为提高混凝土抗冻等级、抗渗等级和强度等级而采取的一些措施，在很多情况下使混凝土内部的微毛细孔数量增加，而使具有排湿性的大毛细孔数量减少。特别是微毛细孔和大毛细孔数量之比的显著增大，使混凝土孔隙体积的吸湿性大幅提高。这一做法不但不能提高大多数混凝土（暴露于大气中的混凝土）的抗冻性，反而会不同程度地降低混凝土的真实抗冻性和耐久性。根据鲍维斯的研究发现，在 –40C 时约 60% 的毛细孔水变成冰，在 –12℃有 80% 以上的毛细孔水变成冰。针对我国的气候分区情况，温区最冷月份的平均气温为 0 ~ –10C，寒区最冷月份的平均气温为 –10C 以下。故对我国大多数地区而言，在最冷月份足以使混凝土毛细孔内的部分水结冰。由于大毛细孔的存在具有良好的排湿性，当结冰时，将有足够的空间满足结冰所引起的体积变化，所以处于大气中的混凝土内部可冻结水的数量主要取决于混凝土内微毛细孔中的水量。当微毛细孔隙内的水分一旦结冰时，微毛细孔中没有足够的空间缓冲结冰所造成的体积膨胀，此时，结冰产生的膨胀应力对混凝土孔壁的破坏必然更加严重。如原苏联的研究指出，混凝土中储备孔（被蒸汽空气混合气体充填的孔）的相对体积越大，抗冻性越好。并着重指出，影响混凝土抗冻性的，与其说是储备孔的绝对体积，不如说是储备孔体与充满水的孔体积之比，其抗冻机理类似于引气剂提高混凝土抗冻性的作用机理。此外，孔隙内部含湿率高的混凝土，还会加剧空气中腐蚀性介质对混凝土的侵蚀及混凝土内部钢筋锈蚀等，导致混凝土的强度、抗冻性、抗裂性和抗渗等耐久性能的下降。当前，我国正处于基础建设高速发展的重要时期，对此影响因素应引起重视。

混凝土应加强对原材料的质量控制，并及时对施工现场进行巡视检查、平行检查和旁站监理，针对容易出现的通病，采取有效措施，加强预防。加强对混凝土生产技术的控制，有效保证混凝土质量。使混凝土的质量自始至终处于受控状态。

第七节　其他种类混凝土

一、轻骨料混凝土

轻骨料混凝土对于高层建筑、大跨度建筑、高抗震、软土地基地区是重要的建筑材料，目前这种新技术已广泛运用于各种热工、水工、桥涵、房屋、船舶等建筑物，由此带来的效果也已日益凸显。

（一）轻骨料混凝土的定义

轻骨料混凝土是指用轻粗骨料、轻细骨料（或普通砂）、水泥胶凝材料和水配置而成的混凝土，其干表观密度不大于 1950kg/m³。若粗、细骨料均为轻质材料，又称为全轻骨料混凝土。若粗骨料为轻质，细骨料全部或部位采用普通砂侧称砂轻混凝土。若用轻粗骨料、水泥和水配置而成的无砂或少砂混凝土称大孔轻骨料混凝土。若在轻粗骨料中掺入适量普通粗骨料，干表观密度大于 1950kg/m³、小于或等于 2300kg/m³ 的混凝土则为次轻混凝土。

（二）轻骨料混凝土的性能

1. 轻骨料混凝土与普通混凝土不同之处在于骨料中存在大量空隙，也正是如此，才赋予其许多的优越性能。轻骨料混凝土具有轻质、高强、保温和耐火等特点，并且变形性能良好，由于弹性模量较低，在一般情况下，其收缩和徐变也较大。

2. 轻骨料混凝土耐火性能好，在高层建筑或阳光曝晒的地方，如果使用热阻低的普通混凝土材料，温度很容易传递，会使钢筋毁坏，而轻骨料混凝土不同，其导热系数低，热阻大，不容易导热，能更好地保护钢筋。

3. 轻骨料混凝土的抗震性能佳，地震的波动和冲击量很大，普通混凝土材料承受地震力大，而轻骨料混凝土材料本身密度小、质量轻，承受荷载的能力较强，有很好的减震效果。轻骨料混凝土材料的耐久性良好，轻骨料混凝土具有良好的抗渗性、抗冻性和抵抗各种化学侵蚀的能力，相比普通混凝土材料具有更好的耐久性。

4. 轻骨料混凝土的结构效益好，轻骨料混凝土比普通混凝土材料表观密度低 20% ~ 40%；轻骨料混凝土的比强度大于普通混凝土材料，结构质量轻，在结构断面相同的情况下，由于自重的减小，可以提高结构承载力。

5. 虽然多孔轻骨料的强度低于普通骨料，但是由于轻骨料的孔隙在拌和料搅拌时具有吸水作用，造成轻骨料颗粒表面的局部低水灰比，增加了骨料和水泥的黏接力。这样在骨料周围形成了坚强的水泥石外壳，约束了骨料的横向变形，使得骨料在混凝土中处于三向受力状态，从而提高了骨料的极限强度，使得轻骨料混凝土的强度与普通混凝土接近。

6. 轻骨料混凝土的强度等级应按照立方体抗压强度标准值确定。强度等级可以划分为 LC5.0；LC7.5；LC10；LC15；LC20；LC25；LC30；LC35；LC40；LC45；LC50；LC55；LC60。

（三）轻骨料混凝土的配置和施工要点

1. 配合比设计要点

①满足表观密度的要求。
②满足应考虑的特殊性能。
③用水量和有效水灰比的确定。
④每立方米轻骨料混凝土的总用水量减去 1 小时后吸水量（附加用水量）的净用水量

称为有效用水量，其与水泥之比为有效水灰比。有效水灰比的选择不能超过工程所处环境的最大允许水灰比。

2. 轻骨料混凝土施工的一般要求

①轻骨料进场后，应按要求进行检验验收，对配置结构用轻骨料混凝土的高强轻骨料，还应检查强度等级。

②轻骨料应按不同品种分批进行运输和堆放，不得混杂。

③轻骨料运输和堆放应保持颗粒混合均匀，减少离析，采用自然级配时，堆放高度不宜超过 2m，并应防止树叶、泥土和其他有害物质混入。

④轻砂在堆放和运输时，应采取防雨措施，并防止风刮飞扬。

⑤在气温高于或等于 5℃的季节施工时，根据工程需要，预湿时间可按外界气温和来料的自然含水状态确定，并提前半天或一天对轻骨料进行淋水或泡水预湿，然后滤干水分进行投料。在气温低于 5℃时，不宜进行预湿处理。

3. 轻骨料混凝土施工中注意的问题

①可以先采用干燥骨料，也可以将粗轻骨料预先湿润处理。湿润处理轻骨料拌制的混凝土和易性与水灰比比较稳定。露天堆放时必须及时测定含水率，并调整用水量。

②由于拌和物中轻骨料易上浮，因此选用强制式搅拌机。

③轻骨料混凝土全部加料完毕后的搅拌时间，在不采用搅拌运输车运送混凝土拌和物时，砂轻混凝土不宜少于 3min，全轻或干硬砂轻混凝土宜为 3～4min，对强度低而易破碎的轻骨料，应严格控制混凝土搅拌时间。

④外加剂在骨料吸水后加入。

⑤现场搅珠的竖向结构物，每层浇筑高度宜控制在 300～350mm。拌和物搅珠倾落高度为大于 1.5m 时，应加串筒、斜槽、溜管等辅助工具，避免离析。

⑥轻骨料混凝土拌和物应采用机械振捣成型，振捣以捣实为准，振捣时间不宜过长，以防集料上浮，宜在 10～30 秒。

⑦浇筑成型后，应避免由于表面失水太快引起表面网状裂纹，所以应及时覆盖和喷水养护。

⑧采用自然养护时，用普通硅酸盐水泥、硅酸盐水泥、矿渣水泥拌制的轻骨料混凝土泥土，养护时间不少于 7d，用粉煤灰水泥、火山灰水泥拌制的轻骨料混凝土及施工中掺入缓凝剂的混凝土，养护时间不少于 14d，轻骨料混凝土构件用塑料薄膜覆盖时，全部表面应覆盖严密，保持膜内有凝结水。

⑨保温盒结构保温轻骨料混凝土构件及构筑物的表面缺陷，宜采用愿配合比的砂浆修补。结构轻骨料混凝土构件及构筑物的表面缺陷可采用水泥砂浆修补。

4. 轻骨料混凝土质量检验和验收

①检验拌和物组成材料的称量是否与配合比相符，同意配合比每台班不得少于一次。

②检验拌和物的坍落度或维勃稠度以及表观密度，每台班每一配合比不得少于一次。

③轻骨料混凝土的强度检验每 100 盘，且不超过 100m³ 的同配合比的混凝土，取样次数不少于一次，每一工作班拌制的同配合比混凝土不足 100 盘时，取样不得少于一次。

⑤混凝土干表观密度检验结果的平均值不应超过配合比设计值 ±3%。

（四）轻骨料混凝土的发展及应用前景

我国高强轻集料混凝土的研究始于 20 世纪 70 年代，天津建筑科学研究所等单位在实验室用高强粉煤灰陶粒配制出 CL40 硬高强轻集料混凝土，80 年代初，铁道部大桥局桥梁科学技术研究院所在实验室采用高强黏土陶粒和 625# 水泥配制出 CL40 干硬性高强轻集料混凝土，将 CL40 粉煤灰应用于金山公路跨度为 22m 的箱型预应力桥梁，使桥梁自重减轻 20% 以上，是我国高强轻集料混凝土应用的一个成功范例。

目前，我国关于高性能混凝土技术的研究正方兴未艾。高强页岩轻骨料的开发和生产，为高等级轻骨料混凝土泥土的发张铺平了道路。一些大专院校、科研、工程建设单位已经先后开展了高强轻集料混凝土和高性能轻集料混凝土的研究，并在一些桥梁、高层建筑中应用。可是相比之下我国高性能轻集料混凝土泥土的研究仍然处于起步阶段，水平较低。

经相关调查研究表明，仅在以普通混凝土为主要结构材料的高层、大跨度的土木建筑工程中推广高强轻集料工程（优化设计）和结构轻集料两项新技术，可使工程造价降低 10% ~ 20%，由此可见，轻骨料混凝土的运用对于我国提出的绿色节能、可持续发张的道路起到助推的作用，随着我国对轻集料混凝土的研究不断深入，轻集料混凝土将对社会带来极大的经济效益，将成为建材市场的一个新的经济增长点。

二、高强混凝土

随着我国经济的快速发展，高层建筑工程越来越多，高强混凝土施工技术随着广泛采用也因此备受关注。所谓高强混凝土，即为选用优质水泥、优质骨料、较低水灰比，在一定密实作用下制作且强度不低于 C50 的混凝土。高强混凝土的采用满足了高层建筑及特殊结构的受力和使用要求，显著减少了结构截面尺寸，增大了工程的使用面积与有效空间，并加快了施工进度，节约了工程成本，为工程质量提供了可靠保障。但在实际施工实践中，高强混凝土仍然容易出现一些质量通病，如裂缝等。因此，如何控制好高强混凝土施工质量，加强高强混凝土的应用技术就成了大家共同关注的问题。

（一）高强混凝土的特点

高强混凝土作为一种新的建筑材料，以其密度大、孔隙率低、抗压强度高、抗变形能力强的优越性，在高层建筑结构、大跨度结构以及某些特殊结构中得到广泛的应用。因为高强混凝土坍落度损失快，这就要求从搅拌运输到浇筑各个环节要紧紧相扣，在较短时间内完成。高强混凝土特点是黏性大，骨料不易离析，泌水量少。

（二）高强混凝土的应用范围

目前，高强混凝土主要应用于高层建筑、预应力结构、大跨屋盖以及处于侵蚀环境下的建筑物或构筑物。

1. 高层建筑中采用高强混凝土可以大幅度缩小底层混凝土柱子的截面尺寸，扩大柱网间距及结构空间，增大建筑使用面积。上下柱子采用不同强度等级混凝土有利于统一柱子尺寸和模板规格，方便施工，可以节约周转耗材的投入，并可利用高强混凝土的早强特点加快施工进度。同时，高强混凝土还因徐变小，弹性模量高，可以减少柱子的压缩量和增加结构刚度，这对高层建筑来说是非常重要的。

2. 预应力结构中采用高强混凝土，因其徐变小，弹性模量高，从而可以减少预应力钢筋的应力损失，减小构件截面尺寸并减轻自重。

3. 采用高强混凝土对大跨屋盖的空间结构十分有利，可以显著降低结构的重量，因为大跨屋盖的自重占到全部设计荷载中的绝大部分。

4. 由于高强混凝土有较强的抵抗化学物质腐蚀能力，并且耐久性优良，因此，某些贮存化学物品的仓库、周围大气中含有较多盐分的工程建筑物以及直接受到侵蚀性物质作用或机械磨损的厂房和车库等地面构件均采用高强混凝土。

（三）原材料选择

1. 水泥

水泥宜选用不低于 42.5 等级的普通硅酸盐水泥，水泥进场后，必须进行复验，合格方可使用。

2. 粗骨料

粗骨料应选用质地坚硬，级配良好的石灰岩、花岗岩、辉绿岩等碎石或碎卵石。粗骨料的性能对高强混凝土的弹性模量及抗压强度起到决定性的作用，如果粗骨料的强度不足。其他提高混凝土强度的手段都将起不到任何作用。骨料母体岩石的立方体抗压强度应比所配制的混凝土强度高 20% 以上，仅当有足够的试验数据及可靠的强度保证率时，方可采用卵石配制。

3. 细骨料

细骨料宜选用质地坚硬，级配良好的河砂或人工砂。高强混凝土对细骨料的要求比较一般，但其中的黏土及云母含量应尽量的低。黏土不但降低强度，并使拌料的需水量增加。

4. 外加剂

外加剂主要有高效减水剂及缓凝剂等。正确挑选和使用高效减水剂是配制高强混凝土的关键，需要参照相关标准要求，通过反复试验确认。高效减水剂在正确使用的条件下能够改善水泥的水化条件和提高混凝土的密实性，因此对强度、抗渗性以及防止钢筋锈蚀都很有利。但是过量使用高效减水剂却会对混凝土的耐久性产生损害。使用高效减水剂经常遇到的一个问题就是坍落度随时间迅速损失，通常解决的办法是采用与缓凝剂复合的高效减水剂。

（四）配合比

水泥强度和水灰比是影响混凝土抗压强度的主要因素，因此，要控制好混凝土质量，最重要的是控制好水泥和混凝土的水灰比这两个主要环节。在配合比设计中可参考以下原则：

①根据施工工艺要求的拌和物工作性和结构设计要求的强度，在充分考虑施工运输和环境温度等条件下进行高强混凝土配合比试配。

②水灰比一般宜小于 0.35，对于 80～100MPa 混凝土宜小于 0.30，对于以上混凝土宜小于 0.26，更高强度时取 0.22 左右。

③水泥用量一般宜为 400～500kg/m³，对于 80MPa 以上混凝土可达 500kg/m³。

④更高强度时也不宜超过 550kg/m³，此时应通过外加矿物掺合料来控制和降低水泥用量。

⑤掺 F 矿粉混凝土配合比计算时宜采用假定容重法或绝对体积法，先计算出不掺 F 矿粉的基准混凝土配合比，再用 F 矿粉置换基准混凝土配合比中水泥用量的 10% 左右代替。

⑥高强混凝土砂率宜为 28%～34%，当采用泵送工艺时，可为 34%～44%。

（五）施工工艺

1. 高强混凝土拌制

严格控制投料顺序及搅拌工艺，严格控制施工配合比，原材料按重量计，要设置灵活，准确的磅秤，坚持车车过秤。定量允许偏差不应超过下列规定：粗细骨料 ±3%、水泥 ±2%、水、高效减水剂、掺合料 ±1%。配料时采用自动称量装置和砂子含水量自动检测仪器，自动调整搅拌用水，不得随意加水。高效减水剂可用粉剂，也可制成溶液加入，并在实际加水时扣除溶液用水。搅拌时应准确控制用水量，仔细测定砂石中的含水量并从用水量中扣除，最后一次加入减水剂。制配高强混凝土要确保拌和均匀，因为它直接影响着混凝土的强度和质量，要采用强制式搅拌机拌和，特别注意搅拌时间不少于 60s，确保搅拌充分。

2. 高强混凝土运输与浇筑

由于高强混凝土坍落度损失快，因此必须在尽可能短的时间内施工完毕，这就要求在施工过程中精心指挥，必须有严密的施工组织，协调作业从搅拌、运输到浇筑几个工序，各个环节要紧紧相扣，保证 1h 内完成。混凝土卸料时，自由倾落高度不应大于 2m。在施工过程中为保证混凝土的密实性，应采用高频振捣器，根据结构断面尺寸分层浇筑，分层振捣。不同强度等级混凝土的施工宜先浇筑高强混凝土，然后再浇筑低等级混凝土。此外，不应使低等级混凝土扩散到高混凝土的结构部位中去。

3. 养护

为了减少混凝土内外温差，延缓收缩和散热时间，必须采取保温措施，这样可使混凝土在缓慢地散热过程中获得必要的强度来抵抗温度应力，同时可降低变形变化的速度，充分发挥材料的徐变松弛特性，从而有效地削减约束应力，使其小于该龄期抗拉强度，防止内外温差过大而导致出现温度裂缝。为避免高强混凝土因早期失水而降低强度，浇筑完成后，应在 8h 内加以覆盖和浇水养生。浇水次数应维持混凝土结构表面湿润状态，浇水养护时间不得少于 14 天。

综上所述，高强混凝土的出现为建筑行业带来了巨大的经济效益，如何加强高强混凝土在施工中的应用是一个综合性问题，必须做好施工过程中各个环节的监督与管理，针对影响质量因素采取妥当的施工措施，才能保证建筑工程施工质量符合规范要求。

三、高性能混凝土

高性能混凝土是一种新型高技术混凝土，是在大幅度提高普通混凝土性能的基础上采用现代混凝土技术制作的混凝土。它以耐久性作为设计的主要指标，针对不同用途要求，对下列性能重点予以保证：耐久性、工作性、适用性、强度、体积稳定性和经济性。为此，高性能混凝土在配置上的特点是采用低水胶比，选用优质原材料，且必须掺加足够数量的矿物细掺料和高效外加剂。

与普通混凝土相比，高性能混凝土具有如下独特的性能：

1.高性能混凝土具有一定的强度和高抗渗能力，但不一定具有高强度，中、低强度亦可。

2.高性能混凝土具有良好的工作性，混凝土拌和物应具有较高的流动性，混凝土在成型过程中不分层、不离析，易充满模型；泵送混凝土、自密实混凝土还具有良好的可泵性、自密实性能。

3.高性能混凝土的使用寿命长，对于一些特护工程的特殊部位，控制结构设计的不是混凝土的强度，而是耐久性。能够使混凝土结构安全可靠地工作 50 ~ 100 年以上，是高性能混凝土应用的主要目的。

4.高性能混凝土具有较高的体积稳定性，即混凝土在硬化早期应具有较低的水化热，硬化后期具有较小的收缩变形。

概括起来说，高性能混凝土就是能更好地满足结构功能要求和施工工艺要求的混凝土，能最大限度地延长混凝土结构的使用年限，降低工程造价。

（一）高性能混凝土配合比设计原则

选用优质的原材料，控制原材料当中的有害物质含量。尽量使用较低的水胶比。使用高效减水剂，尽可能减少用水量，适当引气。限制胶凝材料总量，掺加足够量的矿物掺合料，尽量减少水泥用量。控制混凝土中的碱含量、氯离子含量。

（二）高性能混凝土配合比设计各参数的确定

1. 混凝土强度等级的确定

混凝土强度等级根据设计图纸确定，且应符合混凝土结构耐久性设计规定中关于不同环境条件下混凝土结构最低强度等级之规定。

2. 石子最大粒径的确定

碎石最大公称粒径不宜超过混凝土保护层厚度的 2/3 且不得超过钢筋最小间距的 3/4。配合比设计前应仔细了解设计图纸中规定的钢筋最小间距和最小混凝土保护层厚度，以确定配合比所采用的碎石最大公称粒径。一般情况下，非梁体混凝土采用 5 ~ 31.5mm 的连续级配碎石，梁体混凝土则采用 5 ~ 20mm 或 5 ~ 25mm 连续级配碎石。

3. 设计坍落度的确定

混凝土的坍落度宜根据施工工艺、浇注方法、钢筋最小间距确定。高性能混凝土采用泵送施工较多，要求流动性好且不易离析、不泌水，考虑到施工现场混凝土坍落度损失及炎热天气的施工，泵送混凝土一般设计坍落度为 160 ~ 200mm，非泵送混凝土坍落度可以选择 120 ~ 160mm，水下混凝土坍落度为 180 ~ 220mm。

4. 试配强度的确定

试配强度按照《普通混凝土配合比设计规程》（JGJ55）计算；水下混凝土配合比设计时，试配强度应乘以一个 1.1 ~ 1.15 的保证系数。

5. 水胶比的确定

在以往按《普通混凝土配合比设计规程》（JGJ55）设计的混凝土配合比方法中，首先是按混凝土强度等级计算水灰比，得到的水胶比往往较大。而现在按耐久性要求的设计方法中，为保证高性能混凝土的耐久性，需要按照混凝土结构耐久性设计规定中关于混凝土的最大水胶比，和最小胶凝材料用量的规定进行校核，并重新选择水胶比。过大的水胶比特别不利于使用矿物掺合料混凝土的内部微结构发展，同时影响混凝土的耐久性与强度。与硅酸盐水泥相比，粉煤灰对水胶比更为敏感。只有在低水胶比的前提下，粉煤灰的作用才能得以充分发挥。并且经试验证明，当水胶比小于 0.4 以下时，水胶比的少许降低会使混凝土强度有较大的提高。

6. 用水量及胶凝材料用量的确定

用水量应根据外加剂的减水率及掺量、设计坍落度、石子最大粒径来确定。由于高性能混凝土对原材料有严格要求（例如：外加剂减水率最低要求不小于 20%，实际一般都在 25% 以上，砂石级配良好、含泥量少、吸水率低，粉煤灰需水量比小等），所以高性能混凝土用水量往往较低，一般在 140 ~ 160kg/m³，以达到增加混凝土密实性、保证混凝土力学性能和耐久性能的目的。

根据用水量及水胶比，可计算出每方胶凝材料用量，按照规定，C30 及以下混凝土的胶凝材料总量不宜高于 400kg/m³，C35～C40 混凝土不宜高于 450kg/m³，C50 及以上混凝土不宜高于 500kg/m³。同时还应符合混凝土结构耐久性设计规定中关于混凝土的最大水胶比和最小胶凝材料用量的规定。

7. 外加剂掺量的确定

外加剂掺量与外加剂减水率、设计坍落度以及实际使用材料的需水量有关，参考厂家推荐掺量，并通过混凝土试拌效果确定，根据经验，聚羧酸盐系高性能复合减水剂的掺量一般为胶凝材料总量的 0.8～1.2%（C30～C50 混凝土）。

8. 矿物掺合料掺量的确定

一般情况下，矿物掺合料掺量不宜小于胶凝材料总量的 20%，当混凝土中粉煤灰掺量大于 30% 时，混凝土的水胶比不宜大于 0.45。预应力混凝土以及处于冻融环境中的混凝土的粉煤灰的掺量不宜大于 30%。设计时，尽可能减少混凝土胶凝材料中的水泥用量，一是可以减少水泥水化热引起的混凝土开裂倾向，保证混凝土的耐久性，二是减少水泥用量，增加矿物掺合料用量，有利于增强混凝土的和易性，利于施工，三是可以降低成本。

9. 混凝土表观密度的假定

混凝土表观密度一般在 2320～2400kg/m³ 之间选定。应注意的是，室内混凝土配合比设计时，测定混凝土表观密度应在测完混凝土 30 分钟坍落度损失后再进行，这样测出来的混凝土表观密度与施工现场情况比较接近。

10. 砂率的选择

砂率根据石子最大粒径、水胶比以及施工工艺（浇注方法）确定。泵送混凝土及水下混凝土砂率宜比普通混凝土砂率提高 3%～4%。根据以往经验来看，高性能混凝土的砂率一般在 36%～43% 之间。

以上参数确定后，则可按照《普通混凝土配合比设计规程》计算出配合比中各材料用量，确定初步配合比。

（三）高性能混凝土配合比设计过程中应注意的问题

1. 高性能混凝土配合比设计时，除执行《普通混凝土配合比设计规程》，还应执行混凝土结构耐久性设计相关规定。

2. 配合比设计前，应通过了解设计图纸要求、查询当地气象资料、取环境水进行水质分析等途径，确定混凝土结构所处的环境类别和作用等级。

配合比设计时，应根据混凝土结构所处的环境类别和作用等级、设计使用年限级别来校核并确定混凝土配合比的最低强度等级、最大水胶比、最小胶凝材料用量以及耐久性指标。

3. 当化学侵蚀介质为硫酸盐时，混凝土的胶凝材料还应满足有关规定，且胶凝材料的抗蚀系数不得小于 0.8。

4. 当骨料的碱—硅酸反应砂浆棒膨胀率在 0.10%～0.20% 时，混凝土的碱含量应满足规定；当骨料的碱—硅酸反应砂浆棒膨胀率在 0.20% ~ 0.30% 时，除了混凝土的碱含量应满足规定外，还应在混凝土中掺加具有明显抑制效能的矿物掺合料和外加剂，并通过试验证明抑制有效。

5. 初步配合比确定后，应核算单方混凝土的总碱含量及氯离子含量是否满足要求。否则应重新选择原材料或调整计算的配合比，直至满足要求为止。高性能混凝土最大碱含量干燥环境要求不大于 $3.5kg/m^3$，潮湿环境不大于 $3.0kg/m^3$。钢筋混凝土结构的混凝土氯离子总含量不应超过胶凝材料总量的 0.10%，预应力混凝土结构的混凝土氯离子总含量不应超过胶凝材料总量的 0.06%。

6. 混凝土的入模含气量要满足要求。无抗冻要求的混凝土含气量不应小于 2%，当混凝土有抗冻要求时，混凝土含气量应根据抗冻等级的要求经试验确定。梁体混凝土的含气量一般要求在 2% ~ 4%。

7. 试配所使用的原材料应与工程中实际的材料相同，其搅拌方法宜与生产时使用的方法相同。特别是砂石料，如果配合比选定时采用经清洗的砂石料，则配合比用水量肯定较低，但如果在施工时砂石料含泥量过大，则会造成混凝土用水量增加，不仅与配合比严重不符，还会造成混凝土强度和耐久性降低。另外要注意，试配时选用的外加剂减水率、粉煤灰的需水量比要与施工时的材料相同。

8. 配制高性能混凝土所用高效减水剂与水泥的适应性是否良好很关键，因此，配合比试配时，外加剂生产厂家的技术人员必须到现场进行调配，发现问题及时调整。

9. 配合比设计完成并在未开工之前，应到拌和站试拌，检测混凝土拌和物的各项指标，当存在与室内配合比试拌时不相符现象时，应对配合比进行调整、优化。

配合比使用过程中，当原材料变化、环境变化显著时，应当对配合比进行调整、优化。如砂细度模数变化（变粗或变细）、砂石含泥量变大及级配变差、外加剂减水率变明显、粉煤灰变粗及需水量加大、天气变化（炎热或寒冷）等，都要对配合比进行调整或重新设计配合比。

（四）高性能混凝土耐久性影响因素

对于高性能混凝土来说，提高其耐久性是拓展和扩大其应用程度的主要研究方向之一。混凝土材料是建筑工程日常施工作业中不可或缺的材料之一，所以对于混凝土性能的研究将对建筑工程行业产生深远的影响。高性能混凝土的耐久性不仅关乎混凝土材料本身的使用效果和应用范围，也关乎整个工程建筑的质量，尤其是随着建筑工程标准的不断提高，人们对于高性能混凝土的耐久性也提出了更高的要求，只有不断增强高性能混凝土的耐久性，才能使我国建筑工程质量得到有效保障。

1. 抗渗性

混凝土材料的抗渗透性对其耐久性具有直接的影响，可以说这两个特点在混凝土材料的实际使用过程中相辅相成。混凝土材料的抗渗透性不好的话，就很难抵御一般溶液的侵袭，在溶液滴落到混凝土材料表面时，就会导致大面积渗透，使混凝土的内部结构受到影响。所以增强混凝土材料的抗渗透性可以有效防止外部溶液对于高性能混凝土的侵蚀，使其材料内部结构保持稳定，从而增强其耐久性。

2. 抗冻性

高性能混凝土在建筑工程实际施工运用中，需要面对不同的外部条件，这其中就包括对于极端温度条件的适应。在我国北方，由于气温相对较低，所以在工程建造时，对于建筑材料的抗冻性有一定的要求。对于高性能混凝土来说，寒冷的外界条件容易使其结构发生变化，尤其是在昼夜温度变化时，会导致材料表面经历冻结、融合和再冻结的循环过程，这对于高性能混凝土的抗冻性提出了很高的要求，直接影响着材料本身的耐久性。

3. 抗酸性

在建筑工程行业，对于工程材料的抗腐蚀能力有一定的要求，主要表现在建筑材料的抗酸性方面。因为随着城市的不断发展，人们在生产生活中排出的废水废气越来越多，这就导致城市的地下水和土壤表层地质普遍偏酸性，对建筑物的根基材料会造成一定程度的腐蚀。此外，大量废气的排放也使酸雨现象不断增大，对建筑物的顶部和墙体都会产生侵蚀，所以在城市建筑物的施工材料选择中，对其耐久性有着更高的标准，需要混凝土材料本身具有一定的抗酸性。

（五）高性能混凝土耐久性改良方法

1. 混凝土表面涂层

对材料进行表面涂层，主要是通过隔绝材料与外界不稳定条件的直接接触，从而达到防止材料被侵蚀，提升材料耐久度的目的。在高性能混凝土施工过程中，可以通过在混凝土凝结后的表面进行涂层，来对高性能混凝土材料表面进行必要的保护。在混凝土表面进行的涂层主要有两种，一种是环氧涂层，一种是含锌涂层。涂层主要起到物理隔离的效果，来对内部材料进行保护，涂层的保护效果很大程度上取决于涂层的完整性，所以应当注意防止涂层破损。

2. 掺入高效活性矿

高性能混凝土在工程建造实际应用过程中，其稳定性会随着使用时间的增长而改变，从而对材料本身的耐久性产生影响，所以可以通过提高高性能混凝土材料的稳定性，达到间接提高材料耐久度的目的。可以通过在混凝土中掺入高效活性矿的方法，来改善混凝土中起到凝结作用的凝胶物质状态，提高混凝土中水化物在搅拌和浇筑过程中的活性，使混凝土在凝结之后内部结构可以更加紧密，使高性能混凝土材料本身的稳定性大大增强，进而提高材料的耐久度。

3. 添加阻锈剂

高性能混凝土在施工中需要搭配钢筋进行浇筑，所以提高钢筋的使用性能对提高混凝土的耐久性具有重要作用。钢筋在混凝土内部的包裹中与砂石料进行接触的过程中，会在电化学反应的作用下遭到持续性侵蚀，长此以往会使内部钢筋发生形变甚至折断，这就导致包裹在钢筋外部的高性能混凝土发生裂缝等，严重影响其耐久度。所以可以采用在混凝土中添加阻锈剂的方法，保护混凝土内部的钢筋不容易发生锈蚀，从而间接延长高性能混凝土的使用时间。

4. 提高混凝土密实性

为了能够在高性能混凝土的使用过程中对抗复杂的外界因素，在混凝土调配过程中就要充分考虑混凝土的自身密实性。在调和混凝土配料时要控制好调制中的用水量，这不仅需要按照科学的施工标准，也需要一定的实际操作经验，才能使混凝土的调配比例恰到好处。混凝土的调制在建筑工程中是一个对技术和经验都有很高要求的工作，按照最佳的水灰比配置出的混凝土材料，其内部结构不容易出现空隙，具有高度的紧密性，也是混凝土的耐久性得以增强。

5. 把控原材料质量

高性能混凝土的耐久性不仅受到外界环境因素的影响，也受到自身材料因素的影响，所以为了提高高性能混凝土的耐久性，不仅需要从对抗外界条件入手，寻找各种克服外界因素的办法，也需要从混凝土自身材料的选择上做好最严格地把控，确保高性能混凝土在用料方面符合建设工程施工的标准和要求。只有保证高性能混凝土本身使用的原材料具有足够的稳定性，才能够减少混凝土在使用过程中的化学收缩和表面开裂情况的发生，从根本上增强高性能混凝土内部结构稳定性，从而提高混凝土材料的耐久度。

总的来说，随着建筑工程领域的蓬勃发展，高性能混凝土在工程建造中发挥着越来越重要的作用，而提升高性能混凝土的耐久性对于提升整个建筑工程的质量具有很大的意义。而由于高性能混凝土在使用过程中不可避免地要与外界环境接触，时刻面对着各种不稳定因素，所以寻找提升高性能混凝土耐久性的方法，逐渐成为当前领域研究的课题，不断推动着我国建设工程行业，在前进道路上实现更好更快的发展。

四、防水混凝土

目前在我国城市的基建项目中，地下工程的数量及面积较以前有了明显的增加，尤其在民用建设项目的建设中，由于土地价格的上升，为了提高土地的利用率，高层建筑随之增多，而一般的高层建筑均设置地下室，另外利用公园、广场、绿地等修建地下人防工程、地下停车场工程也将成为一种发展趋势。

（一）防水混凝土的概念

防水混凝土是以改进混凝土配合比，掺加外加剂或采用特种水泥等手段提高混凝土密实性、憎水性和抗渗性，使其满足抗渗等级大于 P6（抗渗压力为 0.6MPa）的不透水性混凝土。

（二）防水混凝土的特点

防水混凝土是依靠混凝土自身的密实性和憎水性来达到防水目的的，即通过选择合适的骨料级配、降低水灰比、改善配合比以及掺入适量的外加剂等，以减少和破坏存在于混凝土内部的毛细管网络，来进行防水。它不但可以在工程结构中承担着防水层的作用，而且还可以起到承重和围护的作用。

（三）防水混凝土的质量控制

1. 对原材料的要求

（1）一般对于大体积抗渗混凝土为降低水化热，减少混凝土裂缝，宜采用低水化9b，小收缩的矿渣水泥或者粉煤灰水泥。

（2）粗骨料粒径在考虑泵送管径以及钢筋的筋距基础上，尽可能采用较大粒径和良好级配的石子，以 1 ~ 3cm 石子为宜，从而减少水泥用量，降低水化热，避免混凝土裂缝产生。

（3）外加材料。一般混凝土中掺加适量的 UEA 膨胀剂（8% ~ 12%），或者 HE 防水剂（4% ~ 10%），以起到微膨胀作用，从而调节收缩变形产生的混凝土裂缝。另外为避免混凝土裂缝的出现，通常要掺加水泥重量 0.5% ~ 3% 的缓凝剂，以调节混凝土的凝结时间；为减少混凝土的用水量，一般要掺加适量的减水剂；为提高混凝土的可泵性减少水泥用量，降低水化热，通常掺入 16% ~ 26% 的粉煤灰或其他活性掺合料。

2. 提高混凝土的抗渗性应采取的措施

（1）严格控制水灰比，水灰比过大或过小，均不利于防水混凝土的抗渗性，若用水量过多，水灰比过大，易降低混凝土的抗渗性。若用水量过小，则混凝土的施工和易性差降低混凝土的抗渗性，水灰比不宜大于 0.6。

（2）严格控制最小水泥用量，当水灰比确定之后，水泥用量直接影响着混凝土的抗渗性。在考虑水泥用量的同时，注意到粉细料对提高防水混凝土抗渗性也起着一定作用。加入粉细料可以改善砂子的级配，填充一部分砂粒之间的微小孔隙，间接地降低了混凝土的水灰比，使密度和抗渗性有一定的提高。

（3）砂率：应选择适宜的砂率，以保证混凝土中水泥砂浆的数量和质量，减少和改变孔隙结构，增加密实度，提高抗渗性，一般应为 35% ~ 40% 为宜。

（4）灰砂比：灰砂比是普通防水混凝土配合比中的一个重要参数，因此，在确定水泥用量的前提下，灰砂比直接影响着混凝土的抗渗性，一般应控制在 1 : 2 ~ 1 : 2.5 之间为宜。

（5）坍落度：在适宜的水灰比和砂率固定的条件下，坍落度与混凝土的抗渗性有着密切的关系。因此，普通防水混凝土的坍落度控制在 3 ~ 5cm 为宜。

3. 防水混凝土的施工要点

（1）施工准备

1）编制施工组织设计，选择经济合理的施工方案，做好技术交底以及质量检查和评定准备工作。2）进行原材料检验，各种原材料必须符合规定标准。3）将所需要的工具、机械、设备配置齐全，并经检修试验后备用。4）按设计抗渗标号进行防水混凝土的试配工作，在此基础上选定施工配合比。5）做好基坑排水和降低地下水的工作，要防止地面水流入基坑，要保持地下水位在施工底面最底标高以下30cm。

（2）模板

1）模板应平整，拼缝严密不漏浆，并应有足够的刚度、强度以刚模、木模为宜。2）模板构造要牢固稳定且要装拆方便。3）固定模板的螺栓不宜穿过防水混凝土结构，以避免水沿缝隙渗入，在条件适宜情况下可采用滑模施工。4）当必须采用对拉螺栓时，应在预埋套管或螺栓上加焊止水环。

（3）钢筋

钢筋相互间应绑扎牢固，绑扎钢筋时应按防水混凝土要求留足保护层。严禁以钢筋垫钢筋或将钢筋用铁钉、铁丝直接固定在模板上。

（4）混凝土搅拌

严格按施工配合比准确称量每种用料，必须采用机械搅拌，搅拌时间比普通混凝土略长。

（5）混凝土运输

混凝土在运输过程中要防止产生离析现象及坍落度和含气混凝土的损失，常规下应以半小时内运至现场，于初凝前浇筑完毕，浇灌前发生显著泌水离析现象时，应加入适量的原水灰比的水泥砂浆复拌均匀，方可浇灌。

（6）混凝土的浇筑和振捣

浇筑防水混凝土前，必须清除模板内的杂务，并以水湿润模板，使用钢模应保持其表面清洁无浮浆，混凝土浇筑应分层，每层厚度不宜超过30～40cm，相邻两层浇筑时间间隔不应超过2h，防水混凝土应采用机械振捣。

4. 防水混凝土结构工程的质量检查

在施工过程中要检查各种原材料的质量情况，混凝土的坍落度是否适合，模板的尺寸、坚固性和缝隙情况，钢筋的配筋、保护层，预埋铁件等细部是否符合要求，混凝土运输、浇灌是否出现离析现象，观察混凝土的振捣情况，发现问题及时纠正，在施工过程完毕后，要检查各种原材料的质量证明文件，试验报告及检查记录，发现不足之处分析原因，采取措施，及时修补。

在充分理解和认识防水混凝土的基础上，加强质量检测，计算统计参数，掌握动态信息，控制整个施工期间的混凝土质量，建立和健全必要的管理与质量控制制度，指定改进与提高质量的措施，施工中认真遵循防水混凝土的施工工艺要求，施工过程中及过程后严格落实检查制度，保证防水混凝土结构质量稳定提高。

五、耐热混凝土

伴随着工业的快速发展和进步，特殊性能的混凝土有了与其对应的应用场合及要求。发展及改良各种满足不同工业需求的特种混凝土成了混凝土行业的一个必然趋势。

近些年来，火灾事故频发，如何经济有效地解决建筑物耐火、耐热等问题，显得具有重大的现实意义。这些年来虽然不少的新材料、新工艺、新技术在建筑领域中得到广泛的应用，但是混凝土依然凭借着其优越的性能、低廉的价格在大量基础设施建设的众多材料中成为首选材料。使用具有耐热、耐火性能的混凝土更是能够经济有效解决火灾事故造成巨大财产损失、人员伤亡等问题的有效方法之一。

（一）耐热混凝土的概念

耐热混凝土是指在 200 ~ 1300℃高温长期作用下，其物理性能、力学性能不被破坏，且具有良好的耐急冷急热性能，在高温作用下干缩变形小的一种特殊混凝土。

（二）耐热混凝土的耐热机理

在高温作用下，混凝土会产生退化，这种退化包括质量减少、形成大量的孔以及裂缝、强度及弹性模量的下降，混凝土的这种退化会造成混凝土出现大面积的裂缝甚至坍塌。退化的主要原因有以下两点：第一是水泥浆体失水；第二是骨料膨胀和水泥浆体与骨料以及钢筋的热膨胀不协调而产生热梯度，从而导致结构的破坏。

混凝土在高温下受到破坏是由于多种因素共同作用的结果，这些因素之间的关系非常复杂。根据现有的研究成果，普通混凝土随着温度变化一般遵循着以下规律进行：

温度≤100℃，混凝土内部的自由水逐渐蒸发，在混凝土内部形成许多的毛细裂缝以及孔隙。加载后，缝隙尖端的应力集中，裂缝扩展，促使混凝土的抗压强度降低。

200℃≤温度≤300℃，混凝土内部的自由水已经全部蒸发，水泥凝胶水中的结合水开始脱出。胶合作用的加强减弱了缝隙尖端的应力集中，裂缝减小，混凝土强度提高；但是由于粗细骨料和水泥浆体两者的温度膨胀系数不相等，应变差的增大使骨料界面形成裂纹，降低了混凝土强度。这些矛盾的因素同时作用，使这一温度区段的抗压强度变化复杂。

温度≤500℃，粗细骨料和水泥浆体的温度变形差继续增加，界面裂缝不断开展以及延伸，而且温度到达400℃以后，水泥水化生成的氢氧化钙等物质脱水，体积膨胀，促使裂缝扩大，混凝土的抗压强度显著下降。

温度≤600℃，未进行水化的水泥颗粒以及骨料中的石英成分形成晶体，伴随着这些物质巨大的膨胀，部分骨料内部开始形成裂缝，混凝土的抗压强度急剧下降。

（三）耐热混凝土的组成材料

原材料的性质是决定耐热混凝土性能的首要因素。生产耐热混凝土的主要原材料有：

胶凝材料、骨料、掺和料、混凝土外加剂以及拌和用水。

1. 胶凝材料

根据使用的温度不同，选择不同的胶凝材料。①硅酸盐类，主要有普通硅酸盐水泥、矿渣硅酸盐水泥以及水玻璃，这类胶凝材料配制的混凝土最高使用温度可达 700 ~ 800℃，注意的是选择的水泥不包括用石灰石粉作为混合料的水泥；②铝酸盐类，主要有纯铝酸盐水泥以及高铝酸盐水泥两种，这类胶凝材料配制的混凝土最高使用温度可达 1200 ~ 1600℃，注意的是选择的水泥不包括用石灰石粉作为混合料的水泥；③硫酸盐类，这类胶凝材料有个特点，当温度达到 700℃时，内部生产大量的氢氧化铝胶体从而迅速形成致密的结构，温度升高会使强度提高；④矾土类，矾土类胶凝材料配制的耐热混凝土最高使用温度可达 1730℃；⑤磷酸盐类，磷酸盐类胶凝材料在温度到达一定时，部分的磷酸盐发生分解 - 聚合反应，使这种材料具有很强的粘附性，这类胶凝材料配制的混凝土最高使用温度可达 1600 ~ 1700℃。

2. 骨料

骨料是影响混凝土耐热性能的主要因素，要配制出性能好的耐热混凝土，选择抗震性能优良的骨料是关键。①骨料用量的选择：骨料用量太大，胶凝材料的用量就会相应减少，从而导致混凝土拌和物的和易性变差，造成混凝土密实性差，孔隙率大，致使混凝土在高温下容易分层脱落；骨料用量太少，胶凝材料用量相对较大，会导致混凝土的荷重软化温度降低，耐热性能下降。②骨料粒径的选择：骨料的粒径太大，造成混凝土拌和物不易搅拌均匀，骨料的表面积减小，在同等胶凝材料的情况下，拌和物的和易性变差，密实性下降；骨料的粒径太小，拌和物的工作性较差，需要在水灰比不变的情况下加大胶凝材料的用量才能满足施工要求，造成混凝土的高温强度降低幅度大，耐高温性能变差。③选择合理级配的骨料：能加大骨料的堆积密度，减少胶凝材料的用量，最大限度地发挥骨料的骨架作用。

3. 掺和料

掺和料在混凝土中的作用是可以替代部分水泥，改善拌和物的工作性，降低混凝土的水化热，提高混凝土的密实性、耐久性以及强度。耐热混凝土中选择使用的掺和料主要有：①粉煤灰；②矿渣超细粉；③二氧化硅微粉。

4. 混凝土外加价

耐热混凝土一般选择使用的是复合型外加剂，使用复合型外加剂能改善混凝土拌和物的和易性，减少胶凝材料的用量，提高混凝土强度及耐久性。

5. 拌和用水

选择一般的自来水。

（四）耐热混凝土的配合比

耐热混凝土的配合比既要满足耐热性能的要求，同时还需满足施工的和易性以及强度等要求。根据配制耐热混凝土各种原材料的性质，耐热混凝土配合比设计的基本原则为：①尽量减少胶凝材料的用量；②尽量减少单位用水量；③尽可能使用矿物掺和料；④合理的骨料级配以及砂率。

1. 胶凝材料用量

胶凝材料的用量一般控制在混凝土总重量的 10% ~ 20%，在对荷重软化点、耐热性能要求比较高，常温强度要求不高的情况下，可适当降低胶凝材料的用量，一般可控制在 10% ~ 15%。

2. 水灰比

水灰比对混凝土的强度以及残余变形影响很大，在满足施工要求的前提下，适当减少单位用水量，降低水灰比，可以提高耐热混凝土的性能。

3. 掺和料用量

掺和料可以减少胶凝材料用量，改善混凝土的耐高温性能，同时提高和易性。耐热混凝土的掺和料用量可在水泥用量的 30% ~ 100%。

4. 骨料级配及砂率

骨料级配满足要求，细骨料用量占总骨料用量的 40% ~ 50%。

（五）耐热混凝土的研究发展过程及研究使用现状

1. 耐热混凝土的研究发展过程

在我国，20 世纪 20 年代，冶金部建筑科学研究院已经进行了混凝土在高温下的性能变化研究，并且调研和分析了高温对厂房结构以及烟囱的影响；到了 20 世纪 80 年代，同济大学、清华大学等高校及相关科研单位对建筑材料的热工性能、建筑构件以及结构的耐火性进行了一系列的试验以及理论分析，部分成果达到国际先进水平，推进了我国在火灾科学研究中的发展。清华大学的过镇海、王传志开展了高温下混凝土性能的研究、水中和教授与潘智生教授共同进行了混凝土高温下力学性能的系统研究，这些研究都取得比较好的成果，为火灾混凝土的评估提供了重要的资料；目前，国际火灾重点实验室拥有大型的燃烧风洞、大空间模拟实验厅以及多种高技术设备，成了中国火灾科学研究的重要基地。

2. 耐热混凝土的研究使用现状

①新型胶凝材料的开发给耐热混凝土带来了创新性变化，耐热混凝土配料组成中的高分散组分的功能既能保证混凝土的初始强度和密度，还能使混凝土在 800 ~ 1000℃的温度下强度有所提高，同时还可以保证材料形成细小的毛细管。杨笛在矾土水泥、水玻璃中加入新型耐火黏结材料，研制出一种耐火度可达到 1700℃左右的新型锅炉用耐火混凝土。它不仅具有凝结速度快、强度增长快、便于施工等良好的可操作性能，还具有耐火度高、

高温使用性能良好等优点。

②使用新型的骨料。李宝珠根据工程需要，利用花岗岩碎石、矿渣硅酸盐水泥，配制了耐热度达 300 ~ 500℃的耐热混凝土。利用浮石、凝灰岩等等的天然轻骨料、炉渣、粉煤灰陶粒、自燃煤矸石等的工业废渣轻骨料以及页岩陶粒、黏土陶粒、膨胀珍珠岩等的人造轻骨料代替普通骨料配制的轻质混凝土，具有轻质、耐热等优良性能。王镕研究表明粉煤灰加气混凝土制品是一种轻质、保温、吸音、易加工且耐火性能又较好的新型建筑材料。

③添加复合型外加剂。谢海棠通过添加复合外加剂的方法，配制出轻质耐热混凝土，这项研究填补了目前我国超轻耐热混凝土在高温下其强度低下的空白。

六、纤维混凝土

（一）纤维混凝土概述

纤维混凝土就是人们考虑如何改善混凝土的脆性，提高其抗拉、抗弯、抗冲击和抗爆等力学性能的基础上发展起来的，它具有普通混凝土所没有的许多优良性能。纤维混凝土，又称纤维增强混凝土，是以水泥净浆、砂浆或混凝土作为基材，以适量的非连续的短纤维或连续的长纤维作为增强材料，均布地掺和在混凝土中，成为一种可浇注或可喷射的材料，从而形成的一种新型增强建筑材料。

（二）纤维混凝土的分类及特性

1. 分类

按纤维弹性模量是否高于基体混凝土的弹性模量，其增强、增韧效果有明显差异，故可分：高弹性模量纤维混凝土，如钢纤维混凝土；低弹性模量纤维混凝土，如合成纤维混凝土。按纤维的长度分：非连续纤维增强混凝土是短切、乱向、均匀分布于混凝土基体中；连续纤维增强混凝土的纤维（如单丝、网、布、束等）分布于基体中。

按水泥基体材料分：纤维增强水泥净浆指在不含集料的水泥净浆或掺有细粉活性材料或填料的水泥净浆基体中掺入纤维。纤维增强水泥砂浆指在含有细集料的水泥砂浆基体中掺入纤维。

2. 特性

（1）降低早期收缩裂缝，并可降低温度裂缝和长期收缩裂缝。

（2）裂后抗变形性能明显改善，弯曲韧性提高几倍到几十倍，极限应变有所提高。破坏时，基体裂而不碎。

（3）高弹模的纤维对混凝土抗拉、抗折、抗剪强度提高明显，对于低弹模纤维变化幅度不大。

（4）弯曲疲劳和受压疲劳性能显著提高。

（5）具有优良的抗冲击、抗爆炸及抗侵彻性能。

（6）高弹模纤维用于钢筋混凝土和预应力混凝土构件，可提高抗剪、抗冲切、局部受压和抗扭强度并延缓裂缝出现，降低裂缝宽度，提高构件的裂后刚度、延性。

（7）混凝土的耐磨性、耐空蚀性、耐冲刷性、抗冻融性和抗渗性有不同程度提高。

（8）特殊纤维配制的混凝土，其热学性能、电学性能、耐久性能较普通混凝土也有变化。

（9）使拌和料的工作性有所降低，因此在配合比设计和拌和工艺上采取相应措施，使纤维在基体中分散均匀，拌和料具有良好的工作性。

（10）提高混凝土的耐久性。应该说明的是，纤维混凝土的上述特性，并非所有纤维混凝土都同时具有这些特性，纤维混凝土的特性与纤维品种、纤维性能、纤维与混凝土界面间的黏结状况以及基体混凝土的类别和强度等级等因素有关。

（三）纤维混凝土的主要力学性能

抗拉强度：纤维抗拉强度均比水泥基体的抗拉强度要高出二个数量级。

弹性模量：不同品种纤维的弹性模量值相差很大，有些纤维（如钢纤维与碳纤维）弹性模量高于水泥基体，而大多数有机纤维（包括很多合成纤维与天然植物纤维）的弹性模量甚至低于水泥基体。纤维与水泥基体的弹性模量比值对纤维增强水泥复合材料力学性能有很大影响，如该比值愈大，则在承受拉伸或弯曲荷载时，纤维所分担的应力份额也愈大。

断裂延伸率：纤维的断裂延伸率一般要比水泥基体高出一个数量级，但若纤维的断裂延伸率过大，则往往使纤维与水泥基体过早脱离，因而未能充分发挥纤维的增强作用。

（四）纤维混凝土的机理

目前，高弹性模量纤维混凝土和低弹性模量纤维混凝土中比较典型的和应用广泛的分别是钢纤维混凝土和聚丙烯纤维混凝土，本书的研究就是围绕这两种纤维混凝土展开的。

由两种耗能分析模型可知，钢纤维的耗能阻裂作用主要表现在裂缝扩展的初期，其耗能效果与纤维、基体间黏结强度有很大关系，而聚丙烯纤维混凝土耗能效果则在裂缝扩展一定程度得以体现。从单轴冲击压缩试验试件整体破坏形态可以看出，相同应变率条件下，低含量聚丙烯纤维混凝土和素混凝土试件破坏程度最大，其破坏表现为明显的脆性，钢纤维混凝土试件完整性最好，而中高含量聚丙烯纤维混凝土居中。五种含量的聚丙烯纤维混凝土韧性指标随纤维含量增大而明显增大，当含量增加到 1.8kg/m³ 时韧性指标不再增大反而有所减小，含量 0.9 ~ 1.5kg/m³ 的三组混凝土韧性指标较为接近，其中含量 1.5kg/m³ 的聚丙烯纤维混凝土韧性指标最大，因此，从材料冲击韧性角度看工程应用聚丙烯纤维含量取 0.9 ~ 1.5kg/m³，较为适宜。

从三种材料的韧性指标对比分析看，与素混凝土相比，两种纤维混凝土韧性指标均有所提高，在达到其应力峰值后的变形阶段得以体现，在 0 ~ 0.020 应变范围内钢纤维混凝土、含量 1.5kg/m³ 的聚丙烯纤维混凝土韧性指标比素混凝土分别提高了 37.7% 和 18.9%。

社会和工业快速发展，人们对构筑物安全的追求成为第一目标。纤维混凝土实在原有材料混凝土的技术上发展而来的，目的就是保证人民的生活质量与生命、财产安全。纤维混凝土的发展除了受到纤维材料的限制也受到水泥、添加剂和骨料等材料的限制，所以在以后工作和学习中，新型材料的研发是我们大力发展纤维混凝土的首要任务。

七、泵送混凝土

混凝土施工中的一大进步便是混凝土的商品化代替了过去零散的自拌混凝土，这也成了建筑工业化的重要标志之一，对于建筑事业的发展有着重要的意义。何为泵送混凝土？泵送混凝土就是利用混凝土泵和输送管道共同浇注的混凝土。泵送混凝土又有以下优点：技术先进、节约劳动力、效率高等等。除此之外，泵送混凝土可以一次性连续的完成施工现场的各种不同输送方式，像垂直或者水平输送，并且能直接被使用、浇灌；对象施工场地狭窄或者道路不畅通的恶劣环境有着极高的适应能力。如今高层建筑和大体积混凝土工程中都广泛的使用泵送混凝土，可见泵送混凝土的应用日益扩大。

（一）泵送混凝土的特点

1. 机械化程度较高

泵送混凝土的机械化程度高，代替了人力劳作，使大量的劳动力和施工材料得到了节省。泵送混凝土施工方法有着跟常规传统的手推车和运输井架的混凝土运输方法不同的地方，也可以称之为优势，泵送混凝土施工方法能利用相关配套的设备方便地将混凝土送到浇筑的地方，使施工现场能够迅速有序连续的进行，提高了现场混凝土运输的机械化水平，使大量的劳动力和施工材料得到节省。

2. 有着较强的输送能力，速度快

泵送混凝土有着加快施工进度、提高效率、缩短工作时间的优点。因为泵有着输送能力强的特点，所以，跟常规的传统的输送方法相比，前者的施工有着很好的连续性，从而加快混凝土的输送速度，这就使其工作效率比常规的传统的输送方法提高了 4～6 倍，很好地缩短了工作时间，减轻了劳动强度。

3. 输送距离长

泵送混凝土的输送距离长，不受现场施工道路的限制。正如大家所知道的，施工现场的道路一般是临时性的，质量不好，一到雨季，道路上泥泞不堪，阻碍了施工的良好进行。但是，泵送混凝土施工的时候，能够使用相关设备输送，就延长了输送的距离，从而保证浇灌任务的正常进行。

4. 机动性较强

汽车式混凝土泵不仅能够用相关配备管道，还能用布料杆直接输送，因为这些设备的自动性强，大大提高了机动性能，使即使在施工场地狭窄的建筑地施工也能相当适应。

5. 对施工现场周围的污染较小

因为泵送混凝土的搅拌站集中，当混凝土拌制好后，可以利用混凝土搅拌运输车把其运输到施工场地，从而减少了环境的污染和噪声，对施工现场周围的污染小。

（二）泵送混凝土配合比的设计原则

1. 坍落度

混凝土的拌和物坍落度的大小，是直接影响混凝土可泵性以及浇筑的重要因素。一般而言，混凝土的工作压力和摩擦阻力随着坍落度的增大而增大，随着坍落度的减小而减小。普通泵送混凝土的坍落度最好是在 80 ~ 180mm，但是，泵送混凝土坍落度比前者损失 20 ~ 40mm。

2. 水灰比

水灰比不仅影响其流动阻力，更重要的是影响泵送混凝土的耐久性和强度。事实证明，当水灰比小于 0.40 时，混凝土是可泵性较差；当水灰比为 0.50 时，混凝土的可泵性较好；当水灰比超过 0.60 时，混凝土的黏聚性和保水性就会相对下降。所以说，泵送混凝土的水灰比应该控制在 0.4 ~ 0.6 范围内。

3. 砂率

要想使泵送混凝土有良好的工作性，同时要想保证其在浇筑时好抹面，泵送时不堵塞泵机和管道，就要选择合适的砂率。如果砂率太小，就会导致混凝土的砂浆量小，不利于泵送；如果砂率太高，就会影响混凝土的正常的工作，更重要的是会使泵机产生裂缝。所以，科学的来说，商品泵送混凝土的砂率应该比现场搅拌立即泵送的砂率大大约2%。所以说，泵送混凝土的砂率最好能在 35% ~ 45% 范围内。

（三）泵送混凝土的配合比设计

1. 对水泥品种的选择

要想使泵送混凝土有着良好的黏聚性，使其容易融合，泵送混凝土的材料很重要，要选择的材料不能用量太大，不然会造成较大的水化热，所以，泵送混凝土的水泥和矿物掺合料的总量在 300 ~ 400kg/m³ 左右最为合适。说起材料，就一定会想到水泥的品种，水泥品种很大的影响着混凝土拌和物的可泵性。为了使混凝土拌和物的可泵性好，就要保证混凝土拌和物的保水性好。正常情况下，配制泵送混凝土的都是使用保水性好的水泥，比如，普通硅酸盐水泥。所以说，泵送混凝土最好选择普通硅酸盐水泥。

2. 对粗细骨料的选择

种类、表面特征、最大粒径、针片状颗粒含量、级配及其强度、有害杂质和等等都被列入选择合适的粗骨料的范围内。为了保证泵送时混凝土不被堵塞，使其能够顺利进行，粗骨料最大的粒径最好应该不能超过输送管直径的 1/3 ~ 1/4。针片状粗骨料则要求其颗粒含量小于 10%。因为水泥砂浆润滑管壁决定着泵送混凝土能否在管道中顺利的输送，所以，选择好的细骨料对于泵送混凝土的施工工作有着重要的意义。经过多数的工程后，证实了泵送应该选择中砂。所以，细骨料的含量应该在 6% ~ 18% 左右。

3. 对外加剂的选择

和以上几点一样，外加剂的选择也对混凝土泵送性能有着很大的影响。泵送混凝土中主要是使用混凝土泵送剂作为其外加剂。减小泵送时的摩擦阻力；对水泥有较好的分散作用；在泵送压力下混凝土不泌水也不离析；引入少量微气泡；混凝土坍落度的时效损失尽可能小；不应降低混凝土各龄期的强度；能显著提高混凝土的流动度，有较好的缓凝效果等等，以上都是应该满足混凝土对外加剂的泵送剂的要求。

4. 对掺合料的选择

硅灰、粉煤灰、沸石粉、磨细矿渣粉都是泵送混凝土中常用的掺合料，其中，粉煤灰是最常用的。其可以使混凝土拌和物的流动性增加，从而提高可泵性，而且能减少离析现象，使水泥的水化热降低，延缓混凝土的凝结时间，对混凝土的长距离运输以及大体积混凝土的施工有利。正如大家所知道的，配制泵送混凝土的重要组成部分便是活性矿物掺和料。使用活性矿物掺和料可以节约水泥的用量，更重要的是，还可以改善新拌混凝土的工作性；使温度裂缝减少；提高了水泥浆和浆与集料界面的强度；降低了混凝土初期的水化热；有利于提高混凝土在酸性条件下的耐久性。

（四）泵送混凝土常见的施工裂缝成因分析

混凝土结构出现的裂缝的主要原因有三点：（1）外荷载引起的裂缝，这种裂缝成因较为常见；（2）结构次应力引起的裂缝，在结构构件设计计算过程中建立的力学模型与实际施工中构件的受力存在着差异，从而造成了裂缝的出现；（3）变形应力引起的裂缝，常见的就是在浇筑混凝土过程中由于温度应力、不均匀沉降、收缩徐变、膨胀等造成的结构变形，但是在发生变形过程中由于受到混凝土的约束，进而产生应力变化，当应力大于混凝土的抗拉强度之后，混凝土就极易出现裂缝。

对于泵送混凝土，由于混凝土中水泥用量较大，因而在浇筑完成后的混凝土中势必会产生大量的水化热，这些水化热会造成混凝土内部温度较高，此时，混凝土内部温度以及外部温度有较大差异，很容易产生温度应力，进而造成裂缝，特别是在大体积混凝土浇筑过程中产生的水化热非常大。根据资料显示，一般混凝土的热膨胀系数为 $10 \times 10^{-6}/℃$，当温度下降到 20 ~ 25℃时，造成的冷缩量为 22.5×10^{-4}，而混凝土的极限拉伸值只有 $1 ~ 1.5 \times 10^{-4}$，因此裂缝发生率也较高。

（五）泵送混凝土施工裂缝防治措施

1. 合理选择水泥品种，控制水泥用量

在上述的分析中发现，泵送混凝土产生裂缝的主要原因在于水泥用量较大、水泥水化热较大，因此，在泵送混凝土拌和过程中选择一些中水化热品种的水泥或者低水化热水泥

品种，比如：低热矿渣硅酸盐水泥、中热硅酸盐水泥，此外泵送混凝土中加入的粉煤灰也可以选择采用矿渣硅酸盐水泥，这些中、低水化热品种的水泥可以有效降低混凝土浇筑中水化热的产生，从而减小温差，降低温度应力；此外，根据实际工程需要，合理的设置混凝土配合比，减少水泥的用量，相应的减少水化热，降低温度应力产生的混凝土裂缝，比如：可将工程建设中 28 天龄期的混凝土抗压强度采用混凝土 60 天龄期的抗压强度代替，每立方泵送混凝土中水泥用量可以减少 40 ~ 70kg，由此可降低温度应力，减少裂缝的发生。

2. 重视掺合料以及外加剂的使用

对于泵送混凝土中的部分水泥可以采用粉煤灰代替，这样可减少水泥用量，同时有利于降低混凝土浇筑过程中产生的水化热。泵送混凝土中加入的泵送剂具有减水、缓凝、增稠、引气的作用，这些外加剂不仅能改善泵送混凝土的相关性能，减少水分的同时降低水化热，延迟混凝土的放热时间，在一定程度上更可以减少裂缝的出现。

3. 合理控制浇筑温度以及混凝土的出机温度

根据泵送混凝土浇筑时间的自然环境温度，合理的控制混凝土的出机温度。比如：在炎热的季节，要保证混凝土最高浇筑温度不能大于 28℃，因此，在搅拌之前，混凝土中的砂石都可以通过冷却的形式，降低混凝土的出机温度。降低混凝土浇筑完成后的温度变化。

综上所述，随着经济的发展，我国的建筑施工技术也有着迅速的发展，泵送混凝土技术在混凝土行业的发展也同样迅猛，使其在建筑行业有着广泛的应用，前景十分光明。混凝土的商品化代替了过去零散的自拌混凝土，这标志着混凝土施工技术有了很大的进步，也标志着我国的建筑工业化发展迅猛。随着公路桥梁建设标准的提高，对混凝土的要求也越来越高，高质量的混凝土的应用也越来越广泛，因此，泵送混凝土就得到了人们的宠爱。我们要认真做好分析工作，科学合理的使用泵送混凝土，提高我国的泵送混凝土技术，促进我国建筑施工技术的发展。

八、喷射混凝土

喷射混凝土是一种集运输、浇筑及振捣于一身的施工方法，借助于喷射机械将混凝土高速喷射到受喷面上凝结硬化而成，采用较小的水灰比，具有较高的强度和良好的耐久性，与砖石、混凝土以及钢材等有很高的黏结强度。目前喷射混凝土主要用于结构物的修复和加固工作中。通常可以用于修复加固因地震、火灾、振动等因素引起的建筑结构损害，修补因施工不良造成的混凝土及钢筋混凝土结构的严重缺陷。

（一）喷射混凝土的概念

喷射混凝土是一种黏结力超强、抗渗性较好、强度较高的材料，这种混凝土的施工工艺不需要利用模板，充分将混凝土输送、浇灌等施工工序结合在一起，各工序都非常简单，当前已经在隧道工程、边坡工程等领域中得到了广泛应用。具体来说喷射混凝土配合比设计主要包括一般混凝土配合比设计及现场试喷两个组成部分，前者主要结合喷射混凝土的具体要求，通过常规配合比设计将基准配合比提出来，后者利用试喷对配合比进行调整，以满足设计要求与施工要求，二者互为补充、缺一不可。

（二）喷射混凝土的设计思路

喷射混凝土主要利用空气压缩的方式，由喷射机喷射口利用高速高压将一定配合比的混凝土喷出，这样就可以在被喷面形成一层混凝土层，和传统浇筑混凝土不同，喷射混凝土不需要立模和振捣等环节，只要按照高速喷射的动能将混合料喷射到受喷面上，经过挤压和冲击以后，最终达到密实的效果。喷射混凝土施工主要有干、湿两种方式，其中湿法需要预先在搅拌机中将所有材料搅拌好，然后进行喷射，而干法则需要将水泥与集料搅拌均匀，然后从一个喷嘴中射出，并从另外喷嘴中喷水，在喷水位置开始和干料共同混合成混凝土。

工程中主要采用湿法施工工艺，其设计思想可以从四个方面展开分析：第一，充分认识到喷射混凝土是唯一的与围岩牢固接触的方式，且这种方式是其他方式不能代替的；第二，喷射混凝土和岩层附着力可以起到分散的作用，将作用在喷射混凝土上的外力分散到围岩上，为节理和裂缝等保持块体平衡，避免出现局部掉块问题的出现，并在壁面附近形成一个承载环；第三，为围岩变形提供约束作用的支护力，这样围岩就形成了近于三维的应力状态，对围岩应力释放加以控制，可以将土压力传递到锚杆和钢支撑上；第四，向上喷射到设计要求的厚度，同时其回弹量是最少的，通常情况下 4 ~ 8h 的强度就能对变形进行控制，在满足速凝剂用量的情况下，必须达到设计 28d 的强度，保证良好的耐久性。

（三）配合比设计中的关键要素

高压液力喷射混凝土配合比设计主要涉及混凝土强度确定、胶凝材料选择、水胶比用量与选择、外加剂掺量等关键要素。此外，喷射混凝土的配合比宜通过试配试喷确定，当前许多施工单位没有做这项工作。

1. 混凝土强度确定

通常现场用喷射混凝土强度等级在 C20 ~ C35 之间，在其中加入一定量的速凝剂，结合相关标准，喷射混凝土后期强度损失应该在 30% 以内，所以在添加速凝剂的前提下，喷射混凝土设计试配强度高于普通混凝土 30%。强度等级 ≤ C60 以内的普通混凝土，其配置强度应按照以下公式进行计算：

$$f_{cu,0} \geqslant f_{cu,k} + 1.645\sigma$$

式中：$f_{cu,0}$ 表示混凝土配制强度；$f_{cu,k}$ 表示混凝土立方体抗压强度标准值；σ 表示混凝土强度标准差，这里取 5.0。

2. 胶凝材料选择与用量

凝胶材料中主要的成分是水泥，为了提升喷射混凝土的耐久性、工作性，降低回弹，可以将一些活性材料加入其中，例如矿渣、粉煤灰等，这些填料的添加有利于增强喷射混凝土的和易性，对于降低成本非常有利，当前逐渐受到了人们的重视。

（1）水泥的选择。上文提到水泥是喷射混凝土中的主要材料，它直接影响着喷射混凝土的效果，特别是其中的化学成分和速凝剂存在着适应性方面的问题，如果二者不适应，将会大大降低速凝剂的效果，在喷射施工过程中将会造成大量回弹。水泥强度等级直接影响了喷射混凝土的质量，早期强度的增长速度会减慢，而水泥强度等级过低，水泥量多，那么喷射过程中粉尘量也会非常大，所以应该选择水泥强度等级不低于 32.5 的硅酸盐水泥作为喷射混凝土的主要材料。

（2）其他胶凝材料的选择。当前工程建设中使用的喷射混凝土，使用其他胶凝材料比较少，通常矿渣和粉煤灰等材料在喷射混凝土中都不适用，这些材料和速凝剂发生反应时，会起到缓凝的作用，大大降低了速凝剂的效果，因此为了配制出高性能的喷射混凝土，可以在其中掺入一些硅灰，为水泥质量的 5% ~ 10%，这样可以有效提升混凝土强度，并使喷射时的回弹量得到降低。

3. 骨料选择与砂率确定

喷射混凝土中选用的骨料必须保证坚硬、清洁、级配好，且不能使用含有细长石片及泥粉超量的骨料。应选择坚硬的中粗砂，其细度模数不宜小于 2.5，否则将会对水泥和集料之间的黏结造成不利影响。砂的含水率最好在 5% ~ 7% 之间，如果含水率过低，喷射中将会出现大量粉尘，如果含水率过高，其混合料的湿度就会过大，这样一来可能会造成堵管的问题，对施工的顺利进行造成影响。此外，应选择坚硬耐久的碎石或者卵石，以减少喷射装置的磨损，为了减少回弹，集料中最大粒径最好不要超过 16mm，加入速凝剂时不能采用活性二氧化硅作为粗集料，防止碱骨料反应破坏喷射混凝土。

喷射混凝土和普通混凝土相比，对砂率的选择要求非常高，如果砂率过高，骨料总面积将会增大，水泥浆量也会增大，进而加大混凝土后期收缩。如果砂率过低，需要的粗骨料就会增多，直接造成了喷射过程中回弹量增大的后果。

4. 掺聚丙烯纤维、钢纤维

为了防止裂纹的产生，通常会利用一些有机纤维掺加到混凝土中，尤其是加入聚丙烯纤维，聚丙烯纤维可以有效降低混凝土高温时的孔压力，纤维在喷射混凝土中立体分布，能改变喷射混凝土的抗裂性能，通过这种方式可以有效减小混凝土出现裂缝的概率。

5. 速凝剂选择与掺量

对于喷射混凝土来说，速凝剂的选择非常关键，其质量的好坏与混凝土品质直接相关，当前主要有粉状和液态两种速凝剂，相关规范中要求不能利用干喷混凝土，所以，液态速凝剂的应用前景非常广阔。液态速凝剂主要有无碱和高碱两种速凝剂，其中无碱液态速凝剂的掺量通常在 6% ~ 10% 之间，高碱速凝剂对混凝土后期强度的损失影响非常大，因此当前工程建设中主要利用无碱和低碱两种速凝剂。

6. 喷射机的操作

喷射机的操作可影响回弹、混凝土的密实性和料流的均匀性。要正确地控制喷射机的工作风压和保证喷嘴料流的均匀性。喷射机处的工作风压应根据适宜的喷射速度而进行调整，若工作风压过高，即喷射速度过大、动能过大，使回弹增加，若工作风压过低、压实力小，影响混凝土强度，喷射机的料流要均匀一致，以保证速凝剂在混凝土中均匀分布。不同的喷射机及不同的操作手对同一配合比，喷射的混凝土质量也会不一样，也就是上文提到的喷射混凝土的配合比宜通过试配试喷确定的原因。

（四）配合比的调整

喷射混凝土和其他混凝土不同，其配合比需要在实际试喷中进行确定。喷射混凝土配合比要满足设计强度等相关要求，同时必须回弹量少、黏附性好、粉尘少，可以获得较为密实的喷射混凝土，这样才能满足施工要求。喷射混凝土配合比参数的确定与调整，应该在工区中选择与施工场地相似的岩壁进行试喷，试喷过程中，应对混凝土用水量是否适当进行判断，通常应通过操作手观察试喷效果来实现，如果表面干湿不宜、附着性差、回弹量大，这时应适当增加基准配合比用水量，相反则应减少用水量。待混凝土稳定以后，与材料自然含水率相结合折算成单位用水量，这样才能得到实际配合比的最佳用水量。试喷过程中，还应在几种设定砂率下，通过检测每种砂率回弹率，判断最佳砂率，并结合试喷调整的用水量来确定水灰比。

综上所述，随着喷射混凝土技术的应用越来越广泛，工程建设对其性能的要求也逐渐升高，因此配合比设计成为喷射混凝土中非常关键的一个步骤，必须对水胶比、水泥选择与用量、砂率等参数进行综合考虑。随着喷射混凝土强度、耐久性的发展，外加剂选择的重要性开始突出出来，其中粉尘抑制剂可以减少粉尘的用量，增粘剂可以对喷射施工中回弹进行控制，而减水剂有助于喷射混凝土后期强度的提升等。从目前的使用情况来看，喷射混凝土技术还要对与其相关的配套设备进行进一步改进，从多方面对配合比设计问题进行考虑。

九、大体积混凝土

随着现代化进程的不断加快，建筑工程建设也越来越朝着大体积、大规模方向发展，不仅如此，建筑工程结构以及施工工艺也日趋复杂，在这一背景下，大体积混凝土技术出现并得到了充分发展。但是，在大体积混凝土结构施工过程中，由于受诸多因素的影响，使得其不可避免地存在一些质量问题。只有结合大体积混凝土结构的施工特点，采取相应的措施，科学合理地应用大体积混凝土施工技术，才能真正意义上实现大体积混凝土技术施工的高效运用与发展。

（一）大体积混凝土结构概述

所谓的大体积混凝土结构，顾名思义，指的就是最小断面尺寸大于 1m，在实际的施工过程中必须要采取相应的施工技术措施的一种新型的混凝土结构。其主要适用于大型的体育馆、大型商场以及大规模建筑群，随着城市现代化进程的不断加快，大型建筑的建设规模也越来越大，也正因为如此，大体积混凝土相关技术也被广泛应用到实际的建设过程当中。

（二）大体积混凝土结构施工特点

对于大体积混凝土而言，相比于普通混凝土，其主要施工特点如下：首先，大体积混凝土由于体积相对较大，对于施工技术的标准要求也相对较高，如对于一些高层大体积建筑在施工过程中不能预设施工缝；其次，大体积混凝土结构还具有结构厚、钢筋密、混凝土数量较多、体积大等结构特点；最后，大体积混凝土结构相比于普通混凝土，很容易出现混凝土开裂现象，导致这种现象存在的主要原因就是大体积混凝土自身体积较大，在实际的施工过程中，混凝土内部的热量不容易散发出来，这样就极易导致混凝土结构内部和外部之间的温差较大，这样一来，就极易导致混凝土开裂现象。

（三）大体积混凝土结构施工存在的问题及其产生原因

尽管现阶段大体积混凝土结构的相关技术已经得到了较大发展，但是在实际的应用过程中，依然存在着较多问题，其中最为突出的问题就是大体积混凝土结构裂缝存在，导致这一问题的原因主要有以下几点。

1. 水泥水化热导致裂缝产生

一般来说，水泥在整个水化过程中，往往会产生一定的热量，但是大体积混凝土由于自身结构断面比较厚且表面系数相对较小，相比于普通混凝土结构，水泥水化产生的热量就很难真正扩散出来，这样就使得大体积混凝土结构内部温度与外界会形成一个温差，进而导致裂缝发生，并且，温差越大，裂缝程度越大。这也是导致大体积混凝土结构施工过程中出现裂缝的最为主要的一个原因。

2. 外界温度变化较大

对于大体积混凝土结构施工，施工持续较长时间，外部环境温度也会发生一定变化，这就使大体积混凝土在浇筑过程中面对的环境温度变化非常大。如果外界环境出现气温骤降时，混凝土内部与外部就会形成较大的温差，从而使裂缝产生概率大大增加。

3. 混凝土材料内部因素

在大体积混凝土施工过程中，除了必要提供给水泥硬化的20%的水分外，其他的水分都需要蒸发出去，若蒸发的水分大于应当蒸发的水分，就极易导致混凝土收缩现象的发生，并在外部应力作用下出现裂缝。此外，混凝土材料本身特性、掺和物、水灰比以及骨料含量也会对混凝土收缩值产生一定的影响。

4. 地基对于大体积混凝土的约束

现阶段，我国大体积混凝土建筑施工工艺大多是以整体浇筑为主，尽管这种施工工艺可以在较大程度上保证施工的完整性，但也同样会受到地基约束力的影响。在这种地基约束力的影响下，也极易导致混凝土结构裂缝的产生。

（四）大体积混凝土结构施工技术的应用策略分析

1. 做好混凝土配合比设计工作

要想真正意义上结合大体积混凝土结构的施工特点，更好地对大体积混凝土结构施工技术进行探索应用，其中非常重要的一个策略就是做好混凝土的配合比工作。大体积混凝土配合比设计除应符合工程设计所规定的强度等级、耐久性、抗渗性、体积稳定性等要求外，还应符合大体积混凝土施工工艺特性的要求，并应符合材料、降低混凝土绝热温升值的要求。大体积混凝土在制备前应进行常规配合比试验，并应进行水化热、泌水率、可泵性等大体积混凝土控制裂缝所需的技术参数的实验；在确定配合比时，根据混凝土的绝热升温、温控施工方案的要求等，提出混凝土制备时粗细骨料和拌和用水及入模温度的技术措施。除此之外，施工过程中还可以通过加入适当的复合型膨胀剂来对配合比进行合理掌控。

2. 提升混凝土的运输与浇筑质量

大体积混凝土的制备和运输，除应符合设计混凝土强度等级的要求外，还应根据预拌混凝土供应运输距离、运输设备、供应能力、材料批次、环境温度等调节预拌混凝土的有关参数。混凝土拌和物的运输应采用混凝土搅拌运输车，运输车应具有防风、防晒、防雨和防寒设施。待混凝土进入施工现场后，现场施工人员应严格按照相应的施工工艺以及施工顺序整体式浇筑或推移式连续浇筑，在浇筑时应缩短间歇时间，并应在前层混凝土初凝之前将次层混凝土浇筑完毕。层间最长的间歇时间不应大于混凝土的初凝时间。混凝土浇筑宜从低处开始，沿长边方向自一端向另一端进行。最后，在混凝土浇筑完成后，应在最短的时间内完成相应的振捣操作，宜采用二次振捣工艺，在振捣过程中科学合理地使用振捣器完成振捣操作。

3. 合理控制温度应力

导致大体积混凝土结构出现裂缝的主要原因是受温度应力的影响，因此，合理控制温度应力是保证大体积混凝土结构施工技术应用水平提升的重要因素。在这一过程中，施工单位要做好水泥掺和量和浇筑温度控制这两方面的工作。首先是水泥掺和量的控制，主要是通过降低水泥掺和量的方式来有效降低水泥水化热，对混凝土内外温差进行控制，防止裂缝产生；其次是混凝土浇筑温度的控制。炎热天气时宜采用遮盖、洒水、拌冰屑等降低原材料温度的措施，尽量避免高温时段浇筑混凝土；冬季浇筑宜采用热水拌和、加热骨料等提高混凝土原材料温度的措施，在此基础上有效预防混凝土裂缝的产生。

4. 加强施工过程中的质量控制

相比于普通混凝土，大体积混凝的施工一般来说较为复杂，且在实际的施工过程中，由于受不同因素的影响，如振捣、浇筑工艺等，极易给施工质量带来诸多不利影响。

5. 做好大体积混凝土的后期养护工作

后期养护工作是混凝土施工过程中非常重要的一项工作，也是保证混凝土施工整体质量的重要策略，尤其是大体积混凝土，在每次混凝土浇筑完毕后，除应按普通混凝土进行常规养护外，还应及时按温控技术措施的要求进行保温养护。在这一过程中，施工单位应首先对已经浇筑完成的大体积混凝土进行二次振捣和抹压，以此来保证混凝土表层的平实度；其次，在保温养护中，应对混凝土浇筑体的里表温差和降温速率进行现场监测，当实测结果不满足温控指标的要求时，应及时调整保温养护措施。最后，还应根据实际的环境以及地区位置选择合适的养护时间，一般来说，大体积混凝土理想养护时间为浇筑后10h，养护时间为4周，但是在实际的养护过程中，还需根据施工现场的实际情况来确定具体的养护时间。

综上所述，大体积混凝土结构施工往往具有体型大、钢筋密、结构厚、混凝土使用数量多、对施工标准要求较高等特点，因此，在大体积混凝土结构施工过程中，只有结合其自身特点，根据具体的项目施工要求，采取相应的措施合理地对大体积混凝土施工技术进行应用，才能保证大体积混凝土结构施工的整体质量，促进相关技术的长效发展。

第五章　建筑砂浆

第一节　砂浆的组成材料和技术性质

一、砂浆的组成材料

1. 胶凝材料及掺加料

砌筑砂浆使用的胶凝材料有各种水泥、石灰、石膏和有机胶凝材料等，其品种应根据砂浆的用途和使用环境来选择；

水泥强度等级宜为砂浆强度等级的 4～5 倍，用于配制水泥砂浆的水泥强度等级不宜大于 32.5 级的水泥；

对于配制高强砂浆，也可选择水泥强度等级为 42.5 级的水泥。

掺加料的选用及质量要求见下表。

表 5-1-1 掺加料的选用及质量要求

常用种类	质量要求
块状生石灰经熟化成石灰膏后使用	①消化时应用孔径不超过 3mm×3mm 的网过滤，消化时间不得少于 7d； ②石灰膏应洁白细腻，不得含未消化颗粒，脱水硬化的石灰膏不得使用； ③消石灰粉不得直接用于砌筑砂浆中
建筑石膏	凝结时间应符合有关规定，电石渣应经 20min 加热至没乙炔味方可使用
砂质黏土	①干法时，应将其烘干磨细再使用。 ②湿法时，应将其淋浆过筛沉淀再使用

2. 砂

砌筑砂浆用细骨料主要起骨架和填充作用，原则上选择符合混凝土用砂技术要求的优质河砂。用于毛石砌体的砂子最大粒径小于砂浆层厚 1/4～1/5；用于砖砌体的砂子最大粒径不大于 2.5mm；用于光滑的抹面及勾缝的砂子应为细砂，其最大粒径小于 1.2mm。

砂的含泥量要求：

①水泥砂浆、强度等级 ≥ M5 的混合砂浆不应超过 5%；

②强度等级＜M5的水泥混合砂浆，不应超过10%。

3. 水和外加剂

拌制砂浆应采用不含有害杂质的洁净水。

为改善或提高砂浆的性能，可掺入一定的外加剂，但对外加剂的品种和掺量必须通过试验确定。

二、砂浆的技术性质

新拌的砂浆主要要求具有良好的和易性。和易性良好的砂浆容易铺抹成均匀的薄层，且能与砖石底面紧密粘接，这样既便于施工操作，又能保证工程质量。砂浆和易性包括流动性和保水性两方面性能。硬化后砂浆应具有所需的强度和对底面的黏结力，而且应具有适应变形的能力。

（一）砂浆的应用特性

1. 流动性

砂浆的流动性也称稠度，是指在自重或外力作用下流动的性能。施工时，砂浆要能很好地铺成均匀薄层，以及泵送砂浆，均要求砂浆具有一定的流动性。

砂浆的流动性用沉入度表示。稠度仪的标准圆锥体在砂浆中沉入的厘米数即为沉入度。砂浆流动性越大，其沉入度也越大。

对于多孔吸水的砌体材料和干热的天气，要求砂浆流动性要大些。相反，对于密实不吸水材料和湿冷天气，则要求流动性小些。对砖砌体用砂浆，其沉入度以 8 ~ 10cm 为宜；对石砌体用砂浆，其沉入度以 3 ~ 5cm 为宜。

2. 保水性

砂浆能够保持水分的能力称为保水性，即新拌砂浆在运输、停放、使用过程中，水分不致分离的性质。保水性差的砂浆容易产生分层、泌水或使流动性降低。砂浆失水后，会影响水泥正常硬化，从而降低砌体的质量。

影响砂浆保水性的因素与材料组成有关。若砂及水的用量过多，而胶凝材料及掺合料不足，或是砂粒过粗，都将导致保水性不良。因此，注意砂浆组成材料的适当比例，才能获得良好的保水性。

3. 强度

砂浆硬化后应具有足够的强度，根据边长为 7.07cm 的立方体试块，按标准条件养护 28 天的抗压强度值确定其强度等级。砂浆强度等级可分为 M15、M10、M7.5、M5、M2.5、M1 和 M0.4 七种。特别重要的砌体要采用 M10 以上的砂浆。

4. 黏结力

砂浆必须有足够的黏结力，才能把砖石材料黏结为坚固的整体。砂浆的抗压强度越高，其黏结力一般也越大。此外，砂浆的黏结力与砖石表面状况、清洁程度、湿润情况以及施工养护条件等都有关系。所以在砌砖之前，要求把砖浇水润湿，这样，可以提高砂浆与砖之间的黏结力，保证砌体的质量。

（二）用于面层的砂浆技术性质

凡用于建筑物或建筑构件表面的砂浆，可统称为抹面砂浆；根据抹面砂浆功能的不同，一般可分为普通抹面砂浆、装饰砂浆、防水砂浆和具有某些特殊功能的砂浆（如绝热、防辐射、耐酸砂浆等）。对抹面砂浆要求具有良好的和易性、较高的黏接力、不开裂、不脱落等性能。

1. 抹面砂浆

抹面砂浆应用非常广泛，它的功用是保护墙体、地面，以提高防潮、抗风化、防腐蚀的能力，增强耐久性，以及使表面平整美观。

抹面砂浆通常分为两层或三层进行施工。对保水性要求比砌筑砂浆更高，胶凝材料用量也较多。砖墙的底层抹灰，多用石灰砂浆或石灰炉灰砂浆。板条墙或顶棚的底层抹灰，多用麻刀或纸筋石灰灰浆。混凝土墙、梁、柱、顶板等底层抹灰，多用水泥石灰混合砂浆。中间层抹灰起找平作用，多用混合砂浆或石灰砂浆。面层的砂浆要求表面平滑，所用砂粒较细，多用混合砂浆或麻刀石灰灰浆。在容易碰撞或潮湿的地方，如墙裙、踢脚板、地面、雨罩、窗台、水池及水井等处，多用 1 : 2.5 水泥砂浆。

2. 装饰砂浆

装饰砂浆是指用于室内外装饰，增加建筑物美观为主的砂浆。它具有特殊的表面形式，呈现各种色彩、条纹与花样。常用的胶凝材料有白水泥、石灰、石膏，或在水泥中掺加耐碱、耐光的颜料，或掺加白色大理石粉以增加表面色彩效果。所用细骨料多为白色、浅色或彩色的天然砂，彩色大理石碎屑，陶瓷碎屑或特制的塑料色粒，有时加入云母碎片、玻璃碎粒、贝壳等使表面获得闪光效果。装饰砂浆表面可进行各种艺术效果处理，如水磨石、水刷石、干粘石、斩假石、麻点、拉毛等。

3. 防水砂浆

制作防水层的砂浆称为防水砂浆。砂浆防水层义称刚性防水层。它仅适用于不受振动和具有一定刚度的混凝土或砖石砌体工程。对于变形较大或可能发生不均匀沉陷的建筑物，都不宜采用刚性防水层。

防水砂浆可以用普通水泥砂浆制作，也可在水泥砂浆中掺入防水剂以提高砂浆的抗渗能力。防水砂浆要选用级配良好的砂子配制。

防水砂浆的配合比，一般情况下水泥与砂子用量之比在 1 : 2 ~ 3 之间，水灰比应在 0.5 ~ 0.55 之间，水泥应选用 325 号以上的普通硅酸盐水泥，砂子最好使用中砂。

防水剂有氧化物金属盐类防水剂，如氯化钙、氯化铝等，还有金属皂类防水剂，它是由硬脂酸、氨水、氢氧化钾和水按一定比例混合加热皂化而成。在水泥砂浆中掺入防水剂可以起填充和堵塞毛细孔的作用，促使其结构密实，从而提高砂浆的抗渗防水性能。

使用防水砂浆对施工操作技术要求很高，必须搅拌均匀，分层铺设砂浆，每层要压实，抹完后要加强养护。总之，刚性防水层必须保证砂浆的密实性，否则难以获得理想的防水效果。

4.其他特种砂浆

（1）绝热砂浆

采用水泥、石灰、石膏等胶凝材料与膨胀珍珠岩砂、膨胀蛭石或陶粒砂等轻质多孔骨料，按一定比例配制的砂浆称为绝热砂浆。绝热砂浆具有质轻和良好的绝热性能，可用于屋面绝热层、绝热墙壁以及供热管道绝热层等处。

（2）吸声砂浆

一般绝热砂浆是由轻质多孔骨料制成的，都具有吸声性能。还可以配制用水泥、石膏、砂、锯末拌成的吸声砂浆，或在石灰、石膏砂浆中掺入玻璃纤维、矿物棉等松软纤维材料。吸声砂浆用于室内墙壁和平顶的吸声。

（3）耐酸砂浆

用水玻璃（硅酸钠）与氟硅酸钠拌制成耐酸砂浆，有时可掺入些石英岩、花岗岩、铸石等粉状细骨料。水玻璃硬化后具有很好的耐酸性能。耐酸砂浆多用作衬砌材料、耐酸地面和耐酸容器的内壁防护层。

（4）防射线砂浆

在水泥浆中掺入重晶石粉、砂可配制有防 X 射线能力的砂浆。如在水泥浆中掺加硼砂、硼酸等可配制成有抗中子辐射能力的砂浆。此类防射线砂浆应用于射线防护工程。

（5）膨胀砂浆

在水泥砂浆中掺入膨胀剂，或使用膨胀水泥可配制膨胀砂浆。膨胀砂浆可在修补工程中及大板装配工程中填充缝隙，起到黏结密封作用。

（6）自流平砂浆

在现代施工技术条件下，地坪常采用自流平砂浆，从而使施工迅捷、方便、质量优良。良好的自流平砂浆可使地坪平整光洁、强度高、无开裂，技术经济效果良好。

三、高性能建筑砂浆

近年来，随着科学技术的迅猛发展，新型墙体材料逐渐取代红砖成了主要的墙体材料，但由于新型墙体材料与红砖的性能不同，采用传统建筑砂浆已经不能满足使用要求。在此情况下，我国高性能建筑砂浆的研究也逐渐受到重视，并取得了一定的成果。

高性能建筑砂浆是在大幅度提高砂浆性能的基础上，采用现代砂浆技术制作的砂浆，适用于新型墙体材料。高性能建筑砂浆具备以下三个特征：①匹配的强度和弹性模量，使砌体具有承载能力和抗剪能力；②足够的黏结强度和抗变形能力，不易开裂；③良好的和易性和保水性，施工方便，工效高。

本书从性能评价、使用材料、制备方法等角度介绍高性能建筑砂浆目前的研究成果，并指出了其未来发展的方向。

（一）高性能建筑砂浆概述

高性能建筑砂浆是由胶凝材料、细骨料和水按一定的比例配制，再掺入一定量矿物掺合料、外加剂、保水增稠材料而成。与传统的现场搅拌砂浆相比，高性能建筑砂浆在绿色环保、节约材料、提高工程质量等方面有突出的优势。

1. 绿色环保

高性能建筑砂浆可以很好地利用工业固体废物，变废为宝。其可掺加工业固体废物（粉煤灰、矿渣、尾矿等），进行资源再利用，为工业废弃物利用找到新途径，为发展循环经济，提供新途径，做出新贡献。

2. 节约材料

使用高性能建筑砂浆可减少砂浆在使用中的损耗。据统计，现场搅拌的砂浆损耗为20%，而高性能建筑砂浆的损耗约为 5% ~ 10%。高性能建筑砂浆施工性能和品质优异，使用过程中可以减少抹灰厚度，从而节约砂浆用量。

3. 适用于新型墙体材料

随着建筑墙体材料改革的进行，大量的新型墙体材料逐渐代替了普通黏土砖，成了墙体材料的主力军。实践证明，适用于黏土砖的传统建筑砂浆对加气混凝土砌块、混凝土小型空心砌块等新型墙体材料并不适用。

对比高性能建筑砂浆，传统砌筑砂浆和易性不好、保水性差，难以承受温差、干缩等原因造成的变形而开裂。而高性能建筑砂浆可以保证墙体的使用功能，有效减少墙体开裂、渗漏等问题，大大发挥新型墙体材料的优越性，简化新型墙体材料的施工。

（二）高性能建筑砂浆性能评价方法

1. 工作性能评价方法

对于传统砂浆而言，分层度是砂浆拌和物的重要性能指标，分层度试验主要用于测定砂浆拌和物在运输及停放时内部组分的稳定性，以反映传统砂浆的保水性。对传统砂浆拌和物必须进行分层度测量，以确保传统砂浆拌和物的保水性。

对于高性能建筑砂浆而言，分层度指标已经难以反映其保水性的差别，现在主要采用保水性指标来反映高性能建筑砂浆的保水性。

2. 黏结强度评价方法

黏结强度是决定砌体抗裂性能的一个重要因素，因此应提高对砂浆黏结强度评价指标的重视，以此评价高性能砂浆的抗裂性能。现在测定黏结强度的方法很多，目前较为常用的有直接拉伸试验、剪切黏结强度和间接拉伸黏结强度试验。

直接拉伸黏结强度的试验方法比较多，国内有标准的试验方法来测定抗拉黏结强度，该试验方法受力明确、数据离散小、效果好。但采用此种方法需要制作专用的试模和夹具，且夹具制作的精确度对试验结果有很大的影响。

剪切黏结强度试验中虽提及了直接剪切、扭开剪切，但应用较多的还是斜剪试验，在国内也有采用单、双剪试验方法。单、双剪试验试件制作简单，但试验时试件不是处于纯剪切受力状态，正应力的影响较大，数据离散大。为了减小正应力的影响，有的标准采用专门制作的剪切架，国内也有文献采用在试件顶部施加集中力的方法来减小正应力影响。

劈裂抗拉试验和弯曲抗折试验都是间接的拉伸黏结强度试验方法，这两种试验方法应用也比较多。日本材料科学学会提出的非结构用聚合物水泥砂浆的标准试验方法中，由黏结抗折试验测出黏结强度，此种方法简单实用，影响因素少，数据离散小。

（三）高性能建筑砂浆组成研究

传统砂浆由胶凝材料、细骨料和水按一定的比例配制而成，而高性能建筑砂浆除了含有传统材料外，还掺入了一定量的矿物掺合料、外加剂、保水增稠材料。这些材料的掺入有利于提高砂浆性能，对高性能建筑砂浆的研究和发展有积极的作用。

1. 矿物掺合料

（1）粉煤灰（FA）

在高性能建筑砂浆研究中，粉煤灰是影响砂浆性能的一个因素，主要体现在其对砂浆工作性能、收缩性能以及强度等方面的影响。

粉煤灰加入砂浆中，由于其"形态效应"和"微骨料效应"，改善了砂浆的和易性、保水性，增加了砂浆的密实度。粉煤灰掺量越大，砂浆的和易性、保水性越好。

粉煤灰加入水泥砂浆中能够降低砂浆收缩值，且随着粉煤灰掺量增加，砂浆的收缩值继续降低。

随粉煤灰掺量的增加，砂浆的抗压强度先增加而后降低，说明粉煤灰有一个最佳掺量。砂浆中加入粉煤灰能降低砂浆的脆性，粉煤灰水泥砂浆的折压比好于水泥砂浆。当粉煤灰掺量小时，砂浆的黏结强度提高，随着粉煤灰掺量提高，砂浆的黏结强度却逐渐降低。

另外，也有研究表明，砂浆的黏结强度对砌体力学性能影响很大，同时对砌体是否会"开裂"也有一定的影响，掺粉煤灰砂浆的黏结强度明显低于未掺粉煤灰的混合砂浆。

（2）粉煤灰（FA）与矿渣（GBS）双掺

在施工性能方面，FA-GBS 建筑砂浆不仅具有良好的施工性能，而且力学性能也完全可以满足工程需要。

在砂浆黏结性能方面，FA-GBS 建筑砂浆与同强度等级的水泥砂浆及粉煤灰砂浆相比其早期黏结强度不及二者，但随着养护时间的延长，其强度增长明显，而水泥砂浆则还在下降，这可能是因为水泥砂浆保水性不良导致失水过多在黏结面处产生干缩裂纹所致。

另外，FA-GBS 建筑砂浆利废率高达 80% 以上，不仅能够节约大量的能源，而且对环境保护起到良好的作用，在经济效益上更具有可观的市场潜力。

（3）粉煤灰与氟石膏（FFC 砂浆）

FFC 砂浆不但可以节约水泥，而且可以大量利用工业废渣粉煤灰和氟石膏，其价格要远低于水泥石灰砂浆和水泥砂浆，他是一种环保型、经济型的绿色砂浆，具有广阔的发展空间。

在 FFC 砂浆拌和物的强度方面，随氟石膏用量的减少、粉煤灰用量的增加，FFC 胶砂的抗折、抗压强度开始是增加的，但增加到最大值后却逐渐地减小。这表明，当 FFC 胶凝材料中水泥用量一定时，粉煤灰和氟石膏用量之间存在使胶凝材料强度达到最大的最佳比例关系。而在 FFC 砂浆拌和物的和易性方面，不加外加剂，FFC 砂浆的和易性也能满足要求，从而进一步降低了砂浆的成本。

关于 FFC 砂浆胶凝材料硬化条件和安定性方面，水泥用量大于 5% 的 FFC 胶凝材料是水硬性的，同时 FFC 胶凝材料的体积安定性良好。清华大学阎培渝等的研究结果表明，在未加改性剂的 FFC 浆体中钙钒石晶体不是针状，而是以微晶的形式存在，同时二水石膏晶体中形状为棒状的数量很少，从而保证了 FFC 胶凝材料的体积安定性良好，同时他们的研究结果也表明，FFC 胶凝材料具有优异的耐水性，虽然这种胶结材料的硬化浆体中存在大量无水石膏和二水石膏，但它们被大量水硬性的 C-S-H 凝胶和钙矾石紧密包裹，分散于致密的浆体结构中。

2. 外加剂

（1）低掺量聚合物

现今，业内人士普遍认为随着我国新型墙体材料的发展，应该以外加剂等手段高效改善砂浆的砌筑和抹面性能，以获得功能完善的砌体。因此研究开发高性能、多功能建筑砂浆已成为国内外的研究热点，也是应用新型墙体材料的前提条件。而有关低掺量聚合物的研究就是其中的重要课题之一。

有研究认为，聚合物可从微观层面上改善砂浆的内部结构。聚合物掺入水泥砂浆后，聚合物在水泥石中是以连续、互穿网状结构存在，形成的网络将水泥石编织缠绕在一起，形成一个整体，不仅能填充水泥石的孔隙，改善孔结构，提高抗渗能力，还能弥合水泥石中的微裂缝提高抗弯能力。另有研究认为聚合物在水泥石中的形态与聚灰比有关。

聚合物乳液对砂浆力学性能的影响方面，乳液掺入水泥砂浆后，7d 黏结抗拉强度提高幅度较大，最高增加了 4 倍；7d 抗拉强度也有明显提高，但抗压强度均有所下降。

对砂浆性能的影响方面，聚合物复合外加剂可以很好地改善水泥砂浆的和易性，提高砂浆的保水性，降低分层度。另外，复合外加剂对砂浆收缩性能有明显的改善作用，改善了砂浆的抗裂性。

（2）专用砂浆剂

砌体沿通缝截面抗剪强度的高低主要取决于新拌砂浆的保水性和硬化砂浆的黏结力，如果新拌砂浆保水性好，砌体内砂浆中的水分不易被砌块吸收，从而保证了砌筑砂浆强度正常增长；相反如果砂浆的保水性差，砌体内砂浆中的水分很快被砌块吸走，砂浆中没有了保证其正常水化的水分，其强度就会停止增长，因此，硬化砂浆的抗压强度和黏结强度均会降低。

专用砂浆剂是指采用减水组分和增稠组分等复合而成的复合外加剂。它对砂浆保水性能有明显效果，砂浆剂掺量在 0.2% ～ 0.6% 范围内时，随着砂浆剂掺量的增加，砂浆的流动性稍有增大，而分层度则降低。砂浆剂中的减水组分和增稠组分均会改善新拌砂浆的保水性能，因此，除了水泥砂浆，其他三种砂浆由于掺入了砂浆剂或者石灰膏，使新拌砂浆的保水性得到了不同程度的改善，其中掺砂浆剂的砂浆保水性最好，表现在砌体沿通缝截面的抗剪强度上，水泥砂浆最低，掺砂浆剂的砂浆最高，而其余两种砂浆介于二者之间。

在实际工程中，对比水泥砂浆，掺有砂浆剂的砌筑砂浆和易性好，而且表现出了很好的黏结力，能够牢牢地粘在砌块的侧面，保证了砌体竖缝砂浆的饱满度。

另外试验还表明，砂浆剂显著提高砌筑砂浆和砌块之间的黏结强度后，并不降低砌筑砂浆的抗压强度。

（3）微沫剂

采用不同季节，不同养护条件以及不同含水率的黏土砖对掺入微沫剂的水泥砂浆进行研究发现，砌体试件的抗压强度在冬季条件下，微沫砂浆砌体抗压强度均高于混合砂浆砌体。微沫砂浆中的微沫剂，搅拌时产生大量气泡，在砂浆中形成很多微小稳定的气孔结构，砂浆抗冻性能明显提高，能在正、负温交替条件下保证砌体强度增长；同时冬季气温较低，水分蒸发较慢，适应微沫砂浆的湿润养护条件，利于微沫砂浆强度增长，砌体强度相应提高。而砂浆强度在同样材料和配合比保持不变的情况下，微沫砂浆比混合砂浆强度有一定提高。无论是冬季还是春季，黏土砖的含水量不足时，砌体强度受到很大影响，特别是对微沫砂浆砌体强度的影响更为明显。

微沫砂浆后期强度增长变缓并略有降低，同一般水泥砂浆后期强度增长变化情况不同，这是应当引起重视的问题。

（四）高性能建筑砂浆研究展望

为解决新型墙体材料推广应用中的问题，高性能建筑砂浆的研制及其应用十分迫切。针对目前新型墙体材料在应用中存在的不足及高性能砂浆的研究状况，今后应加强对高性能砂浆的抗渗性能、抗裂性能及保温隔热性能进行试验研究。高性能建筑砂浆研究的方向主要是聚合物、矿物微粉和高效减水剂的合理应用。

1. 聚合物

聚合物砂浆具有良好的黏结性能，可以考虑用聚合物砂浆来对普通砂浆进行改性。聚合物的种类很多，如聚合物乳液、水溶性聚合物和液体聚合物均可在水泥砂浆中使用。在聚合物改性砂浆中，集料被这种复合胶凝材料相连接，因而它的抗弯强度、抗裂性、附着强度、弹性、韧性均得到改善。

聚合物对增加砂浆的保水性，增加砂浆黏附力，特别是早期的黏附力，增加砂浆的工作性，以及提高砂浆的抗裂性等方面有明显效果。因此，采用聚合物来提高砂浆性能是一个重要的研究方向。

2. 矿物微粉

砂浆中常用的矿物微粉是粉煤灰、矿渣微粉和石灰石粉，它们都属于工业废料，有效地应用矿物微粉，不仅可以提高砂浆的性能，而且有着积极的社会效益。在砂浆中掺入矿物微粉，可以得到较好的效果：一是明显改善砂浆的工作性，包括流动性、保水性、黏聚性；二是减少砂浆中水泥的用量，不仅解决砂浆强度与水泥强度的匹配问题，而且也改善了砂浆的耐久性能；三是减小砂浆的收缩。

在砂浆中掺加一种矿物微粉，虽可改善砂浆的某些性能，但又不可避免地带来一些不良影响。如掺粉煤灰，会使砂浆早期强度明显下降；掺矿粉会使砂浆的收缩增大；掺石灰石粉会导致砂浆的抗压强度下降。所以通常考虑将矿物进行复合，如粉煤灰与矿粉的复合及矿粉和石灰石粉的复合。因此，如何根据当地资源情况，合理选用矿物微粉也是未来的一个重要研究方向。

3. 高效减水剂

在砂浆中引入聚合物和矿物微粉后，对砂浆的早期强度有一定的影响，为弥补由此而引起的损失，可在砂浆中掺入高效减水剂。由于减水剂所起的吸附分散、湿润和润滑作用，只要用少量的水就可较容易地将砂浆拌均匀，使新拌砂浆的和易性得到显著改善，同时还可提高砂浆的早期强度。

与普通水泥砂浆相比，高性能建筑砂浆中增加了聚合物、复合矿物微粉、高效减水剂和消泡剂等组分。聚合物对水泥砂浆的改性主要是由于聚合物的掺入引起了水泥砂浆微观结构的改变，从而对水泥砂浆的性能起到改善作用；复合掺合料的作用主要是它的二次水化和物理填充作用；高效减水剂的作用主要是减少了砂浆的用水量，使砂浆硬化后的孔隙减少，密实度增加。三者各自发挥作用，对改善砂浆性能具有重要意义。如何选择高效减水剂，使之与其他外加剂合理搭配，提高砂浆性能，并尽可能降低砂浆成本也是未来的一个重要研究方向。

随着我国经济的快速发展，节能降耗已经成为整个社会的趋势。在建筑领域，采用新型墙体材料是建筑节能的一个重要措施。因此，研究应用适用于新型墙材材料的高性能建筑砂浆具有十分重要的意义。

高性能建筑砂浆在我国的发展拥有广阔的前景，随着经济的发展，和工程质量要求的不断提高，其推广应用进程将不断加快，复合使用各种有机外加剂已成为高性能建筑砂浆发展和应用的必然趋势，而高性能建筑砂浆取代传统砂浆也将成为我国建筑业发展的必然趋势。

第二节 砌筑砂浆和抹面砂浆

一、砌筑砂浆

砌筑砂浆指的是将砖、石、砌块等块材经砌筑成为砌体的砂浆。它起黏结、衬垫和传力作用，是砌体的重要组成部分。水泥砂浆宜用于砌筑潮湿环境以及强度要求较高的砌体。

水泥石灰砂浆宜用于砌筑干燥环境中的砌体；多层房屋的墙一般采用强度等级为 M5 的水泥石灰砂浆；砖柱、砖拱、钢筋砖过梁等一般采用强度等级为 M5 ~ M10 的水泥砂浆；砖基础一般采用不低于 M5 的水泥砂浆；低层房屋或平房可采用石灰砂浆；简易房屋可采用石灰黏土砂浆。

（一）砌筑砂浆配合比中水泥用量对砂浆保水率的影响

随着建筑业不断发展，各项技术也有了全面突破，特别是在砌筑砂浆技术上，已经越来越成熟，成为建筑业最为主要的技术之一，在建设中起到重要的作用。砌筑砂浆主要是砌筑砖、石及各种砌块的砂浆，是建筑中最重要的部分，通过功能发挥，能够全面有效地使各种材料产生良好的黏结，确保砖、石、各种砌块能够稳定结实的连接起来，形成稳固的构筑砌体，并能够传递各类荷载，只有提高品质，才能保证砌体安全。建筑业中，大多数住宅建筑仍采用砖混结构，实践证明，砖混结构传力构件主要还在于墙体，墙体的纵向承载能力和横向承载能力大小，直接和砂浆质量有联系。为了保证建筑物品质，还需要在砌筑砂浆材料配制与选择上下功夫，配比时一定要严格设计标准，遵循配比度要求，合理科学的对水泥用量进行把握，实现高质量的保水率，满足建筑施工标准要求。

1. 有关砌筑砂浆配合比分析

（1）砌筑砂浆的用料原理

砌筑砂浆是建筑物中不可缺少的重要部分，只有全面保证黏结质量，才能建设与安全稳定的建筑物。影响强度的因素较多，如果配合比中任何一种材料不足，或者成分不够，均会影响到整体质量，只有将砂浆、水泥、砂子和水按照不同比例进行配比，才能产生出强度等级标准的材料，进行配比时，需要把握好材料规格、数量、型号等，使不同的材料按特定比例形成一定的混合。砌筑砂浆配合比中砂子用量主要是根据各强度等级不断进行调整的，强度等级不同的，则需要对每立方米砂浆砂子及时调整，保证用量符合设计标准，满足建设需要，节省建设成本。水泥用量与砂浆等级强度也是保持正比关系的，低强度等级砂浆水泥用量少，高强度等级砂浆水泥用量多，这是通过实践证明了的。要想得到良好的砂浆，则需要把水泥与干砂通过一定量的选择，然后再加入适当的水进行拌制，这样才能形成建设用的砂浆，此时，砂浆体积会减少一成左右；通常，越是强度等级高的砂浆，所使用的水泥量也越多，水泥拌和成砂浆后就会增大体积。单位用水量的控制与强度也有直接关系，单位水量多少影响砂浆流动性，只有用水量合格的砂浆，才能保证砂浆稠度适中，符合建设基本要求。砌筑砂浆配合比主要是灰砂比，只有全面把握好水泥用量与砂子用量，掌握好二者的使用比例，才能配比出高强度的建设材料，保证建设最终质量。

（2）砌筑砂浆配合比中常见问题

在实际施工过程中，普遍存在各种问题，主要体现在几个方面：一是砂浆用砂量不符合设计标准。按照技术标准规定，建设用砌筑砂浆要遵循严格的配比，严格配比度与标准，配合比中砂的规格应选择中砂，并且含泥量控制 5% 内。实际上，一些不法企业为了节省建设成本，进行配制时，用细砂或特细砂代替中砂，细砂模数小，容易含杂质，细砂含泥量有的能够达到 8% ~ 12%，这种配比与选择是违反技术规定的，不符合配比标准要求。二是随意添加未经法定检测机构验证的外加剂。一些施工企业为了追求进度，往往会在砂浆中添加外加剂，特别是有机塑化剂的使用，能够造成砂浆密实性不够，强度变小，不但给施工带来安全隐患，更对日后建筑物防水造成直接影响，建筑物透风透寒，质量不合格。三是砌筑砂浆配合比固定不变。有些建设单位，为了图省事，不论是什么样的建设任务，均是同一种配比，没有根据建筑性质进行调整，不但影响了砂浆的强度，更造成了不必要的浪费，水泥生产批次、种类、型号不同，如果还是老办法进行配比，往往会出现问题，影响强度等级，达不到建设标准。四是不重视墙砖保水率。建筑受环境影响较大，进行建设时，一定要选择良好的天气进行施工，避免出现气温变化或暴雨天气对建设质量的影响，建筑物如果进行施工时，受到雨水浸泡，那么砌墙砖砂浆整体强度水分变大就会出现强度偏弱的情况，直接影响到了砌体质量，强度不足，则会出现安全事故。五是现场计量精度不高，施工现场配比往往是进行估算，特别是一些施工人员总是凭个人经验使用水泥量，没有数据指导，不同的砂浆有不同的强度标准，在没有科学试验基础上配比的砂浆，往往会出现水泥用量不足的问题，直接导致砂浆保水率不符合设计标准。

2. 水泥用量对砂浆保水率影响

（1）砂浆保水率

砂浆保水率是一个重要的指标，通过保水率能够直接反映砂浆保水性能，也就是说砂浆的保水性。只有全面控制好保水性和流动性，才能实现高质量的砂浆配合比目标。保水性主要就是新拌砂浆所有的材料间黏结的能力。保水性越好，那么砂浆与基层或块材接触时就能保持水分不流失，有效保证了基层或块材黏结力，提高建筑物自身抗压能力。

（2）保持最小的水泥用量

水泥是最主要的材料，是砌筑砂浆凝胶，起到黏结的作用，在使用时一定要科学选择型号与数量，保证水泥质量符合设计标准。一般情况下，水泥每立方米用量不得少于 200千克。砌筑砂浆配合比也主要是以每立方米砂浆为基准，不同的强度等级需要使用不同的水泥用量与砂子用量。砂子堆积密度计算不同强度等级砂浆砂子用量，合理控制好误差，不能超出允许范围。

（3）决定水泥用量的因素

水泥用量直接关系到砂浆的质量，需要严格控制好水泥用量，影响水泥用量的最直接因素是砂子用量，要根据砂子量定水泥量，砂子用量与水泥用量有直接的关系。只有保证了水泥用量符合设计标准，才能有效保证砂浆的质量，水泥用量与水泥强度成反比，只有高强度的水泥，才能配比出高品质的砂浆，每个强度等级砂浆均受水泥的影响。砂子选择也非常主要，需要根据产地、种类、级配、颗粒及含泥量的不同做出正确选择，不同的类型都会对水泥强度产生影响。要想把握好水泥用量，可以根据灰砂比进行总体推断，如果水泥量多，就需要减少砂子用量，灰砂比是水泥用量和砂子用量之比，所以很容易推断出灰砂比小的水泥用量小。

3. 提升砂浆保水率的关键

1. 选用水泥用量应注意的事项

合理科学的使用水泥是保证砂浆质量的前提，水泥用量主要随砂浆强度等级不断出现变化，只有先确定了砂浆等级，才能确定水泥用量，二者是相互关联的，也就是说砂浆强度等级越高，水泥用量就越多，反之则越少。选用水泥用量，遵循水泥用量少的原则，这样才能进一步增加砂浆保水率，有效提升砂浆保水性能，避免出现砖砌体开裂现象，从根本上保证建设质量。砂子粗细对水泥用量也有直接影响，细度越小含泥量越大，砂子细度模数在 2.3 ~ 3.0 之间，才能保证砂浆配合比中含泥量小于 5%。砌筑砂浆选用中砂是最为理想的材料，不能使用细砂或特细砂，避免出现黏结度不够，影响建设质量。

2. 控制水泥用量具体措施

只有全面保证流程合理，才能实现高品质建设目标。水泥用量控制是保证砌筑砂浆配合比的关键。一是采用磅秤称量水泥重量，通过精细化测量，有效保证水泥用量，使水泥的浓度得到控制，通常水泥用量控制在 2% 内。二是施工现场须使用计量精度高的稠度仪，有效对砂浆各种材料用量进行分析，确定合适的比例。三是限定水泥搅拌时间。要严格规定时间，满足搅拌时间不少于 2 分钟的标准，在搅拌过程中，需要控制好速度，对杂质进行清除，避免石灰块过多影响到强度。搅拌后有材料需要尽早使用，不能出现性能上的改变，影响整体强度。四是合理使用外加剂。要想使用外加剂，则需要严格遵循标准，要有严格的检测，有科学的参数支撑。五是满足实际需求。不同的建筑项目，对砂浆的标准也不同，要根据现场施工情况，合理调整好水泥用量，有效调整好配合比，因为配合比并不是固定的，要根据水泥品种、标号、性能进行调整，发挥出最佳效果。

3. 专用砌筑水泥

用砂浆砌筑混凝土小型空心砌块与砌筑实心砖有明显的差异：混凝土小型空心砌块吸水率小和吸水速度迟缓，所以规定混凝土小型空心砌块在常温条件下砌筑前不宜浇水，只有在天气炎热干燥条件下可在砌筑前稍洒水湿润；而实心砖在常温条件下，砌筑前应浇水；混凝土小型空心砌块的壁、肋厚度小，黏结砂浆面积小；实心砖黏结砂浆面积大。因此，与实心砖的砌筑砂浆相比，混凝土小型空心砌块的砌筑砂浆应采用砌块专用砂浆。此砂浆可使空心砌块砌体灰缝饱满，黏结性能好，可减少墙体开裂和渗漏，提高墙体砌筑质量。

混凝土小型空心砌块专用砌筑砂浆由水泥、砂、水以及根据需要掺入的掺合料和外加剂等组分，按一定比例，采用机械搅拌制成。其中由水泥、钙质消石灰粉、砂、掺合料以及外加剂按一定比例干混合制成的混合物称为干拌砂浆。干拌砂浆在施工现场加水经机械拌和成为专用砌筑砂浆。

专用砌筑砂浆不用 M 标记，而用 Mb 标记。参照国内外有关资料及砌筑砂浆的研究成果和应用经验，可将砌筑砂浆划分为 Mb5.0、Mb7.5、Mb10.0、Mb15.0、Mb20.0、Mb25.0 和 Mb30.0 等七个强度等级。

专用砌筑砂浆的原材料是满足技术要求和砂浆性能的最优化组合。其中水泥是砌筑砂浆强度和耐久性的主要胶结材料，一般宜采用普通硅酸盐水泥或矿渣硅酸盐水泥，配置 Mb5.0 ～ Mb20.0 的砌筑砂浆用 32.5 强度等级的水泥，配置 Mb25.0 以上的砌筑砂浆用 42.5 强度等级的水泥。砂宜用中砂，并应严格控制含泥量，含泥量过大，不但会增加砌筑砂浆的水泥用量，还可能使砂浆的收缩值增加，耐火性降低，影响砌筑质量。消石灰粉能改善砂浆的和易性和保水性。采用生石灰熟化的石灰膏时，要用孔径不大于 3mm×3mm 的网过滤，熟化时间不少于 3d。沉淀池中贮存的石灰膏，应采取防干燥、防冻结和防污染措施，严禁使用脱水硬化的石灰膏。粉煤灰掺合料也能改善其和易性，但粉煤灰不得含有影响砂浆性能的有害物质，粉煤灰结块时，应过 3mm 的方孔筛。如采用其他掺合料，使用前需进行试验验证，能满足砂浆和砌体性能时方可使用。而且外加剂的选择、掺量可能影响砌筑砂浆的物理和化学性能。因此，外加剂应模拟现场条件，在实验室中验证合格后才能应用于施工工地

随着技术越来越成熟，当前，新型墙体材料也已经得到应用与推广，特别是在砌筑材料上，能够全面提高水泥砂浆保水率。当前，主要是预拌砂浆技术，这种技术的应用大大提升了砂浆与新型墙体材料衔接程度。预拌砂浆通过添加保水增稠材料进一步提升砂浆保水性，避免出现墙体裂缝。因为预拌砂浆成本高，推广起来较为困难。随着专用砌筑水泥的出现，提高了砂浆保水性，通过科学的保水率测定，专用砌筑水泥保水率能够达到 98% 以上。

砂浆保水性能是重要的指标，只有合理设计砂浆配合比、严格规范配制流程，才能有效控制水泥用量，全面提升水泥强度，减少水分蒸发速率，使砂浆保水性能更加稳定，降低墙体开裂，保证建设品质。

（二）影响砌筑砂浆强度不稳定的因素

砌筑砂浆的强度是影响砌体工程质量的重要因素，在施工中一些施工人员往往忽视了砌筑砂浆强度这一重要环节，致使砌筑砂浆强度忽高忽低，波动很大，严重影响了砌体结构的正常使用年限和抗震性能，一般砌筑砂浆强度每降低一级，砌体的抗压强度就会比正常设计值降低 20% 左右，那么影响砌筑砂浆强度不稳定的因素有哪些呢？主要有以下几点：

1. 使用材料方面的因素

（1）水泥是影响砌筑砂浆强度的重要因素，宜采用普通硅酸盐水泥或矿渣硅酸盐水泥。水泥进场使用前应有出厂合格证和复试合格报告。水泥的强度等级应根据设计要求选择。水泥砂浆采用的水泥，其强度等级不宜大于 32.5 级；水泥混合砂浆采用的水泥，其强度等级不宜大于 42.5 级。而由于某些施工单位为追求高利润，使用一些水泥标号不明或超期水泥以及指标性能不稳定的小厂水泥，并且不经实验鉴定，都是导致砌筑砂浆强度不稳定的主要因素。

（2）砂：宜用中砂其中毛石砌体宜用粗砂，并应过筛不应含有草根及有害杂物，含泥量小于 5%。而在施工现场中，砂的质量问题主要有两点：一是颗粒过细，由于施工单位为降低工程造价，购买当地风沙代替中砂使用；二是砂的含泥量大大超标。这些都是导致砌筑砂浆强度不稳定的因素。

（3）水：宜采用自来水，水质应符合现行行业标准《混凝土用水标准》JGJ63—2006 的规定。污水和 pH 值小于 4 的酸性水以及含硫酸盐超过 1% 的水不得使用。而在施工现场实际操作中，施工单位不管采用何种水源进行施工，基本上没有将施工用水取样检测的，如果使用了不合格被污染的水源时，将成为砌筑砂浆强度不稳定的一个因素。

（4）砌筑混浆一般采用白灰和粉煤灰以及外加剂进行施工的较为广泛。生石灰熟化成石灰膏时，应用 3mm×3mm 的网过滤，熟化时间不得少于 7d；磨细生石灰粉的熟化时间不少于 2d。配制水泥石灰砂浆时，不得采用脱水硬化的石灰膏。消石灰粉不得直接使用于砌筑砂浆中。粉煤灰应采用Ⅰ、Ⅱ、Ⅲ级粉煤灰。外加剂均应经检验和试配符合要求后，方可使用。有机塑化剂应有砌体强度的型式检验报告。使用塑化剂一定要注意计量准确。反之，将会造成砌筑砂浆强度不稳定因素。

2. 施工方面的因素

（1）砌筑砂浆稠度不适宜

砌筑砂浆应根据砌体的种类，施工气候的条件来确定和选择不同的砂浆稠度，并应符合规范要求。例如：烧结普通砖砌体砂浆稠度（流动性）为 70 ~ 90mm，而石砌体砂浆稠度为（流动性）为 30 ~ 50mm。同时砌筑砂浆的分层度不得小于 30mm，以确保砂浆具有良好的保水性。当砌筑材料为粗糙多孔且吸水较大的块料或在干热条件下砌筑时，应选用较大稠度值的砂浆；反之，应选用较小稠度值的砂浆。而有些现场施工人员缺乏操作知识和意识，不根据使用材料种类和气候变化及时调整砂浆稠度或随意加减水，造成砂浆稠度不一，也是影响砌筑砂浆强度不稳定的因素。

（2）砌筑砂浆存放时间过长

根据规范规定：砂浆应随拌随用，水泥砂浆和水泥混合砂浆必须分别在拌制后 3 小时和 4 小时内用完。如果施工期间最高气温超过 30 摄氏度时，必须在拌制后 2 小时和 3 小时内用完，砂浆超过存放时间，强度就会降低，有时工地施工时，上午集中拌制砂浆，一直用到下午，甚至今天拌制的砂浆用不完，第二天加水拌和后继续使用，这也是造成砌筑砂浆强度降低的因素。

（3）计量不准确

砌筑砂浆的各组分材料应采用重量计量，水泥用量精度应控制在 5% 以内。而在实际操作中，有些工地拌制砂浆无配合比或不按配合比计量上料，工地不设计量台秤或形同虚设，只凭经验用车子量或用铁锹数数，甚至将水泥直接倒在砂堆上进行拌制。由于原材料用量控制不准确，将直接导致造成砂浆强度不稳定。

（4）砂浆搅拌时间掌控不好

砂浆应采用机械搅拌，搅拌时间自投料完算起，应为：水泥砂浆和水泥混合砂浆，不得少于 2min；水泥粉煤灰砂浆和掺用外加剂的砂浆，不得少于 3min；掺用有机塑化剂的砂浆，应为 3 ~ 5min。而在实际操作中，很多搅拌人员不经培训无证上岗不懂操作规程，随意搅拌，这样搅拌时间不够造成砂浆不均匀，搅拌时间过长又造成砂浆离析现象。这也是造成砌筑砂浆强度不稳定的因素。

（5）砂浆试件的制作和养护

砌筑砂浆强度的大小，主要由经过 28d 标准养护，测得一组六块的砂浆试块抗压强度值来进行评定的。砂浆试块应在搅拌机出料口随机取样和制作，同盘砂浆只应制作一组试块，每一检验批且不超过 250m³ 砌体的各种类型及强度等级的砌筑砂浆，每台搅拌机应至少抽验一次。很多工地施工人员对砂浆试块的制作不重视和不规范，随意把砂浆往试模里一装，不认真捣固。有的工地因试模不够，同一组试块分两次制作，造成同组试件抗压强度偏差过大。有的工地试件养护条件不标准，保证不了试件标准养护温度要求。这些不规范的做法使试件缺乏代表性和真实性，也是造成砂浆强度不稳定的因素。

3. 对策与建议

对砌筑砂浆强度不稳定的问题，应加强施工现场使用材料的检验和监督工作，强化施工人员的质量意识，持证上岗，严格按施工规范和规程的要求，认真做好砌筑砂浆的配料、搅拌和现场抽（取）样工作，减少砌筑砂浆强度波动，以确保建筑工程的质量。

（三）砌筑砂浆质量产生裂缝的成因及防治措施

在改革开放以来，我国经济体制已由计划经济过渡到市场经济，市场竞争优胜劣汰的规律已作用到各个角落，建筑企业面临来自于市场和竞争对手的压力将愈来愈大，顾客对企业质量保证能力的要求也越来越高，建筑施工企业除了完成自身的体制改革转轨变形外，最关键还是要苦练内功，提高自身素质，加强管理，尤其狠抓质量控制。

1. 砌筑砂浆材料的构成

石灰砂浆：和易性好、硬化缓慢、砌砖操作方便，但强度低，一般强度等级为 M0.4，且耐水性差，所以一般工程都不使用石灰砂浆砌墙。

水泥砂浆：强度高，保水性、和易性和可砌性差，一般用于水中或受潮湿的砌体中。用水泥砂浆砌筑的砌体抗压强度比用混合浆砌筑的砌体低 5% ~ 15%。

水泥石灰砂浆：又称混合砂浆。砂浆的保水性、和易性、可砌性好，可以提高砌筑质量和砌体的强度，在面广量大的砖混建筑中得到广泛应用。砌筑砂浆质量低劣，影响砌砖的操作质量，降低砌体砖缝中的砂浆饱满度和黏结性能从而降低砌体的抗压、抗拉和抗剪强度，常造成建筑工程的砌体裂缝、变形、倒塌等事故。如砖的强度不变，砌体抗压强度随砂浆强度的大小成正比变化；砌体的抗拉、抗剪强度是以砂浆强度为依据的，所以，砌筑砂浆的质量低劣，是造成砖砌体裂缝、变形和倒塌事故的重要原因之一。

2. 原因分析

砌筑砂浆的组成材料质量不符合标准。砌筑砂浆使用的水泥应根据砌体部位和所处环境来选择。水泥应按品种、强度等级、出厂日期分别堆放并保持干燥。在使用中对水泥储存期已超过 3 个月或已受潮结块、不经复试就拌制砂浆等，常造成拌制的砂浆强度等级偏低；若水泥的安定性差，则拌制的砂浆易变形；不同品种的水泥不得混合使用。若骨料不合格，不按规定用中砂配制砂浆，则砂浆的黏性大、砌筑难度大、收缩性大，导致砌体强度低而裂缝。

无配合比或有配合比也不计量。个别工地还有将水泥倒在砂堆上，随意将砂和水泥铲入搅拌机内拌和，拌成的砂浆强度波动较大；或工地制作砂浆试块时"吃小灶"，则砂浆试块强度与实际砌筑砂浆强度不符。

使用超过时限的砂浆。即拌制好的水泥砂浆等没有及时用完（如上午拌好的砂浆到下午继续使用），甚至当天用不完的砂浆到第二大再继续使用，由于砂浆中的水泥在 2 小时后开始"初凝"，其保水性、和易性和强度都已开始下降。

3. 处理与防治

泥浆质量的优劣，直接影响对钻孔壁的保护效果。泥浆质量好，有利形成理想的成孔形状，并及时清除成孔过程中产生的沉渣，尤其对孔底最终沉渣厚度的控制极为重要。

（1）把好材料关是保证砌筑砂浆质量的前提。

水泥砂浆中采用的水泥标号不宜大于 425 号，水泥石灰混合砂浆中的水泥标号不宜大于 525 号。进场的水泥要有出厂合格证，并经抽样测试合格后方可使用。严禁使用废水泥。不同品种的水泥不能混用。

拌制砌筑砂浆宜采用中砂，砌筑毛石砌体的砂浆中可选用中粗砂。采用中砂拌制砂浆，既能满足和易性的要求，又能节约水泥；砂中含泥量过大，不但会增加水泥用量，而且砂浆的收缩值增大，耐久性降低，影响砌体质量。规范规定：对于水泥砂浆和强度等级大于 M5 的水泥混合砂浆，砂中含泥量不应超过 5%；对强度等级小于 M5 的水泥混合砂浆，不应超过 10%。

石灰膏应采用经生石灰熟化并用网过滤的。熟化时间不少于 7 天，并用滤网过滤，灰池中储存的石灰膏应防止干燥、冻结和污染。严禁使用脱水硬化的石灰膏。

拌制砂浆时，应用不含有害物质的洁净水。

混凝粗骨料粒径过大，砂粒过细含泥量偏高，搅拌时配合比控制不严格，搅拌时间过短等因素常造成混凝土离析、导管堵塞等不良后果。因此，砌筑砂浆应通过试配确定配合比，当砌筑砂浆的组成材料有变更时，其配合比应重新确定。砂浆现场拌制时，各组分材料应采用质量计算。

（2）把好砂浆配合比关是确保质量的依据

每立方米砂浆中的砂子用量，应以干燥状态（含水率小于0.05%）的堆积密度值作为计算值，单位为 kg/m³。

$$f_{m.o} = f_2 + 0.645\sigma$$

式中：$f_{m.o}$——砂浆试配强度（MPa），精确至0.1MPa；

f_2——砂浆设计强度（抗压强度平均值，MPa）；

σ——砂浆现场强度标准差（MPa），精确至0.1MP 每立方米砂浆中的用水量，混合砂浆用水量是：260 ~ 320kg/m³ 水泥砂浆用水量270 ~ 330kg/m³。

若水泥砂浆的和易性差、保水性差，则砌筑墙体的灰缝饱满度、黏结性差，将明显降低砌体强度。所以，可在水泥砂浆中掺石灰膏、生石灰粉和微沫剂等来改善砂浆的和易性。

有了配合比，还要认真计量，规范要求：水泥、外加剂的计量允许偏差应控制 ±2% 以内，砂、石灰膏、生石灰粉计量精确度应控制在 ±5% 以内。

水泥秒浆的最少水泥用量不宜小于 200kg/m³。

砌筑砂浆的分层度不应大于 30mm。

（3）砂浆的拌制及使用是保证质量的关键

砌筑砂浆自投料完起算，水泥砂浆和水泥混合砂浆的搅拌时间不应少于2分钟，水泥粉煤灰砂浆和掺用外加剂的砂浆，搅拌时间不应少于3分钟。

掺用有机塑化剂的砂浆，必须采用机械搅拌，搅拌时间自投料完算起为 3 ~ 5分钟。拌成后的砂浆不仅应符合设计要求和强度等级，而且应符合规定的砂浆稠度，应具有良好的保水性。流动性好的砂浆便于操作，使灰缝平整、密实，从而提高砌筑工作效率，保证砌筑质量。保水性是指砂浆保持水分的性能，保水性差的砂浆很容易产生泌水、离析而使流动性变差，造成砂浆铺砌困难，降低灰缝质量；同时水分也易很快被块材吸收，从而影响砂浆的正常硬化，降低砂浆的强度及与块材的黏结力，最终导致砌体强度的降低。

砌筑砂浆应随拌随用，水泥砂浆和水泥混合砂浆必须分别在拌成后3小时和4小时内使用完毕；当施工期间最高气温超过30℃时，必须分别在拌成后2小时和3小时内使用完毕。水泥砂浆流动性和保水性较差，使用水泥砂浆砌筑时，砌体强度低于相同条件下用混合砂浆砌筑的砌体强度。因此一般仅对高强度砂浆及砌筑处于潮湿环境下的砌体时，采用水泥砂浆。混合砂浆由于掺入了无机塑性掺合料（石灰膏、黏土膏、粉煤灰），可节约水泥并改善砂浆的流动性和保水性，是一般常用的砂浆类型。此外，也可在水泥砂浆或水泥石灰砂浆中掺入有机醒化剂（微沫剂），使砂浆具有良好的性能，并减少石灰膏的用量。砂浆拌成后使用时，均应盛入贮存器中，如砂浆出现泌水现象，应在砌筑前再次拌和。

二、抹面砂浆

1.定义及作用

普通抹面砂浆是以薄层抹在建筑物内外表面，保持建筑物不受风、雨、雪、大气等有害介质侵蚀，提高建筑物的耐久性，并使其表面平整美观。

2.普通抹面砂浆的种类

按所用材料不同可分为石灰砂浆、水泥混合砂浆、水泥砂浆、麻刀石灰砂浆（麻刀灰）和纸筋石灰砂浆（纸筋灰）。

按功能不同可分为底层抹面砂浆、中层抹面砂浆和面层抹面砂浆。

（二）配合比及选用

1.普通抹面砂浆的配合比

确定抹面砂浆的组成材料及其配合比，主要是依据工程使用部位及基层材料。常用抹面砂浆的参考配合比及应用范围见下表。

表 5-2-1 常用抹面砂浆参考配合比

组成材料	配合比（体积比）	应用范围
石灰：砂	1：3	干燥砖石墙面打底找平
	1：1	墙面石灰面层
水泥：石灰：砂	1：1：6	内外墙面混合砂浆找平
	1：0.3：3	墙面混合砂浆面层
水泥：石膏：砂：锯末	1：1：3：5	吸声粉刷
水泥：砂	1：2	地面顶棚墙面水泥砂浆面
石灰膏：磨刀	100：2.5（质量比）	木板条顶棚底层
	100：1.3（质量比）	木板条顶棚面层
石灰膏：纸筋	100：3.8（质量比）	木板条顶棚面层
	1m³ 石灰膏 3.6kg 纸筋	墙面及顶棚

2.抹面砂浆的选用

用于砖墙的底层抹灰，多选石灰砂浆；有防水、防潮要求时选水泥砂浆；混凝土基层的底层抹灰，多选水泥混合砂浆；中层抹灰多选石灰砂浆或水泥混合砂浆；面层抹灰多用水泥混合砂浆、麻刀灰和纸筋灰。水泥砂浆不得涂在石灰砂浆层上。在易碰撞或潮湿部位应采用水泥砂浆。

第三节　其他种类砂浆

一、装饰砂浆

（一）装饰砂浆概述

装饰砂浆，是指专门用于建筑物室内外表面装饰，以增加建筑物的美观为主的砂浆。它通过饰面处理后，能获得特殊的装饰效果。

1. 装饰砂浆的组成材料

（1）胶凝材料

装饰砂浆常用的胶凝材料有石膏、石灰、白水泥、普通水泥，或在水泥中掺加白色大理石粉，使砂浆表面色彩更为明朗。

（2）骨料

装饰砂浆用骨料多为白色、浅色或彩色的天然砂、石屑（大理石、花岗岩等）、陶瓷碎粒或特制的色粒，有时为使表面获得闪光效果，可加入少量云母片、玻璃碎片或长石等。骨料的粒径可分为 1.2、2.5、5.0 或 10mm，有时也可以用石屑代替砂石。

（3）颜料

颜料选择要根据其价格、砂浆品种、建筑物所处的环境和设计要求而定。建筑物处于受酸侵蚀的环境中时，要选用耐酸性好的颜料；受日光曝晒的部位，要选用耐光性好的颜料；碱度高的砂浆，要选用耐碱性好的颜料；设计要求鲜艳颜色，可选用色彩鲜艳的有机颜料。

在装饰砂浆中，通常采用耐碱性和耐光性好的矿物颜料。其主要品种和性质，见表5-3-1。

表 5-3-1 装饰砂浆常用颜料及性质

颜色	颜料名称	性质
红色	氧化铁红	有天然和人造两种。遮盖力和着色力较强，有优越的耐光、耐高温、耐污浊气体及耐碱性能，是较好、较经济的红色颜料之一
	甲苯胺红	为鲜艳红色粉末，遮盖力、着色力较高，耐光、耐热、耐酸碱，在大气中无敏感性，一般用于高级装饰工程
黄色	氧化铁黄	遮盖力比其他黄色颜料都高，着色力几乎与铅铬黄相等，耐光性、耐大气影响、耐污浊气体以及耐碱性等都比较强，是装饰工程中既好又经济的黄色颜料之一
	铬黄	铬黄系含有铬酸铅的黄色颜料，着色力高，遮盖力强，较氧化铁黄鲜艳，但不耐强碱

续表

颜色	颜料名称	性质
绿色	铬绿	是铅铬黄和普鲁士蓝的混合物,配色变动较大,决定于两种成分含量比例。遮盖力强,耐气候,耐光、耐热性均好,但不耐酸碱
	氧化铁黄与酞青绿	参见本表中"氧化铁黄"及"群青"
蓝色	群青	为半透明鲜艳的蓝色颜料,耐光、耐风雨、耐热、耐碱,但不耐酸,既好又经济的蓝色颜料之一
	钴蓝与酞菁蓝	为带绿光的蓝色颜料,耐热、耐光、耐酸碱性能较好
棕色	氧化铁棕	是氧化铁红和氧化铁黑的机械混合物,有的产品还掺有少量氧化铁黄
紫色	氧化铁紫	可用氧化铁红和群青配用代替
黑色	氧化铁黑	遮盖力、着色力强,耐光,耐一切碱类,对大气作用也很稳定,是一种既好又经济的黑色颜料之一
	炭黑	根据制造方法不同,分为槽黑和炉黑两种。装饰工程中常用炉黑,性能与氧化铁黑基本相同,但比密度稍轻,不易操作
	锰黑	遮盖力颇强
	松烟	采用松材、松根、松枝等,在室内进行不完全燃烧而熏得的黑色烟炭,遮盖力及着色力均好

注：1）各种系列颜料可单一用，也可用两种或数种颜料配制后用。

2）如用混合砂浆或石灰砂浆或白水泥砂浆时，表中所列颜料用量得减60% ~ 70%，但青色砂浆不需另加白色颜料。

3）如用彩色水泥时，则不需加任何颜料，直接按体积比彩色水泥：砂 =1：2.5 ~ 3配制即可，但必须选用同一产地的砂子，否则粉刷后，颜色不均。

2. 装饰砂浆的工艺做法

（1）拉毛

先用水泥砂浆做底层，再用水泥石灰砂浆做面层。在砂浆尚未凝结之前，用抹刀将表面拍拉成凹凸不平的形状。

（2）水刷石

用颗粒细小（约 5mm）的石渣拌成的砂浆做面层，在水泥终凝前，喷水冲刷表面，冲洗掉石渣表面的水泥浆，使石渣表面外露。水刷石用于建筑物的外墙面，具有一定的质感，且经久耐用，不需要维护。

（3）干粘石

在水泥砂浆的面层的表面，黏结粒径 5mm 以下的白色或彩色石渣、小石子、彩色玻璃、陶瓷碎粒等。要求石渣黏结均匀，牢固。干粘石的装饰效果与水刷石相近，且石子表面更洁净艳丽，避免了喷水冲洗的湿作业，施工效率高，而且节约材料和水，干粘石在预制外墙板的生产中，有较多的应用。

（4）斩假石（又称剁斧石）

砂浆的配制基本与水刷石的一致，砂浆抹面硬化后，有斧刃将表面垛毛并露出石渣。斩假石的装饰效果与粗面花岗岩相似。

（5）假面砖

将硬化的普通砂浆表面用刀斧锤凿刻画出线条，或者，在初凝后的普通砂浆表面用木条、钢片压划出线条，亦可用涂料划出线条，将墙面装饰成仿砖砌仿瓷砖贴面、仿石材贴面等艺术效果

（6）水磨石

用普通水泥、白水泥、彩色水泥或普通水泥加耐碱颜料拌和各种色彩的大理石石渣做面层，硬化后用机械反复磨平抛光表面而成。水磨石多用于地面，水池等工程部位。可事先设计图案色彩，磨平抛光后更具有艺术效果。水磨石还可以制成预制件或预制块，做楼梯踏步、窗台板、柱面、台度、踢脚板、地面板等构件

装饰砂浆还可以采用喷涂、弹涂、辊压等工艺方法，做成丰富多彩、形式多样的装饰面层。装饰砂浆的操作方便，施工效率高。与其他墙面、地面装饰相比，成本低，耐久性好。

（二）彩色饰面砂浆应用

1. 关于现阶段正在使用的外墙外保温体系陶瓷面砖

陶瓷面砖作为外墙外保温体系做法之一在实际工程中已经普遍采用，陶瓷面具有很多的优点：抗撞击强度高；易擦洗；维护费用低；耐久性好。但陶瓷面砖作为外墙外保温饰面层也存在一些问题。

（1）剪切力大。陶瓷面砖作为饰面层的外墙外保温体系的安全性问题首先是自重，陶瓷面砖饰面层的外墙外保温体系自重可达到 $50kg/m^2$ 以上，甚至 $80kg/m^2$，为涂料体系的 5 ~ 8 倍。

（2）透气性差。釉面砖水蒸气阻力非常大，北方地区高水蒸气阻力形成的瓷砖背面的冷凝水使这种体系较之于涂饰面外墙外保温体系发生冻融破坏概率更大。南方地区则墙体内部水分过大，室内墙面容易滋生霉菌。

（3）钢网腐蚀性大。不透气的釉面砖阻止了材料的干燥，瓷砖黏结剂、抹面胶浆的碱分在结合了长时间积聚的湿气后对钢丝网的损害也是比较严重，钢丝网因在潮湿环境中锈蚀而失去增强作用。

2. 彩色饰面砂浆的研制与施工工艺

彩色饰面砂浆产品为水泥基砂浆涂料，以水泥、石英砂、化学添加剂、彩色砂浆粉剂为原材料的，经过一定的配比，加入适量的水，经过均匀搅拌，通过专业设备喷涂到基面，然后根据所需的效果，选择合适的施工工艺和施工工具：

（1）喷涂彩色砂浆浮雕压花效果施工工艺：①混合比例：彩色砂浆：水

=1：0.36 ~ 0.40；②用喷枪把搅拌好的砂浆喷到墙上，空气压力应为 0.5 ~ 0.8MPa。喷涂时喷枪宜与墙面垂直，喷枪距墙面距离一般为 300 ~ 450mm。喷涂时宜控制喷枪移动的速度，喷涂需一次性完成。涂层厚度一般为 1.5 ~ 2.0mm。彩色砂浆胶浆喷上墙 20 ~ 40 分钟后可进行滚筒轻轻压平。

（2）辊涂彩色砂浆施工工艺：①混合比例：彩色砂浆：水 =1：0.36 ~ 0.40；②用滚筒将搅拌好的彩色砂浆胶浆辊涂到墙上。根据所需的艺术效果选择所需的滚筒的规格。辊涂施工时注意辊涂均匀。涂层一般厚度为 1.5 ~ 2.5mm。

（3）批刮彩色砂浆施工工艺：①混合比例：彩色砂浆：水 =1：0.36；②用腻子抹刀直接将搅拌好的彩色砂浆胶浆批刮到墙上，批抹时宜用注意均匀，一般涂层厚度为 1.5 ~ 2.5mm。

（4）完成后，自然养护 1 ~ 2 天即可进行喷涂彩色砂浆防污罩面剂处理。注意事项：①本产品宜在 5℃ ~ 40℃的环境下施工。禁止在下雨的情况下施工；②施工前应先确认基面的垂直度及平整度；③每包粉剂配加的水量宜保持一致，以保证色调一致。搅拌好的填浆料在 1 小时内一次用完。

3. 工程应用的情况

（1）透气、憎水效果好。装饰砂浆具有良好的透气性和憎水性，可形成带有呼吸功能的彩色外墙装饰体系，因该产品具有良好的憎水功能，故有防潮，防渗的作用，特别适用于对渗水透气要求较高的建筑物。

（2）耐久性好。本产品是以无机材料为主要原料，涂层还具有优良的耐碱性、耐污染性和抗冲击性。因有高度的透气性能，故可避免室内的水气和由此造成的发霉现象，用本产品制成的外墙砂浆使用寿命为 20 年以上。

（3）绿色环保、无污染。本产品原材料均是天然矿物材料，不含游离甲醛、苯等挥发性有机物，为无毒、无味、绿色环保产品。产品所用颜料系天然氧化铁矿物颜料，耐候性和保色性非常优越，可全面保护建筑物免受自然环境、工业废气及微生物的侵蚀、破坏。

（4）弹性结构、可有效避免墙体开裂。产品具有良好的弹性及低收缩性，涂装后不会因天气冷热交替变化而产生开裂现象，并可承受墙体的细微裂缝。因其具备 1.5 ~ 2.5 毫米以上厚度的涂层，因此防水防渗效果特别好，且抗压、抗撞，不掉块，具有特别的韧性。

（5）提高建筑使用寿命，社会效益显著。以瓷砖装饰效果为例：该做法施工速度快，减少建筑结构的负重，同时不会产生脱落，避免出现瓷砖坠落砸伤事故。装饰砂浆具有整体性，不会产生缝隙，可以避免水渗入墙体结构，可以提高建筑结构寿命。

彩色饰面砂浆与外墙外保温构造装饰于一体，且施工简单，耐久性好，外观表面造型与传统的黏土砖十分相似，既可以满足瓷砖装饰效果，同时又解决了普通瓷砖形式透气性差，增加负荷，容易产生脱落等缺点。使保温体系具有集保温、抗裂、透气、憎水、装饰于一体的特点，适合于大面积推广应用。

（三）建筑工程中免抹装饰砂浆技术的意义

在我国经济高速发展的今天，人们随着物质文化提高，必然推动城市化的发展，对居住和工作环境要求较高以及对住房、办公等建筑物的需求量较大，使房地产和建筑行业飞速发展，导致建材的需求量增加，如果不进行技术更新和严格控制建材耗费，会使可利用资源越来越少，严重影响生态环境，不利于可持续发展。

随着我国经济的高速发展，城市化程度越来越高，对住房、办公等建筑物的需求量就越大，使房地产和建筑行业呈飞速发展，高楼大厦拔地而起，推广免抹技术，对提高施工技术、减少结构荷载、降低工程造价、节约生态能源具有深远意义。

1. 减少建材耗费，节约能源，保护生态环境

建筑工程中装饰抹灰砂浆面积约为建筑面积的 3.5 倍，按照一般设计要求为 25mm 厚（实际施工中，比这个数据大），以 2007 年为例，我国村镇房屋竣工总建筑面积为 8.49 亿平方米，建筑装饰抹灰砂浆用量约 7430 万 m^3，况且，这个用量每年还呈线性上升状态。以建筑装饰抹灰水泥砂浆 1∶2.5 的配合比为例，按照建筑装饰抹灰水泥砂浆 $1m^3$ 的水泥用量为 0.466 吨、中砂用量为 $1.156m^3$、水用量为 $0.3m^3$ 计算，如果采用免抹技术，则一年全国减少水泥用量 3500 万吨，减少中砂用量 8600 万 m^3，减少水用量 2229 万 m^3。可以减少因疯狂乱采乱挖造成的河床崩塌河流改道，可以减少因采砂造成的山体滑坡植被破坏，可以减少因生产水泥造成的环境污染。节约了土地资源，保护了土地生态环境，节约水资源，改善用水条件，节约的水可供 12 万人平均用一年。

2. 降低工程造价，节约项目投资成本，减少施工扬尘和降低施工污染

按照建筑装饰抹灰砂浆在建筑工程中的所占单方造价为 120 元 / m^2 左右（包括涉及抹灰用脚手架、提升设备、砂浆搅拌设备等费用），按 2007 年全国村镇房屋竣工总建筑面积 8.49 亿平方米计算，推广免抹技术后，不但减少结构荷载降低钢筋含量以及减小结构截面尺寸而降低工程造价。全国村镇建设一年可以节约共计为 1000 亿多人民币（还不包括清理由此产生的建筑垃圾的费用）的建设投资成本。节约的资金，可以投入公益以及解决民计民生的服务设施，改善生活质量等问题。投入教育事业，若以 300 万元修建一所希望学校，则可以修建 35 万多所左右，可以解决 1 亿左右儿童上学问题。也可以帮助因成绩优秀考上大学而无钱进校读书的人，其社会效益是无法用数字去衡量的。

施工现场不用装饰砂浆，减少了因堆放水泥、砂等建筑材料所占用的施工场地。特别是在市区，施工场地空间狭小，其优势尤为突出。也降低了因生产搅拌砂浆产生的施工扬尘和施工噪声污染以及施工后产生的建筑垃圾，改善施工环境，提升施工形象。

3. 提高施工技术，促进新工艺、新材料的创新，推进建筑行业的发展

采用建筑装饰抹灰砂浆免抹技术，要求墙体砌筑时，保证墙体横平竖直，砌筑砂浆饱满，灰缝均匀；混凝土结构施工时，要求模板拼装接缝严密，模板平直，不拱不翘，不变形，不漏浆。要做到这一点，操作有难度，很多工地，要么墙体灰缝过大、表面不平整，

要么浇注混凝土结构时，因模板拼装工艺不到位造成模爆裂而漏浆，或模板变形造成结构表面不平整。这种现象，很常见。一般情况下，施工企业往往在表面抹灰时，用砂浆进行修补调平处理，致使部分抹灰厚度超标，部分抹灰厚度不能满足设计标准。由于厚薄不均，收缩不一，很容易造成抹灰层空鼓或开裂，影响美观。这就对施工承包企业的施工管理水平和工人专业技术工艺的要求很高。

采用这种新技术、新工艺后，装修墙面时，不用抹灰层，直接用墙面装修基层材料打底，然后面刷墙体涂料层或贴饰面材料，既省材料又增大室内空间（一般抹灰层厚度为25mm）。要求这种墙面基层材料性能强度很高，其粘接性、密封性、收缩性、保温性、耐腐蚀性、抗老化性以及无异味且对人体无害等性能有较为严格的规定，才能保证实用、环保、无污染。

推广新技术，使用新材料，必然促使施工承包企业加强自身建设，提高施工管理水平，学习新技术，改变落后的施工技术和工艺，加强建筑工人的专业技术水平，提升企业社会形象，增强在建筑市场的竞争实力。改善居住空间，提高居住舒适程度，为生态环境建设和社会经济保持可持续发展，具有不可估量的潜力。

二、防水砂浆

防水砂浆又叫阳离子氯丁胶乳防水防腐材料。阳离子氯丁胶乳是一种高聚物分子改性基高分子防水防腐系统。由引入进口环氧树脂改性胶乳加入国内氯丁橡胶乳液及聚丙烯酸酯，合成橡胶，各种乳化剂，改性胶乳等所组成的高聚物胶乳。加入基料和适量化学助剂和填充料，经塑炼，混炼，压延等工序加入而成的高分子防水防腐材料。选用进口材料和国内优质辅料，按照国家行业标准最高等级批示生产的优质产品，国家小康住宅建设推荐产品。寿命长，施工方便，长期浸泡在水里寿命在50年以上。

（一）产品分类

防水砂浆一种刚性防水材料，通过提高砂浆的密实性及改进抗裂性以达到防水抗渗的目的。主要用于不会因结构沉降，温度、湿度变化以及受震动等产生有害裂缝的防水工程。用作防水工程的防水层的防水砂浆有三种：（1）刚性多层抹面的水泥砂浆；（2）掺防水剂的防水砂浆；（3）聚合物水泥防水砂浆。

1. 刚性多层抹面类

由水泥加水配制的水泥素浆和由水泥、砂、水配制的水泥砂浆，将其分层交替抹压密实，以使每层毛细孔通道大部分被切断，残留的少量毛细孔也无法形成贯通的渗水孔网。硬化后的防水层具有较高的防水和抗渗性能。

2. 掺防水剂类

在水泥砂浆中掺入各类防水剂以提高砂浆的防水性能，常用的掺防水剂的防水砂浆有氯化物金属类防水砂浆、氯化铁防水砂浆、金属皂类防水砂浆和超早强剂防水砂浆等。

3. 氯化物金属类

由氯化钙、氯化铝等金属盐和水按一定比例混合配制的一种淡黄色液体，加入水泥砂浆中与水泥和水起作用。在砂浆凝结硬化过程中生成含水氯硅酸钙、氯铝酸钙等化合物，填塞在砂浆的空隙中以提高砂浆的致密性和防水性。

4. 氯化铁类

用氧化铁皮、盐酸、硫酸铝为主要原料制成的氯化铁防水剂，呈深棕色溶液，主要成分为氯化铁、氯化亚铁及硫酸铝。该防水剂先用水稀释后再加入水泥、砂中搅拌，形成一种防水性能良好的防水砂浆。砂浆中氯化铁与水泥水化时析出的氢氧化钙作用生成氯化钙及氢氧化铁胶体，氯化钙能激发水泥的活性，提高砂浆的强度，而氢氧化铁胶体能降低砂浆的析水性，提高密实性。

5. 金属皂类

用碳酸钠或氢氧化钾等碱金属化合物、氨水、硬脂酸和水按一定比例混合加热皂化成乳白色浆液加入到水泥砂浆中而配制成的防水砂浆，具有塑化效应，可降低水灰比，并使水泥质点和浆料间形成憎水化吸附层和生成不溶性物质，以堵塞硬化砂浆的毛细孔，切断和减少渗水孔道，增加砂浆密实性，使砂浆具有防水特性。

6. 超早强剂类

在硅酸盐水泥（或普通水泥）中掺入一定量的低钙铝酸盐型的超早强外加剂配制而成的砂浆，使用时可根据工程缓急，适当增减掺量，凝结时间的调节幅度可为 1 ~ 45min。超早强剂防水砂浆的早期强度高，后期强度稳定，并具有微膨胀性，可提高砂浆的抗开裂性及抗渗性。

7. 聚合物水泥类

用水泥、聚合物分散体作为胶凝材料与砂配制而成的砂浆。聚合物水泥砂浆硬化后，砂浆中的聚合物可有效地封闭连通的孔隙，增加砂浆的密实性及抗裂性，从而可以改善砂浆的抗渗性及抗冲击性。聚合物分散体是在水中掺入一定量的聚合物胶乳（如合成橡胶、合成树脂、天然橡胶等）及辅助外加剂（如乳化剂、稳定剂、消泡剂、固化剂等），经搅拌而使聚合物微粒均匀分散在水中的液态材料。常用的聚合物品种有：有机硅、阳离子氯丁胶乳、乙烯 - 聚醋酸乙烯共聚乳液、丁苯橡胶胶乳、氯乙烯 - 偏氯化烯共聚乳液等。

（二）高层建筑外墙防水砂浆施工技术与质量控制

建设房屋的基础是外墙防水砂浆施工，外墙防水砂浆施工是否稳固和牢靠是影响房屋安全性的关键。高层建筑工程施工是一个十分复杂的系统工程，不仅涉及各个领域的技术应用，而且施工的规模和时间跨度都比较长。要想让高层建筑的安全可靠性得到保障，要严格把关外墙防水砂浆施工施工质量，拟定合理科学的施工方案。本书就高层建筑外墙防水砂浆施工技术和外墙防水砂浆施工中的质量控制方面进行了全面的探讨。

1. 高层建筑外墙防水砂浆施工技术

（1）高层建筑外墙防水砂浆施工技术

在建筑外墙防水砂浆施工中，会因各种原因而影响到最终的施工效果，比如施工顺序错误、基层处理不当、砂浆比例不对以及养护方法存在漏洞等。基于此，相关施工技术人员应该从几方面入手。要对施工顺序进行了解。当基层为混凝土砌块时，要在施工前两天对其进行洒水湿润，并在抹灰前再次洒水，让墙体始终保持湿润，这样可以避免墙体吸收砂浆中的水分，以此来增加墙体与砂浆之间的黏结力。当基层为混凝土面时，首先也要对墙体表面的污垢以及尘土等进行清除，在清理完毕后，将墙体表面残留的火碱水冲净晾干，再把防水砂浆均匀地涂于墙面，并在材料终凝后进行入到养护阶段。一般在防水砂浆涂抹一天后，就可以对其进行大量浇水养护，让防水砂浆处于潮湿状态，且整个养护不得少于两周。

（2）防水砂浆施工技术完善途径

外墙防水砂浆施工的质量直接影响着高层建筑的施工质量和安全，所以外墙防水砂浆施工技术的改善对保证施工质量十分关键。相关的技术人员在进行施工的过程中要善于总结经验教训，只有这样才能在保证施工效益的同时兼顾施工安全。外墙防水工程严禁在雨天、雪天、5级及以上风速下施工；施工的环境温度宜为 5 ～ 35℃，施工时应采取安全防护措施。挂网前将结合处、孔槽、洞口边等部位进行修补，修补时应分层填实抹平。挂网时混凝土墙可用射钉固定，砌块墙可用钢钉固定；固定钉间距不宜超过 400mm；钢钉宜钉在灰缝中，固定后应保证钢网平整、连续、牢固，不变形起拱。采用预拌或现场拌制砂浆时，外墙抹灰层的平均总厚度不宜大于 25mm，外墙勒脚及突出墙面部分抹灰层的平均总厚度不宜大于 30mm。抹灰应分层进行，采用干粉砂浆时，砂浆每遍抹灰厚度宜为 5 ～ 10mm。抹灰时砌体应保持表面湿润，蒸压加气混凝土砌体表面湿润深度宜为 10 ～ 15mm，其含水率不宜超过 20%。外墙抹前，应对门窗框与混凝土结构或砌体之间的缝隙进行处理。按设计要求选用纤维防水砂浆或聚合物防水砂浆填塞密实，并涂刷聚合物水泥基防水涂料一层，涂膜厚度不小于 1.0mm；或用聚氨酯发泡胶或其他弹性材料封填

2. 高层建筑外墙防水砂浆施工质量控制

（1）构建科学施工质量监理体系

构建科学、合理、有效的工质量监理体系，更加有利于施工的完善工作的开展，是后续工作的开展的根本保证。施工质量是衡量一个建筑工程是否成功的关键因素，所以必须采取质量控制措施做好质量控制的程序安排，强化质量的预防控制，对所设计的方案必须进行综合分析，统一确定好具体的装修方式。影响的主要因素有施工材料、施工技术、施工人员、监管不力这四个方面。所以施工质量管理需要从这四个方面着手，建立完善的质量检测、审核体系，是一个贯穿始终建设施工的问题。施工质量的管理有施工质量的管理要点、合理的选择施工技术、加强对施工作业人员的管理。建立有效的工程质量的管理机构和制度，以科学合理的方法对其进行管理。有专人负责施工质量检测和检验记录，整理

好各项质量技术资料，确保施工质量符合要求。施工管理人员要对各个环节的工序加以有效的监督，存在质量隐患时，要及时纠正并有效解决，防患于未然。提高高层建筑外墙防水砂浆施工时工作人员的控制与管理。对工人进行工程质量和知识教育、提高工人的操作技术水平，降低质量风险。严格把好材料质量关，对材料的生产厂商进行对比，选择信誉度高的厂商开展合作，严格按照相关要求做好材料及施工情况的报检工作，并且对于在运用中存在的问题进行分析，及时采取解决措施，才能使施工质量达到合理水平，造福于社会和人民。

（2）人员专业素养和职业素质的确保

在工程的建设中，施工人员的素质是直接影响到整个建筑工程质量的成败的关键，是工程质量合格与的决定性因素。所以施工企业要积极的引进高素质的施工技术人员，打造一支拥有强硬专业素质的施工人才队伍。此外，还需要加强对企业在职施工人员的专业素质培训，提高他们对建筑工程的业务能力，增强他们的工程管理的水平，以便于更好地开展建筑工程中的管理工作。积极应用新技术、新材料，使动力及施工机械化对工期的得到保证。不断提高企业管理水平，进而保证施工技术管理到位，确保工程施工质量得到落实，并且还要不断加强其责任心和公德心的建设，使施工人员整体素质不断地提高，从而保证施工质量。

高层建筑外墙防水砂浆施工的施工质量直接影响着建筑的整体质量，一些看起来无伤大雅的瑕疵也许会为建筑的安全埋下隐患。在施工中要充分注重方法的科学应用，保障整体施工质量的有效控制。在实际施工中，相关的技术人员和施工人员必须要严格施工过程中的技术方法，做外墙防水砂浆施工处理技术，优化设计方案，严格的控制施工材料、人员，做好质量控制，确保工操作流程、规范施工质量标准，在确保工程质量安全的同时，争取按照预定工期完工。

三、干混砂浆

（一）干混砂浆定义与分类

干混砂浆，又名预拌干粉砂浆、水硬性水泥混合砂浆、砂浆干粉料、干混料、干拌粉（部分建筑黏合剂也属于此类），是按照以设计比例将经过干燥筛分的骨料（如石英砂）、无机胶凝材料（如水泥）和添加剂（如聚合物）等进行物理混合制成的一种粉状或颗粒状物料。它与水充分混合后，可散装或袋装运到施工现场直接用于薄层发挥防护、黏结、衬垫或用作建筑装饰。

干混砂浆主要组成材料有：第一，水泥。在干混砂浆中，水泥具有胶凝作用，是配置干混砂浆最重要的材料。在实际水泥材料选择中，稳定性控制是关键内容，首先，要保证水泥材料能够满足国家标准规定，并根据砂浆强度等级要求以及品种做好其强度等级选择。其次，在散装水泥选择时，需要尽可能使用具有同一牌号、厂家的水泥，避免因经常对水泥等级、品种进行更换而对质量控制产生影响，而对干混砂浆的质量稳定性产生影响。最后，可以使用统计方式的应用综合评价水泥稳定性，并根据统计情况对配比以及调整依据进行确定。

第二，骨料。骨料方面，可以选择人工砂或天然砂，砂的级配情况、石粉含量以及粒径大小都将会对砂浆质量产生影响。当砂中石粉、含泥量过高，或者细度模数偏大、偏小时，都会使干混砂浆出现开裂、离析以及施工情况变差问题。对此，在工作当中需要做好砂的筛分分级储存，在搭配使用的情况下增强其稳定性。在干混砂浆制作中，砂的质量将对其产生较大的影响，除了能够具有填充作用，且将会对其收缩、水化热、和易性以及耐磨性产生影响。在实际砂材料选择中，需要尽可能选择中砂，保证其能够符合行业标准规定，且经过 4.75mm 筛孔。含水率方面，需要控制在 0.5% 以内，最大粒径要对砂浆品种要求进行满足，并根据施工要求对砂的细度模数等指标进行调整。

第三，矿物掺合料。通过矿物掺合料的科学掺加，能够在实现干混砂浆性能改善的基础上实现其制作成本的降低，且在环境保护方面也具有积极的作用。常用的矿物掺合料包括有硅粉、粉煤灰以及矿渣粉等，在实际处理中需要在通砂浆技术、品种要求相结合的情况下合理选择。为了保障其质量具有良好的稳定性，需要选择具有稳定供应源且具有较大规模的生产厂家，同时，保证矿物掺合料质量能够满足标准要求。此外，磷渣以及钢渣等在经过磨细处理后也可以应用在干混砂浆中，但在实际应用中需要做好其特性的把握，在经过试验确定后再进行应用。

第四，添加剂。在干混砂浆制作中，添加剂主要为抗裂以及保水增稠方面材料，而根据其具体性能需求差异，还需要向其中掺加早强剂、引气剂以及减水剂等。这部分添加剂掺加量通常较小，但作用不容忽视，需要根据标准做好添加剂的严格试验检测。具体类别方面，则可以将预拌砂浆分为干混以及湿拌砂浆这两种类型，其中，普通干混砂浆的类别有抹灰、防水、砌筑以及地面砂浆。特种砂浆有保温板黏结、聚合物水泥防水、耐磨地坪以及陶瓷砖黏结砂浆等类型。

（二）干混砂浆生产工艺流程

干混砂浆是经干燥筛分处理的集料与水泥以及根据性能确定的各种组分，按一定比例在专业生产厂家混合而成，在使用地点按规定比例加水或配套液体拌和使用的干混拌和物。干混砂浆也称为干拌砂浆。

1. 烘干干燥

根据施工标准要求，应用在干混砂浆的含水率需要控制在 0.5% 以内。当砂具有较高含水率时，在长时间存储砂浆材料时，其会因出现结块情况而对实际应用产生影响。以人工方式生产砂浆材料时，需要选择干燥、质量好石子进行破碎处理，并选择具有较高性能的破碎机，保证人工砂各项指标如石粉含量、含水率等能够满足施工要求。

2. 计量

计量包括有称量以及配料两个环节，在实际处理中，需要根据原材料种类对较多的称量装置进行设计，以此对配料的灵活性进行增加，并按照配比配料处理，将计量误差控制在 2% 以内。

3. 混合

混合机效率方面，主要为混合机的卸料以及混合时间，要想达到所需的均匀度，则需要做好混合时间的控制，即越短越好。而卸料时间方面，则将对批次循环时间产生影响，保证该时间越短越好。均匀度的保持与提升同混合机的构造以及机型具有密切的联系，在实际混合中，当原材料进入到混合机前，需要保证其温度在 65℃ 以内，且填充系数为 0.7 ~ 0.8 范围内。混合时间方面，要保证材料混合均匀为基础，卸料门卸料时间需要控制在 18s 以内，而残留量需要在 0.1% 以内。

4. 出料

袋装干混砂浆需要定量包装。包装作业区必须配备收尘设施，以避免污染环境。散装干混砂浆要使用专用罐车运到现场，罐车在非工作时间出料口应封闭，导料管路缩回，高度必须抬升到罐车口以上，以确保罐车正常通行。在作业过程中，卸料口可抬升到与接料口齐平，但是要留足余量，以便于对装料后因自重的影响罐车因装填物料过程中自重增加引起的接料口下降，如果没有及时做好高度的补偿，则可能因此导致出现粉料外溢等问题。

同时，因罐车接料口同卸料口间距离较大，物料在实际装车时则将存在一定的高度差，很容易因此导致扬尘问题的发生，对此，需要在现场做好收尘系统的设置，以此实现环境的保护。

（三）干混砂浆检测思路及质量控制措施

1. 质量检测要求

试验室应该配备足够的砂浆检测仪器，这些仪器、设备必须通过当地散装水泥办公室考核认定，符合预拌砂浆质量检测条件。

另外，要配备中级职称专业技术人员，这些人员必须通过当地预拌砂浆试验人员资格考试。严谨的质量管理流程、专业的检测设备、较高的技术水平，确保每批次出厂砂浆质量合格。

2. 检测思路及质量控制措施

质量检测基本思路是：取样→样品交接预处理→试验环境控制→仪器设备管理。主要措施如下：

（1）取样

在实际检测工作当中，为了保证所检测样品的代表性能够满足要求，则需要严格按照规定开展工作，通常情况下，在使用地点的砂浆运送车、砂浆槽以及搅拌机出料口位置取样，即保证在三个不同部位取样处理。以此方式操作的原因，主要是样品的代表性以及可靠性为检测工作的关键，如果在取样环节就不合理、存在问题，那么无论后续检测结果多么正确，都不可能获得正确的结论。对此，在实际施工中则需要严格按照 JGJ/T70—2009 规定要求开展工作。

（2）样品交接预处理

当将试验样品运输到检测单位后，需要第一时间贴好唯一性标识的样品标签，以此便于检测人员在工作当中能够对号入座，避免出现混淆检测的情况。

在样品交接中，也需要做好交接记录，以此做好样品的溯源处理。对于抽取完成的样品，需要在将其放置到实验室 24h 后再进行检测。

对于干混砂浆材料样品而言，其在实际运输以及存储过程中不可避免地会出现一定的离析情况，并因此使原料发生分离问题。对此，在正式试验检测前，即需要能够做好样品的干搅拌处理。以此使材料具有均一化特征，以此在使样品具有较好可靠性的基础上对来自偶然因素的影响进行降低，进而获得高质量、具有代表性的检测结果。

（3）试验环境控制

根据检测标准，在对砂浆材料进行拌和时，需要保证实验室温度能够处于 $20 \pm 5℃$ 的范围内，在对施工条件下砂浆材料进行模拟时，需要保证材料温度同工程施工现场能够保持一致。

成本方面，干混砂浆由干燥骨料、水泥以及添加剂等组成，在不同温度环境下，外加剂活性以及水泥水化速率等都将存在差异，该种情况的存在，也可能使砂浆凝结时间出现误测情况，也将会对材料表面含气量以及密度测试结果产生影响。

对此，就需要能够做好这方面把握，做好试验环境控制，严格按照标准要求执行操作。

（4）仪器设备管理

精准的仪器设备是正常开展检测工作并确保检测质量的基础条件。实验室应该按照砂浆产品检测要求配备具有相应检测功能和量程的砂浆检测设备，检测前严格按照仪器设备使用规范进行校准，做好量值溯源工作。检测时注意操作过程是否规范。在设备管理方面做好日常设备的维护，才能够使其在处于正常状态的情况下获得更为精确、客观的测验结果。

砂浆检测的专用设备必须送计量院计量检验并确认质量合格后方可投入使用，严谨使用过期或报废的仪器设备进行砂浆检测工作。

另外，在日常工作中还应该做好相关自检方案的准备，定期做好仪器设备的自检，以此对检测数据的可靠性以及准确性做出保证。在日常工作当中，也需要对仪器设备管理加大力度，在对实验室管理能力进行提升的情况下获得更为精确的结果。

（5）检测人员素质

在干混砂浆检测当中，检测人员可以说是该项工作开展的重要主体，对整个工作具有重要的主导作用，其自身检测水平、专业能力以及责任心的高低都将对监测结果的准确性、真实性以及可靠性产生影响。检测人员在检测水平以及专业能力方面，主要是其对干混砂浆样品的熟悉程度、对于实验室仪器设备操作能力以及对监测参数以及规范的理解应用程度等。

职业道德方面，即检测人员在工作当中的努力程度、认真程度以及责任度等。对于每一份检测报告来说，其并非单纯对检测人员个人行为的表现，同时也代表整个检测机构的水平与能力，且具有一定的法律效力。只有在工作当中秉承公正、准确以及负责任的态度，才能够获得更为可靠、准确的结果。在实际工作开展中，检测单位也需要定期做好跨单位技术交流以及内部检测能力考评，并做好职业道德教育工作，以此在实现监测人员素质能力提升的基础上获得更高的检测质量。

（四）干混砂浆质量检测标准

在进行质量检测时，应该按照表1所示通用型技术指标来判断所检测的产品是否合格，并根据检测结果对不合格的干混砂浆产品进行参数调整，直至其符合质量要求。

（五）干混砂浆优势

1. 生产质量有保证

干混砂浆有专业厂家生产，有固定的场所，有成套的设备，有精确的计量，有完善的质量控制体系。如完善的计算机控制系统确保整个生产过程准确稳定。精确的电脑控制计量，保证了原材料称量的准确性。强制机械拌和保证了各物料混合均匀。规范严格的品质检验使产品品质均衡。如此多种措施，充分保证了产品质量。

2. 施工性能与质量优越

干混砂浆根据产品种类及性能要求，特定设计配合比并添加多种外加剂进行改性，如常用的外加剂有纤维素醚、可再分散乳胶粉、触变润滑剂、消泡剂、引气剂、促凝剂、憎水剂等。改性的砂浆具有优异的施工性能和品质，良好的和易性方便砌筑、抹灰和泵送，提高施工效率，如手工批荡抹灰 $10m^2/h$，机械施工 $40m^2/h$；砌筑时一次铺浆长度大大增加。由于其优异的施工性能和品质使施工质量提高，施工层厚度降低，节约材料。施工质量的提高使得维修返工的机会大大减少，同时也可以降低建筑物的长期维护费用。

3. 产品种类齐全满足各种不同工程要求

干混砂浆生产企业可以根据不同的基体材料和功能要求设计配方，如针对各种吸水率较大的加气混凝土砌块、灰砂砖、陶粒混凝土空心砌块、粉煤灰砖等墙体材料设计的高保水性砌筑与抹灰砂浆；用于地面要求高平整度的自流平地台砂浆等。亦可满足多种功能性要求，如保温、抗渗、灌浆、修补、装饰等。据不完全统计干粉砂浆的种类已有50多种。

4. 高质环保的材料具有明显的社会效益

其一干混砂浆是工厂预拌的材料，只需在工地加水搅拌均匀即可使用，且扬尘极少，更环保。其二因其施工质量优异，将极大增加承建商和广大业主的信心。其三因其优异的操作性能，施工速度快，工人劳动强度低，现场扬尘少，有利工人身体健康，更符合我国"以人为本"的宗旨。其四符合我国发展散装水泥的需要。

　　随着干混砂浆近年来在工程当中的推广应用，砂浆检测业务量也在此过程中获得了较大的提升，使得干混砂浆质量控制成了非常重要的一项工作。在上文中，我们对干混砂浆检测质量控制思路进行了一定的研究，在实际工作当中，需要检测部门能够形成高度重视，将检测质量放在首位，严格按照质量检测技术指标控制砂浆产品的质量和性能，同时做好设备、人员的配备，保障检测结果的精确、真实。

第六章 墙体材料

墙体材料可以有效减少环境污染，节省大量的生产成本，增加房屋使用面积等一系列优点，其中相当一大部分品种属于绿色建材，具有质轻、隔热、隔音、保温等特点。有些材料甚至达到了防火的功能。

因为高层建筑的普及，砌体结构的建筑越来越少，也就是用"砖"做承重墙的越来越少，大量的"砖"改为轻质、隔音、保温的仅起围护作用轻质"砖"或砌块。

第一节 砌墙砖

一、烧结普通砖

长久以来，烧结普通砖一直在我国建筑材料市场占据重要地位。但随着科技的发展，现代建筑板材逐渐兴起，正威胁着普通砖的地位。为了提高建筑物的质量进一步巩固烧结普通砖的地位，对普通砖强度的检测必须提上日程，高度重视。

（一）烧结普通砖的简单介绍

1. 基本概念

烧结普通砖（简称机砖）又称实心砖，根据国家标准 GB5101—2003《烧结普通砖》规定，凡以黏土、页岩、煤矸石和粉煤灰等为主要原料，经成型、焙烧而成的实心或孔洞率不大于 15% 的砖，均称为烧结普通砖。根据其原料和工艺的不同，可分为黏土砖、页岩砖、煤矸石砖等。

2. 外观质量

烧结普通砖的规格为 240mm 长、115mm 宽、53mm 厚，240mm × 115mm 的面称为大面，为受力面，240mm × 53mm 的面称为条面，115mm × 53mm 的面称为顶面。砖的外观质量主要要求其两条面高度差、弯曲、杂质凸出高度、缺楞掉角尺寸、裂纹长度及完整面等六项内容符合规范规定。

3. 抗风化性能

抗风化性能是指砖在长期受到风、雨、冻融等综合条件下，抵抗破坏的能力。凡开口孔隙率小、水饱和系数小的烧结制品，抗风化能力强。

（二）烧结普通砖强度的一些检验方法

GB5101—93《烧结普通砖》取消了旧标准中的抗折强度指标，增大抗压强度样本量（由原来的 5 块改为 10 块），并由此确定机砖的强度等级。现在国内检测烧结普通砖的强度等级，应用最广泛的方法是试验法和回弹法。

烧结普通砖强度的常用检测方法如下：

（1）用感观的方法识别烧结普通砖的强度，包括观察外观，摔打法和听声音。摔断看截面，颜色均匀通透，强度高；颜色不均匀，明显没烧透，强度肯定不行。拿起一块砖，选择水泥地面，距地面 1 米左右高度，直接放下，不容易摔碎为强度高；很容易就粉碎，强度很差。拿两块砖，相互敲打，声音清脆，强度高；声音沉闷，强度较差。

（2）用试验法检测烧结普通砖的强度。根据最近出台的国家标准 GB5101—2003《烧结普通砖》要求，首先在每批生产的普通砖检测产品抽取数量为 50 的砖块样本检验其外观质量，第二步从首步抽样中得到的 50 个普通砖中采用随机抽样的方法得到 20 个普通砖，样本检测其尺寸偏差是否合格，以此类推其他的检验项目的样本砖块均采用随机抽样的策略法，从经过以上步骤检测之后的普通砖中抽取，使得所抽取的样本普通砖能够代表所需检测的砖垛的基本特点。根据以上标准要求再目标检测砖垛中分级抽样中得到的样本砖块中，随机抽取 10 块砖样，其中各 5 块分别按国家标准规定的实验策略进行抗压或抗折强度试验，并确定其强度等级。

纵观试验全过程，试样的加工制作是相当麻烦的。随着烧结普通砖生产工艺技术的进步，结构组织紧密的机制砖的抗压强度是相当高的。砖的硬度是与其抗压强度成正比的，要把硬度很高的砖断成两等分是相当困难的。因此，不断改进和完善试验方法，是科技进步的需要与必然。

（3）用回弹法检测烧结普通砖的强度。回弹法检测烧结普通砖是使用游标直读式，冲击能量为 0.735 焦耳的 HT75 型回弹仪测量得到结果并与国家标准要求进行比较。在每个检验批中可布置若干个测位，每个测位的测区数不少于 10 个，测区与测区之间及测区与砖墙边缘的距离不应小于 250mm，每个测区抽取 20 块砖的条面进行回弹测试。砖材抗压强度的回弹值可以按照《回弹法评定砌体中烧结普通砖强度等级（标号）技术规程》的要求进行换算。其中黏土砖、页岩砖、煤矸石砖的回弹值和最低回弹值应等于或者大于规范中的指标值。回弹测点布置在外观质量合格砖的条面上，每个条面上回弹 5 个点。每一测点只能弹击一次。每一测区测 100 点回弹值，每个测位的回弹值不应少于 1000 点。

在目前已发布的检测标准中，行业标准《回弹仪评定烧结普通砖强度等级的方法》用于试验室标准条件下烧结普通砖检验批强度等级的评定。被检测砖应为外观质量合格的完整砖砖的条面必须清洁、平整，如有饰面层、粉刷层等。

须用砂轮磨除此外，对受潮或被雨淋湿后的砖进行回弹，回弹值会降低，因此，被检测砖的表面应为自然干燥状态被检测砖平整、清洁与否，对回弹值亦有较大的影响，故须用砂轮将被检测砖表面打磨至平整，并用毛刷刷去粉尘。

（4）用冲击法检验烧结普通砖的强度。冲击法是对碎砖块加工处理之后进行冲击试验，检测普通砖样本在单位功作用下的表面积增量的策略检测其抗压强度的。该策略的具体步骤有：选择要检测的砖垛或者砖砌体并凿去适量碎砖块之后，加工成为直径大约10mm 的圆形颗粒并通过相应的孔径处理得到试验用料；然后取约为 200g 的试验用料，置于 50 ~ 60 摄氏度的烘烤箱中焙烤两个小时，取出冷却并分为等量为 50g 的三份，误差小于 0.01g；之后将试验用料置于冲击筒中进行冲击、筛分和称量处理并测定其表观密度进行公式计算；最后根据抗压强度与单位功表面积增量间的关系即可确定该测试普通砖的抗压强度。

（5）用超声波法检测烧结普通砖。超声脉冲法是通过使用非金属超声波检测仪以及50kHz ST 型探头，对需要进行检测的普通砖的强度等级进行分组测试，探头需放置于普通砖 240mm 的长度方向的两端面上，测量样本砖块的超声波传送速度，然后用标准试验策略测定普通砖的抗压抗折强度。

综上所述，烧结普通砖的检测策略各有利弊。试验法在抽取样本的过程中对普通砖的结构有所损伤并且要求样本为完整的砖块，其优点是试验法检测得到的数据结果较为科学准确；作为非破损检测的回弹法广泛适用于建筑行业普通砖检测，该策略可用于大面积检测且对砖块结构无损伤，但值得考量的是检测结果的误差；冲击法检测过程较为复杂因此在实际操作中注意事项烦琐，该策略只有少数部门机构采取取；由于砖的力学性能与声学性能离散性较大，因此超声脉冲法要经过进一步的验证后才可使用。

参考以上烧结普通砖检测策略，衡量各种策略的优缺点和实施操作的可行性，目前我国检测烧结普通砖的强度等级的策略主要有试验法和回弹法，该策略既能够满足被检建筑物破损性要求，又能达到国家标准 GB5101—2003《烧结普通砖》要求。

（三）烧结普通砖的质量问题

1. 没有建立完善的质量管理制度

现阶段所生产的烧结普通砖存在质量残缺的问题，主要原因是没有建立完善的质量管理制度，所制定的质量管理制度没有实质性内容，生产经营者过于注重经济效益，忽视完善质量管理机制，没有认识到管理烧结普通砖质量的重要性，进而导致生产人员操作不当，不遵守规范化的施工流程，对待本职工作懒散和怠慢，难以保证生产出质量完好的烧结普通砖。此外，现有的质量管理制度形同虚设，致使所生产出的烧结普通砖长短不一致，砖的尺寸过大或者过小，不符合验收标准，直接降低企业经济效益。另外，质量检测人员没有定期抽样检验烧结普通砖，不能及时发现存在的质量残缺问题，缺少质量管控的职责；管理人员没有深入落实管理工作，所实施的质量管理制度，没有明确管理的具体事项，致使生产人员没有严格管理自身的生产行为，从而生产出一不合格的烧结普通砖。

2. 管理人员和生产人员素质不高

目前，对于出现的烧结普通砖质量问题，主要原因之一是管理人员和生产人员素质不高，管理人员没有严格管理生产流程，不能及时发现存在的不规范行为，不清楚管理职责，管理工作落实的不到位，疏于管理生产人员，没有发挥出管理职责，不了解烧结普通砖的标准尺寸。

在实际管理过程中忽视控制烧结普通砖的质量，经常生产出尺寸过大的烧结普通砖，对于存在的质量问题不重视，没有尽到管理职责，对本职工作没有充分的认知，充分体现出管理人员的职业素养和素养不高。另外，生产人员不遵守管理制度，没有按照规定流程进行施工和操作，不合理使用机械设备，造成生产出的烧结普通砖质量不合格不能使用，同时，不能灵活掌握施工技术，对生产工作没有责任感，给企业造成无法挽回的经济损失，针对这一现状，以下文章提出了相应的解决策略。

（四）造成烧结普通砖质量问题的原因

造成烧结普通砖不合格原因，主要有以下几点：①尺寸偏差不合格。由于生产企业多为私业，技术装备落后，质量意识淡薄。特别是个别生产企业为节约成本，偷工减料，缩小模具尺寸，使其产品尺寸不符合标准要求。另外，有些厂家土坯水份含量过高，如遇降雨过多时，易导致其产品几何尺寸偏差过大，使其生产的产品不合格；②泛霜不合格。这与使用的页岩原料和采用的高硫煤有密切关系，页岩中的碱性氧化物和煤里的三氧化硫在焙烧过程中生成复式硫酸盐矿物。当烧结普通砖受湖和淋水后，砖体的硫酸盐矿物溶解，并随着水分的蒸发迁移到砖体表面，干练燥后重新在砖体表面结晶而形成的泛霜现象；③石灰爆裂不合格。由于烧结砖原料中含有石灰石，并且由于没有粉碎到一定粒度，烧烤后变成氧化钙，出窑后吸取空气中的水分变成了氢氧化钙体积剧烈膨胀，使局部产生爆裂，而影响建筑质量；④抗压强度不合格。抗压强度是烧结普通砖的重要指标，不合格产品受压易碎，导致安全事故。主要原因工艺制定不完善，温度控制不合理，企业片面追求产量，造成产品焙烧时间不够，原料的内掺煤配合比达不到焙烧工艺要求，颗粒级配不合理致使颗粒过粗，导致产品密度不高，造成强度不达标。只有提高砖坯的密度和保温时间，才能烧出合格的烧结普通砖。

（五）解决烧结普通砖质量问题的对策

1. 建立完善的质量管理制度

要想有效解决烧结普通砖的质量问题，生产经营者要注重建立完善的质量管理制度，要求管理人员按照质量管理的内容，严格控制好烧结普通砖的质量，充分发挥管理职责，并认识到本职工作的重要性，积极开展管理工作，将质量管理制度落实到位。

加强管理生产人员，促使生产人员遵守相关的规章制度，依据质量管理制度的内容，规范自身的生产行为，避免生产出质量残缺的烧结普通砖。这充分体现建立完善的质量管理制度是非常重要的，因此，管理人员应严格管理生产流程，要求质量检验人员定期检测烧结普通砖的质量，及时发现存在的质量问题，并通过实施质量管理机制，处罚施工行为不规范的生产人员，以起到警示的作用，避免再次发生质量问题，进而控制好烧结普通砖的质量，保证生产出一大批质量完好的烧结普通砖，从而取得最佳的经济效益。

2. 加强对生产人员和管理人员的培训工作

针对所生产出的质量不好的烧结普通砖，经营者要加强对生产人员和管理人员的培训工作，使管理人员清楚管理职责，清楚管理工作的具体内容，深入落实管理工作，掌握有效的管理方法，明确标准的烧结普通砖的尺寸和大小，准确判定出哪些烧结普通砖是合格的，哪些烧结普通砖是不合格的，不断提高自身的职业素养。与此同时，对生产人员要积极开展培训工作，使生产人员灵活掌握施工技术，掌握更多的业务知识，并在实际生产流程中按照规定的生产流程进行操作，使自身的操作性行为更规范，以免生产出现质量残缺的烧结普通砖，通过对生产人员进行岗前培训，使生产人员符合岗位要求，逐步提高生产人员的素质。由此可见，对生产人员和管理人员进行培训工作是非常重要的，从而提高烧结普通砖质量，以提高企业的市场竞争力，使企业获得更大的生产效益。

随着科技的进步，我国对于很多传统产品的要求不断提高。由于房地产产业的不断发展，建筑材料的用量高居不下，烧结普通砖以其特有的品质在大众中很畅销，所以对于烧结普通砖的检验越来越受重视。近年来，国家相关部门对于烧结普通砖强度检验的指标有所改善，检验方法也有了一定的突破。在检验中，只要我们能够根据不同的产品采取不同的检验方法就一定能够做出合格的产品。

二、烧结多孔砖和空心砖

（一）烧结多孔砖

1. 烧结多孔砖概述

（1）定义

烧结多孔砖是以黏土、页岩、煤矸石、粉煤灰、淤泥（江河湖淤泥）及其他固体废弃物等为主要原料，经焙烧而成，孔洞率大于或等于28%，孔的尺寸小而数量多，主要用于承重部位。

（2）要求

1）粉刷槽和砌筑砂浆槽要求。粉刷槽：混水墙用砖和砌块，应在条面和顶面上设有均匀分布的粉刷槽或类似结构，深度不小于2mm。砌筑砂浆槽：砌块至少应在一个条面或者顶面上设立砌筑砂浆槽。两个条面或顶面部都有砌筑砂浆槽时，砌筑砂浆槽深度应大于15mm且小于25mm；只有一个条面或顶面有砌筑砂浆槽时，砌筑砂浆槽深应大于30mm且小于40mm。砌筑砂浆槽宽应超过砂浆槽所在砌块面宽度的50%。

2）规格要求。砖规格尺寸（mm）：长度为290，240，190mm；宽度为240，190，180，175，140，115mm；高度为90mm。

3）孔型孔结构及孔洞要求。孔型，《烧结多孔砖和多孔砌块》（GB13544—2011）规定，所有烧结多孔砖孔型均为矩形孔或矩形条孔。孔四个角应做成过渡圆角，不得做成直尖角。孔洞排列要求：一是所有孔宽应相等，孔采用单向或双向交错排列；二是孔洞排列上下、左右应对称，分布均匀，手抓孔的长度方向尺寸必须平行于砖的条面。

（3）等级

1）强度等级。《烧结多孔砖和多孔砌块》（GB13544—2011）规定，根据抗压强度，烧结多孔砖分为 MU30、MU25、MU15、MU20、MU10 五个强度等级。

2）密度等级。砖的密度等级分为 1000、1100、1200、1300 四个等级。

2. 烧结多孔砖检测概述

一般我们说的烧结多孔砖检测，主要包括尺寸偏差、外观质量、抗压强度、抗折强度、吸水率等性能的检测。下面逐一进行简要说明：

（1）编制依据和采用标准

GB13544—2011《烧结多孔砖》；

GB/T2542—2012《砌砖墙试验方法》。

（2）主要仪器

液压式压力试验机、液压式万能材料试验机、钢尺（量程：0～300mm、最小分辨率：0.5mm）、台秤（感量：5g）、电热鼓风干燥箱（0～200℃）。

（3）取样过程

1）每 5 万块砖为一批，不足 5 万块砖亦为一批，每批抽取一组。

2）用机械随机抽样法抽取 200 块砖进行外观质量和尺寸偏差检验，从外观质量合格的砖样中按随机抽样法抽取 20 块砖样（每组 5 块），其中 3 组进行抗压强度、抗折强度和吸水率试验，1 组备用。

（4）砖的外观质量检查

1）砖的外观质量检查方法，详见 GB/T2524 要求。

2）外观质量按 GB13544—2011 相关规定判断。

（5）砖的尺寸偏差检查

1）砖的尺寸偏差检查方法，详见 GB/T2524 要求，其中每一尺寸测量不足 0.5mm 按 0.5mm 计，每一方向尺寸以两个测量值的算术平均值表示。

2）尺寸偏差按 GB13544—2011 相关规定判断。

（6）强度检测

1）抗压试验。试验用 10 块，整砖沿竖孔方向加压；试件制作采用坐浆法，详见 GB/T2524。首先测量每个试件连接面的长度尺寸，精确至 1mm，取其平均值，受荷面积以 cm² 计。然后将试件放在试验机加压的中央，并垂直于受压面，加荷时应均匀平稳，不能发生冲击或振动，加荷速度以每秒 2～6kN 为宜，直至试件破坏为止。记下读数，试验完毕后应及时关闭电源，清除杂物。

参数计算：抗压强度 Rp 按以下公式算：

$$R_p = P/LB$$

式中：R_p——抗压强度，精确至 0.1MPa；P——破坏荷载，N；L——砖样长度，mm；B——砖样宽度，mm。

2）抗折试验。取 5 块砖样，砖样要求平整。在砖样的两个大面中间处测量宽度，两条面中间处测量高度，分别取平均值 B、H，精确至 1mm。将砖样平放在材料试验机的支座上，跨距 L 为 200mm，当砖样有裂缝或凹陷时，应使有裂缝或凹陷的大面朝下。在跨距中心以每秒 50 ~ 150N 的加荷速度均匀加荷，直至砖样破坏，记录破坏荷载 P。

抗折强度 R_C 按以下公式计算：

$$R_C = 3PL/2BH^2$$

式中：R_C——抗折强度，精确至 0.1MPa；P——破坏荷载，N；L——跨距为 200mm；B——砖样宽度，mm；H——砖样高度，mm。

3）强度按 GB13544—2011 规定评定等级。

（7）吸水率检测（常温）

1）砖的吸水率检测，详见 GB/T2524 要求。用整砖 5 块，放在干燥箱烘干到恒重，称干质量，泡水 24h，称湿质量。

2）计算：精确到 0.1%。

$$W_{24} = (G_{24} - G_0)/G_0 \times 100$$

式中：W_{24}——24 小时试样吸水率，%；G_{24}——试样浸水 24h 的湿质量，g；G_0——试样干质量，g。

3）吸水率以 5 块试块的平均值表示。

3. 烧结多孔砖原材料质量控制

（1）原料

1）原料的开采及储备：对原料要实行计划开采，根据原料的性质，一般制砖用的土质应堆放风化四个月以上，对于原料成分有波动的要进行混合处理或分层堆放，取料时垂直挖掘，使用前一天浸水湿润。

2）原料的自然含水率：自然含水率对原料的陈化，成型加水都十分重要。一般要求黏土的自然含水率不能大于 14%（干基）为宜。否则，坯体成型水分过高，强度降低，码在下部的坯子易受压变形，严重时产生裂纹，倒塌。

3）原料的颗粒组成：黏土的颗粒组成是以大于 20μm，2μm ~ 20μm，小于 2μm 来分级的。其中，大于 20μm 的颗粒称砂粒，它没有黏结性能，在干燥过程和焙烧过程中，主要起骨架作用，它的含量多少影响着坯体成型、干燥焙烧性能。砂粒少，成型比较容易，但干燥较困难，焙烧温度能降低，反之，则相反。

4）原料的可塑性：原料的可塑性是用塑性指数来表示的，用于制砖用料要求塑性指数在 7 ~ 17 之间较为合适。若塑性指数太低时，可对原料进行风化或陈化细磨；调节水分；

加热处理。真空成型等措施，也可以在塑性较低的原料中掺入塑性较高的原料。

5）原料的收缩：原料加水成型经干燥然后入窑焙烧。在干燥焙烧的过程中，产生干燥收缩和烧成收缩，一般来讲，黏土的干燥收缩越大，敏感性越高，就越容易产生裂纹。收缩过大的黏土制品干燥时不易过急过快。

（2）燃料的质量控制

目前，砖厂用来烧砖的燃料主要是煤，对煤的质量要求是：

1）发热量：凡采用全外燃焙烧，外投煤的发热量最好不小于 $4000 \times 4.18KJ/kg$；如果内燃程度为 70% 以上，适当补充外投煤，则外投煤的发热量不允许低于 $2700 \times 4.18KJ/kg$。

2）煤的粒度：为了使煤在焙烧中充分燃烧和投煤时分布符合要求，外投煤粒度最好小于 20 毫米，其中 5 毫米 ~ 10 毫米应大于 60%。

3）煤的含水率：以 4% ~ 6% 为宜。

（二）空心砖

烧结空心砖是以黏土、页岩、煤矸石等为主要原料，经焙烧而成。烧结空心砖为顶面有孔洞的直角六面体，孔大而少，孔洞为矩形条孔或其他孔形、平行于大面和条面，在与砂浆的接合面上应设有增加结合力的深度 1m 以上的凹线槽。

根据国家标准《烧结空心砖和空心砌块》（GB13545—92）规定，按砖和砌块的表观密度分成 800，900，1100 三个密度级别，每个密度级别又根据孔洞及其排数、尺寸偏差、外观质量、强度等级、物理性能等分为优等品（A）、一等品（B）合格品（C）三个产品等级；根据抗压强度分为 2.0，3.0，5.0 三个强度等级。砖和砌块的规格尺寸有两个系列，即长度、宽度、高度为：（a）290；190，140，90mm；（b）240，180（175），115mm。

烧结空心砖，孔洞率一般在 35% 以上，自重较轻，强度不高，因而多用作非承重墙，如多层建筑内隔墙或框架结构的填充墙等。多孔砖、空心砖可节省黏土，节省能源，且砖的自重轻、热工性能好，使用多孔砖尤其是空心砖和空心砌块，既可提高建筑施工效率，降低造价，还可减轻墙体自重，改善墙体的热工性能等。

1. 混凝土空心砖施工方法

混凝土空心砖是现在建筑施工过程中较为常见的一种墙体材料，施工人员常将它用作承重墙体，使得房屋有效使用面积得到进一步提高，也节省了大量的能源，进一步保护了环境。所谓混凝土空心砖常指把水泥和集料按照一定比例进行配置，然后加水进行搅拌、加工，然后搁置在温湿条件适宜的环境下进行养护和硬化，使其变成建筑墙体与该工程所需的重要砌块材料。空心砖属于已汇总新型绿色环保材料，它在如今的建筑墙体施工过程中发挥着极为重要的作用，只要利用得当，未来将会有更加广阔的发展空间与发展前景。

（1）混凝土空心砖优势特点

空心砖优点：质轻、强度高、保温、隔音降噪性能好。环保、无污染，是框架结构建筑物的理想填充材料。该砖的各项质量指标，经检验均符合国家标准。用空心砖，因为比较轻，不会造成楼板开裂。其实，还有许多其他的隔墙材料，包括轻钢龙骨石膏板、钢丝网等，既轻，还省空间。

一般家里装修时砌作砖墙应该采用1/2砖墙，如果用空心砖来做的话，墙体宽度连粉刷在内120厚，主要优点是自重轻是一般95砖墙2/3，不会对房屋本身结构带来太大的负担，隔音效果也可以的，因为空心砖里面的孔在安排上有隔音功能考虑的，相对来讲95砖墙体厚度和空心砖是一样的，自重要重，隔音效果比空心砖要略微好一点。可以减小对地面的压强，因为比较轻。可以使内气压＝外气压建筑不易开裂。

空心砖是以黏土、页岩等为主要原料，经过原料处理、成型、烧结制成。空心砖的孔洞总面积占其所在砖面积的百分率，称为空心砖的孔洞率，一般应在15%以上。空心砖和实心砖相比，可节省大量的土地用土和烧砖燃料，减轻运输重量；减轻制砖和砌筑时的劳动强度，加快施工进度；减轻建筑物自重，加高建筑层数，降低造价。

（2）混凝土空心砖常见问题

墙面的各个部位常会有不同程度的开裂问题出现；一些墙体还会发生渗漏问题。形成原因如下：

1）施工人员常会把混凝土多孔砖质量检验程序忽视掉，使得一些质量差的空心砖被应用到工程施工中；

2）施工现场管理疏忽，对于多孔砖的施工重视程度不够；

3）没有按照空心砖施工技术规范开展施工作业，这也是工程施工质量较差的最主要原因；

4）受温度、湿度变化以及砌体碳化收缩与基础沉降等多种因素的影响，建筑工程的砌块墙体常会发生位移，以至于砌体收缩时被抑制，进而促使墙体产生拉应力，一旦这些拉应力比抗拉强度、砌体与砂浆之间黏结强度以及水灰缝抗剪强度大时，就会促使墙体形成裂缝，进而使得墙面渗水。

（3）质量问题防止措施

1）选用在技术、管理、规模以及质量上要求都非常严格的企业产品，该类产品春夏秋三季养护时间至少一个月，冬季要适当延长，其目的是为了确保产品强度合格。一般砌块的收缩大半能在厂里面完成，这样便可将上墙后的收缩减少。

2）干燥砌块送至施工现场后，需要放在室内，这样产品就不会受潮。如果存放在露天场所，就要产品堆放场地周围设置排水沟，雨天还要用东西将其遮盖住。坚决防止采用受潮砌块上墙，雨天不能施工，并且要把砌体遮盖好。

3）砌筑前可以不预先湿润砌块，这便是它和黏土砖之间的不同，不然砌筑过程中很容易出现"游砖"，使得砌块干缩被加大。

4）混凝土空心砖的砌块承重墙在砌筑之前需事先排好块，以免通缝出现；对于填充墙则需采取实心砖进行配砖。

5）砌墙过程中，一层切忌不可一天砌到顶，并且每天的砌筑高度需控制在1.5米以内；

墙顶斜砖要尽量迟塞，至少得一周时间；斜砖角度一般为 55 度，斜砖要塞紧，一般选用水泥斜砖，这样砌筑砂浆才可达到饱满程度。

（4）建筑工程混凝土空心砖施工注意事项

从最近几年的工程案例分析来看，混凝土空心砖的施工效果总体上还是非常好的，但是也有一些问题需要格外关注。下面我们就对一些常常忽略的问题进行分析：

1）混凝土空心砖隔音方面

从住户反馈过来的一些信息可知，采用空心砖建造的房屋墙体其隔音效果没有普通黏土砖好，特别是两个住户之间隔音效果极其不理想。很多房屋设计过程中，分户之间仅仅设置一道砌块墙将其隔开，对墙面施工人员常常不会做一些特殊处理，便使得两客厅间的声音可以互相传播。由于声波具有衍射特质，即便很小的贯穿孔也能变成声源，并且还可能促使墙体两面粉刷后残留下来的空腔内部与之形成共振，进而将声音放大，导致墙体隔音性能被削弱。所以施工人员要采取有效措施处理好分户墙，不仅要在混凝土空心砖孔洞里面填实一些合适的材料，还要加强灰缝的重视，如果条件允许，施工人员有必要对墙面进行隔声处理，从而促使住户身心健康得到有效保障。

2）采用芯柱

为了约束黏土砖墙体，施工人员需设置一些钢筋砼柱与圈梁；与此同时，为了约束混凝土空心砖墙，也需设置相应的钢筋砼柱与圈梁。一般情况下，很多已经投入使用的空心砖建筑中，一旦设置了钢筋砼构造柱都会在沿着柱墙的交界位置出现一些竖向通缝。所以，为了确保承载力充足，施工人员需采取芯柱形式。假如轴向荷载比较小，这时便可在孔洞位置设置相应的竖向钢筋，而不用配置箍筋，这种方法不仅施工便捷，而且还可节约模板，降低工程成本。如果荷载比较大，就需根据与钢筋砼柱相似的方法来设置构造钢筋，条件允许也可采取其他结构方式，使得建筑物能够安全使用。

3）设置女儿墙变形缝

房屋建筑的屋顶常会采用较为常见的空心砖女儿墙，但是常会把女儿墙伸缩缝设置问题忽略掉。由于女儿墙属于室外构件，它比房屋其他部位温度变形大，一旦女儿墙开裂，就会导致墙体安全性以及屋面防水功能降低，进而促使屋面出现漏水情况。过去我们常会采取素砼把女儿墙灌实，并采用钢筋砼进行压顶，使得墙体整体性得以加强。然而这样常会忽视一个问题，墙体整体性越好，其刚度也就变得越大，也就越容易出现温度裂缝。所以我们要根据实践经验对屋顶女儿墙的伸缩缝问题进行处理。

2. 空心砖在民用建筑施工中的应用优势

（1）原材料成本较低

由于空心砖没有对制造材料的质量有着过高的要求，例如诸如煤矸石、黏土等相关材料都能够当作原材料使用。相关单位在实际生产的过程中应当使用这些原材料，这样做的目的是为了减少空心砖生产出来对原料的使用带来益处，在减少资金的基础上能够起到环保的作用。通常情况下，空心砖和实心砖进行对比，采取的原料数量会不高，提升了较多的使用率，进而减少空心砖会花费较多的资金。正是因为空心砖原材料在得到的使用比较容易，不会花费较多的资金，这样就促使该材料在未来的道路上得到了大力的推广。

（2）能够实现批量化生产

随着当前空心砖在各个领域中得到了普遍的认可，空心砖生产制造手段得到了突飞猛进的发展。以往的烧结空心砖因为是自身存在的孔隙，这样烧结的时间要比实心砖要少一些，所以在得到大量生产的过程中需要紧跟时代的脚步。在最近几年里，还需要对黏土空心砖及其玻璃空心砖等得到大量的推广，因为这些空心砖不但起到了无污染的作用，而且还能够将生产水平加以提升。

（3）使用空心砖能够体现建筑的经济性和环保性

随着当前民用建筑行业的蓬勃发展下，其具体施工的时候都会对材料重量及其刚度等方面都提出了更高的要求。通常情况下，空心砖无论是在低密度还是在高强度方面都需要紧跟时代的潮流，在实际施工的过程中应当选择空心砖，可以最大程度起到节约资金的作用，避免建筑的总体重量不断减轻，将建筑的结构强度性能加以提升。因为空心砖墙体表面处于光滑的状态，在应用该材料的时候还需要减少粉刷的困难，从而起到节约资金的作用。

3. 空心砖在民用建筑墙体施工中的应用

（1）砌筑砂浆施工技术

通常情况下，混凝土空心砌块所具有的砂浆强度等级是 Mb715 等级的混合砂浆，并具备优秀的和易性，这样要求分层度应当小于 30mm 的范围，稠度采取 5070mm 最佳。就实际配合比的比例要求而言，相关人员需要依据具体要求来对水泥砂浆做好严格的配制。在对砂浆进行操作的时候，应当采取恰当的设备进行，一般搅拌的时间需要大于 2min，在开始初凝的时候做完。例如倘若砂浆出现泌水的情况，那么相关人员需要在实际砌筑的前期阶段需要进行再一次的拌和。

（2）砌块施工技术

进行多排孔砌块进行砌筑的时候应该遵循"反砌"的原则，也就是说将砌块的底面朝上，将砌筑过程中的水平灰缝要铺满整个操作面，同时还要对其位置进行适当的调整，在确定了砌块的具体位置之后，要对其用木槌进行敲击，确定其具体的位置，纵向的灰缝应该经过严格的浇筑捣实。在对砌块进行砌筑时应该从房屋的外转角或者是一个指定的位置开始，在进行砌筑时要对砌筑的次数以及灰缝的具体厚度和标高进行有效的控制，三者都应该处于一个水平面上，同时都要符合施工的要求，在对砌块进行砌筑时应该顺着定位的方向进行操作，纵向的砌筑缝要相互有砌块长度一半的距离。（砌筑时，以规格390mm×190mm×190mm 砌块为主，并辅以配套块；砌块墙体内严禁混砌黏土砖或其他墙体材料）。若需镶嵌，必须采用与小砌块材料强度同等级的预制混凝土块。在进行施工时不能使用已经出现裂缝的小砌块，同时也不能使用制作时间还不足 28 天的或者已经受潮的小砌块，在砌筑之前，一定要保证砌块的干燥，如果在施工期间出现了超过 30℃的高温天气时要对其进行浇水湿润，但是对于水量一定要进行有效的控制。在对砌块进行砌筑时应该严格按照铺设的数量来确定具体的砌筑量，砌筑的灰缝不能出现不平整或者是倾斜的现象，对于水平的灰缝一定要采用合适的方法对砌块的壁肋按照要求标准化的砌筑，对于纵向的灰缝应该采用平铺端面的方法对砌块要进行一定的处理之后才能将其砌筑在墙上，同时还要将其用加浆的方式进行捣实。填充墙和钢筋混凝土墙、柱连接处 200mm 宽的范围内，应采用实心混凝土砌块砌筑，并与封底多排孔砌块咬合。柱内应预留 2φ6 钢筋与填充墙拉结，拉结筋竖向间距为 400mm，钢筋伸入墙内长度不小于 1000mm，并置于封底多排孔砌块坐浆面的灰缝内。填充墙不得一次砌到钢筋混凝土梁板底，就预留倾斜度为 60° 左右的斜砌实心砌块高度，待下部墙体养护 7d 后再补砌挤紧，砌筑砂浆必须饱满。但斜砌小砌块下必须砌 1 ～ 3 皮实心砌块。隔墙壁顶接触梁板底的部位应用实心砌块斜砌楔紧，但房屋顶层的内隔墙顶应离该处屋面板板底 15mm，缝内用 1：3 石灰砂浆或弹性腻子嵌塞。墙上现浇混凝土圈梁构件时，采用实心砌块万能块砌筑 2 ～ 3 皮，且留设过木洞。待模板拆除后，用 2 个半块的万能块将孔洞填实。

（3）构造柱施工技术

设置钢筋混凝土构造柱的砌体，应按扎筋、砌墙、支模、浇混凝土，即先砌墙后浇柱的施工顺序进行。墙体与构造柱连接处砌成马牙槎。从每层柱脚开始，先退后进，形成 100mm×200mm 的凹凸槎口。柱间墙用 2φ6 拉结筋拉结，间距 400mm，每边伸入长度为 1000mm。在下列位置设置构造柱：门窗洞两侧；墙体相交处；墙体每隔 4000mm。构造柱尺寸一般为 200mm×200mm，若构造柱与框架柱构造柱与构造柱之间净距 < 300mm 时，此部墙体并入构造柱，主筋则增加 2 根，箍筋按实际尺寸配置。

第二节　墙用砌块

一、蒸压加气混凝土砌块

目前，我国正在大力倡导建设节能社会、和谐社会和可持续发展社会，蒸压加气混凝土砌块的节能、环保、轻质、隔音等优势越来越多地被人们认识，其使用也变得日益广泛。但是在蒸压加气混凝土施工中，由于其应用时间段，施工技术还存在着一定的质量问题。因此在目前的施工中需要我们认真地进行分析和归纳，从而提高工程施工质量和施工效益。

（一）蒸压加气混凝土砌块分析

蒸压加气混凝土砌块是近年来建筑工程领域采用较多的一种砌块结构，是基于传统的实心砖混凝土砌块的基础上形成的一种节能、环保的砌块结构施工材料。这主要是由于近年来各地政府有关政策性、强制性文件的颁布和禁止采用黏土实心砖进行施工的基础上形成的。蒸压加气混凝土砌块的出现可以说是砌块工程领域的一个深入改革，使得砌块工程施工出现了重大的转变。

1. 蒸压加气混凝土砌块分析

蒸压加气混凝土砌块主要指的是以水泥、矿渣、砂石、粉煤灰、铝粉等原材料为基础，经过耐磨、搅拌浇注、发气膨胀、蒸压养护工艺形成的一种混凝土结构，这种混凝土结构由于其中含有大量的整齐而造成了较多的不规则混凝土孔洞，这些孔洞的存在不影响混凝土结构的使用质量，但是却有效地节约了混凝土构成材料。可以说蒸压加气混凝土砌块是一个唯一——种能够满足 65% 节能设计标准的一种墙体材料，且具备着节能、环保、隔热、保温、隔音、成本低、废物利用的一种新型的墙体工程，这也是目前工程领域中一项备受工作人员关注和重视的结构体系。

2. 蒸压加气混凝土砌块的应用

在目前的工会建设中，蒸压加气混凝土砌块已经广泛地应用在各种框架结构体系的填充墙、隔断墙施工中。且是一种节能建筑外围护墙的复合层、保温层等部位。尤其是在高层建筑结构中，这种材料的应用越来越广泛，已成为新型墙体施工材料的主导产品，更是现代化工程建设人员研究的焦点话题。然而，由于蒸压加气混凝土砌块在施工的过程中存在着严重的空鼓裂缝问题，直接影响着工程的施工质量，也严重地制约了蒸压加气混凝土砌块的应用和推广。

（二）蒸压加气混凝土砌块的应用特征

蒸压加气混凝土砌块是当前建筑工程中采用最为广泛的轻质墙体施工材料，且是一种良好的隔音、隔热性能和抗震、质量结构较轻的一种结构体系，对减少结构断面、降低结构含钢量有着重要的意义和优势，因而有利于高层建筑结构的施工。然而由于蒸汽加压混凝土砌块施工技术的应用，其在施工中属于硅酸盐水泥制品，它的物理、化学性质比传统的实心砖要好，制作更为复杂，因此在施工中必须要充分地认识其特殊性，也只有这样才能够更好地进行施工，确保其施工质量和防渗措施都能够达到应有的工作标准。

1. 蒸压加气混凝土砌块的干缩值较大

蒸压加气混凝土砌块在施工应用之中具备着较大的压缩值，其干缩周期长，一般是传统实心砖的 4 倍左右，因此在施工的过程中必须要保证砌块完全干缩后方可以进行施工。按照有关规定表明，在蒸压加气混凝土砌块施工的过程中，一般都需要放置 28 天以后才可以使用，干燥期在实际上也就是施工内部含水率降低和蒸发的一个过程。

2. 吸水率较高

蒸压加气混凝土砌块在施工的过程中有着极高的吸水率，一般都是在 65% 左右，而其干缩值与实际含水率则存在着一定的关系。由于实际含水率的变化会对实际干缩值产生很大的影响和变化，在实际使用中，由于客观因素，在砌块吸入大量的水以后，在很长一段时间内，它都会具有一个很大的实际干缩值。砌块本身吸水率高，但吸水速度较慢，而蒸发含水的速度也比较慢，一旦吸入大量的水以后，就存在一个较长的蒸发时间和较大的干缩过程。所以在实际施工当中，现场砌块的防水避雨保护措施对墙体的质量是至关重要的一环。

（三）施工技术

1. 严格控制好加气混凝土砌块上墙砌筑的含水率，按有关规范规定，加气混凝土施工时的含水率不不宜于15，含水率在10% ~ 30%之间的收缩值比较小（一般在0.02 ~ 0.1mm/m）。根据经验，施工时加气混凝土砌块的含水率控制在10% ~ 15%比较适宜，砌块含水深度以表层8 ~ 10mm为宜。表层含水深度可通过刀或敲上个小边观察规律，按经验判定，通常情况下在砌筑前24h浇水，浇水量应根据施工当时的季节和干湿温度情况决定，由表面湿润度控制。禁止直接使用饱含雨水或浇水过量的砌块。

2. 砌块砌筑宜采用"满铺满挤法"，铺浆长度以一块砌块的长度为宜，铺浆均匀，浆面平整，满铺砂浆层每边宜缩进墙边10mm，铺浆后立即放置砌块，轻揉挤压一次摆正找平。灰缝要横平竖直，上下层十字错缝，转角处相互咬槎，边砌边勾缝，不得出现瞎缝、透亮缝。如果铺浆后不能立即放置砌块，砂浆失去塑性，应铲去砂浆重新铺砌。

3. 加气砼砌块砌筑前应进行实地排列摆放。砌块应十字交错、错缝搭砌。砂加气混凝土砌块搭接长度不应小于砌块长度的1/3，也不应小于90mm，如果搭错缝长度满足不了规定的搭接要求，应根据砌体构造设计规定采取压砌钢筋网片的措施。必须在道墙上根据设计图纸各部位尺寸进行试排，以确定灰缝宽度及边端填充配块尺寸。试排块尽量使用主规格，不应各规格砌块混砌。局部需要镶嵌时，部位宜分散、对称，使砌块受力均匀。

（四）质量措施

1. 蒸压加气混凝土砌块砌体不应与其他块材混砌。但对于因构造需要的墙底部、墙顶部、局部门、窗洞口处，可酌情采用其他块材补砌。

2. 蒸压加气混凝土砌块搭砌长度不应小于砌块长度的1/3；竖向通缝不应大于2皮。

3. 填充墙砌体的灰缝厚度和宽度应正确。蒸压加气混凝土砌块砌体的水平灰缝厚度及竖向灰缝宽度分别宜为15mm和20mm。

4. 填充墙砌至接近梁、板底时，应留一定空隙，待填充墙砌完并应至少间隔7d后，再将其补砌挤紧。

（五）蒸压加气混凝土砌块墙体裂缝防治技术

1. 裂缝原因分析

（1）蒸压加气混凝土砌块本身的收缩变形

混凝土制品都有个共性——收缩变形，混凝土收缩有什么规律呢？由混凝土小型砌块干收缩变形曲线与混凝土干收缩变形曲线对比图，两变形曲线在龄期30d内曲线斜率较大，干收缩变形大，到 60d 后变形才趋于平缓，但变形并没有结束，只能说 60d 后体积才算相对稳定。

现行国家验收规范规定，混凝土砌块龄期满 28d 方可上墙砌筑。混凝土砌块 28d 收缩变形量只占全部收缩量的 50% ~ 60%，上墙后还会继续收缩变形，再者，为了抢工期，有时混凝土砌块龄期不足 28d 便砌筑上墙，这样，加气混凝土砌块上墙后收缩变形量会更大，当砌块收缩受到周边砌筑砂浆的约束便在砌体内部产生收缩应力，随着这种收缩内应力的增大，会在内应力最大处或砌体最薄弱处将墙体拉裂。

对于蒸压加气混凝土砌块本身的收缩变形引起墙体拉裂，我们施工单位往往重视不足，这就导致加气混凝土砌块墙体裂缝多的最主要原因。

（2）干湿循环的影响

一个在建工程加气混凝土砌块实验报告中的干燥收缩曲线图，从图中可以看出，砌块含水率在 6% 左右时收缩增最大；含水率在 2% ~ 6% 时，收缩量随含水率的增大而急剧上升；含水率在 30% ~ 60% 时，收缩量随含水率的减少而逐步增大，含水率 > 30% 基本没有收缩。加气混凝土砌块在厂出釜时含水率 35% 左右，没有收缩，随着砌块的逐步干燥，砌块开始收缩并逐步增大。

砌块在正常使用环境下气干含水率通常为 10% 左右。加气混凝土砌块系多孔材料，吸水量大，干燥的砌块在潮湿的环境或遭雨淋会吸水膨胀，干燥到一定程度时又开始收缩，随着砌块的干燥收缩和吸湿膨胀不断循环，在墙体薄弱处就容易产生裂缝。

（3）温度影响

加气混凝土砌块与其他材料交接处，由于两种材料密度不同，线膨胀系数差异，收缩值和温度变形不一，易在交接处产生裂缝，在与钢混凝土梁、柱交接部位会出现水平或垂直状裂缝，不同强度等级不同品种的砌块混砌处会出现不规则裂缝。

温度裂缝通常不会影响到房屋的安全使用，温度裂缝出现后搁置一段时间再进行抹灰层的裂缝修补，此后这些裂缝都不会发展，也不会有新的裂缝产生。

（4）设计构造因素

由于加气混凝土砌块填充墙容易出现裂缝，现在的设计都能有针对性的采用一些抗裂设计构造，譬如填充墙砌体长度大于等于 1.5 倍层高且不大于 5m 时，在墙体长度中间设置构造柱；填充墙砌体高度大于 4m 时在中部增设圈梁；门窗洞口宽度大于 2.1m 时在洞口两侧设置构造柱；框架柱、构造柱与墙体之间设置拉结筋；在不同材料交界处采用加强网抗裂；在易潮湿的厨房、卫生间墙体根部浇筑高度不小于 150mm 强度等级不小于 C15 的混凝土坎台。

由于采用普通水泥砂浆或混合砂浆砌筑加气混凝土砌块，很难保证缝隙砂浆饱满及两者黏结良好，这是墙体开裂的主要原因之一。现在设计基本采用与蒸压加气混凝土砌块相匹配的能满足加气混凝土砌块建筑施工要求的专用砂浆。专用砂浆分两类：一类是加气混凝土砌块黏结砂浆，用于砌筑灰缝厚度不大于 5mm 的加气混凝土精确砌块，这种砌筑法习惯叫薄灰砌筑法；另一类为加气混凝土砌块砌筑砂浆，砌筑灰缝厚度不大于 15mm 的加气混凝土砌块，南方地区多采用这种砌筑砂浆。

目前，设计都能有针对性的采用一些抗裂构造，可以有效地减少加气混凝土砌块墙体产生裂缝，除非施工单位没有严格按照设计施工，当然，这又牵涉到加气混凝土砌块墙体裂缝产生另一影响因素——施工因素。

（5）施工因素影响

1）上墙时砌块含水率不符合要求

没按规范要求控制加气混凝土砌块上墙时的含水率，要么过于干燥，要么浇水不均或太湿，砌块没有遮盖遭雨淋导致含水率太高。多孔的加气混凝土的吸水特性是先快后慢，吸水时间长，24h内吸水速度快，以后渐缓，直到10d以上才能达到平衡。干燥的砌块会将不断地吸收砌筑砂浆中的水分，使砂浆失去水化条件，强度降低，黏结力降低，在砌块的收缩和温度变形影响下容易在灰缝处产生裂缝；浇水不均，砌块含水率不一，干燥收缩也不一；浇水太多砌块太湿，在砌块与砂浆之间有一层水膜隔离，极大影响砌块与砂浆的黏结强度。

2）梁（板）下填充墙体顶砖砌筑不当

顶砖砌筑不当，只要表现在两个方面：①墙体顶部缝隙处理方式不对；②墙体顶部没预留缝隙或缝隙处理时墙体静置间隔时间不够。填充墙顶部缝隙处理有两种方式，可采用脱开或非脱开方式，脱开方式为墙体顶部预留20mm缝隙，然后采用柔性处理；非脱开方式，就是顶部预留缝隙用砖斜砌楔紧。当墙体顶部没有采用柔性处理也没有用砖斜砌楔紧，而是用强度高的砂浆或混凝土堵塞密实，当结构梁受荷产生变形时，墙体受到挤压变形而产生裂缝；墙体顶部缝隙处理时下部墙体静置间隔时间不够，由于砂浆干燥收缩、受压收缩以及砌块的干缩共同作用下，墙体变形下沉，墙体顶部在与梁交接处就会被拉裂。

3）砌筑质量

由于砌筑工人的素质和技术水平不高，往往会造成砌体缺陷，只要表现在砌筑砂浆偏厚、砂浆不饱满、重缝、搭接长度不足等。砌筑砂浆偏厚会加大墙体的沉降量；砂浆不饱满，特别是竖缝砂浆不饱满，会大大降低墙体的抗拉强度、抗剪强度，重缝、搭接长度不足也会降低墙体的抗拉抗剪强度，当砌块的收缩和温度变形产生的收缩应力大于墙体的抗拉强度时，在薄弱处就产生裂缝。

4）管线开槽

在强度低的砌体墙上开洞、沟槽开凿时撞击墙体，易产生不规则裂缝；墙上开洞、沟槽开槽施工方法不合理，开槽后基层处理不到位，造成槽内管线局部反弹变形，填充砂浆收缩，产生局部应力，墙体出现沿管线的裂缝。

5）砌块混用

施工管理混乱，将不同出厂日期、不同强度等级的砌块混合使用。由于不同出厂日期、不同强度等级的砌块的不均匀变形，容易导致墙体产生裂缝。

6）墙体抹灰

为了赶工，墙体砌筑完毕后立即抹灰；未做界面处理。墙体刚砌筑完毕，收缩变形还没稳定就立即抹灰，抹灰层容易出现不规则裂缝；由于加气混凝土砌块的吸水特性，吸水量大，先快后慢，吸水时间长，如基层不做处理，砌块就不断吸收抹灰砂浆中的水分，使砂浆失去水化条件，造成抹灰开裂空鼓。

2. 墙体裂缝防治措施

（1）延长加气混凝土砌块上墙龄期

由于蒸压加气混凝土砌块收缩变形到 60d 后才趋于平稳，体积才相对稳定，砌块本身的收缩变形是导致加气混凝土砌块墙体裂缝多的最主要原因。为了减少加气混凝土砌块本身的收缩变形引起的墙体裂缝，砌块砌筑时产品龄期应由现行国家验收规范规定的 28d 延长至 60d，这是防止加气混凝土砌块墙体裂缝比较有效的措施。

为保证蒸压加气混凝土砌块龄期，可以与供应商对砌块进场龄期进行约定，要求满60d 后才进场，对于不满 60d 的，进场时按不同的产生日期分别堆放并作标识，搁置至龄期满 60d 后才上墙。

（2）严格按设计抗裂构造施工

设计上的抗裂构造，我们施工单位要严格按设计要求进行施工，填充墙砌体长度超过规定是时增设构造柱，砌体高度大于规定时在墙体中部增设圈梁，门窗洞口宽度大于规定时在洞口两侧设置构造柱，框架柱、构造柱与墙体之间设置拉结筋，间距不超 600mm，在不同材料交界处设置加强网抗裂等。

（3）提高砌块施工质量

排砖错缝砌筑。砌筑前先行排砖，尽量避免非整砖出现，非整砖要使用专用工具切锯砌块，错缝砌筑，错缝搭接不小于砌块长度 1/3，且不得小于 150mm，当搭接长度小于150mm 时，用长度不小于 500mm 的 $\phi 4$ 钢筋网加强。洞口下边角处不得有砌筑竖缝。

灰缝厚度和饱满度的控制。设置皮数杆，砌块皮数、灰缝厚度，标高应与皮数杆标志一致。采用加气混凝土砌块砌筑砂浆，水平灰缝和竖向灰缝厚度均不得大于 15mm，砌块的水平缝砂浆饱满度不得小于 90%，竖缝砂浆饱满度不小于 80%，无明缝、瞎缝和假缝。当采用精确砌块和专用黏结砂浆薄层砌筑方法时，其灰缝控制在 2 ~ 4mm。

（4）控制砌块上墙时的含水率

砌块上墙时的含水率控制在 15%，砌块含水率为 15% 的收缩量正好是最大收缩量的中值，砌块上墙后干燥收缩量或吸水膨胀值都不是很大，这有利于墙体裂缝控制。

由于加气混凝土砌块表面吸水多而快，为防止砌块过量吸水，当采用加气混凝土砌块砌筑砂浆砌筑时，干燥的砌块应在当天洒水湿润；如果用黏结砂浆薄层砌筑时砌块就不要洒水。

（5）正确处理填充墙顶部构造

填充墙与框架梁之间采用脱开方式构造时，墙体顶部预留 20mm 缝隙，搁置 14d 后采用聚苯乙烯泡沫塑料板条或聚氨酯发泡填充，外侧用硅酮密封胶处理；当采用非脱开方式构造时，墙体顶部预留一皮砖的缝隙，搁置 14d 后用砖斜砌楔紧。

在以往的规范及《蒸压加气混凝土建筑应用技术规程》（JGJ/17—2008）都明确要求填充墙顶部预留缝隙搁置 7d 后才能处理，《砌体工程施工质量验收规范》（GB50203—2011）则要求要在 14d 后才能处理，延长顶部缝隙处理时间，目的就是让砌筑完的墙体变形更趋于稳定，对减少墙体裂缝的出现是很有效的。

（6）正确使用砌块

加气混凝土砌块入场后按照生产日期和规格分别挂牌标识，堆放于通风、干燥、防雨和有排水措施的靠近施工现场的料场，在砌筑时不同的生产日期和不同强度等级砌块不能混砌，砌块保证龄期在 60d 以上。

（7）管线开槽管理

设计要求的洞口、沟槽、管道应于砌筑时正确留出。需要水电管线开槽时不得用力撞击墙体，水电安装打洞凿槽、敷设管线部位，抹灰前在接缝和开槽部位采用聚合物砂浆分层抹平，然后贴玻纤网格布，宽度为超出槽洞边 100 ~ 200mm，铺贴平整、连续，用抹子压出浆为止，达到强度后进行墙体抹灰。

（8）墙面抹灰管理

1）墙体搁置：由于砌筑砂浆的塑性变形以及砌体的干缩变形均需要足够的时间，墙体干燥时间越长，墙体变形就越充分，对防止抹灰开裂越有利，墙体抹灰应在砌筑完成 28d 后进行。

2）基层处理：抹灰前将基层表面浮灰、油污等清理干净。基体表面洒水润湿后，采用专用抹灰砂浆或在粉刷前做界面处理封闭气孔，减少吸水量，并使抹灰层与加气混凝土有较好的黏结力。在混凝土墙、梁、柱、圈梁和构造柱等结构与砌体交接部位，采用聚合物砂浆耐碱玻纤网格布加强，沿界面缝宽各延伸 250mm。

3）分格缝设置：抹灰层设分格缝，可减少抹灰层的开裂，特别是大墙面。分格缝设置面积不超 30m²，长度不超 6m，水平分格缝可顺着窗顶、楼层不同材料结合处设置，分格缝采用弹性防水材料涂刷。

4）墙面贴玻纤网格布：整个蒸压加气混凝土砌块外墙采用聚合物砂浆耐碱玻纤网格布加强。

二、混凝土砌块

（一）混凝土砌块的施工工艺

1. 混凝土砌块在施工之前需要做的准备工作

首先一定要了解的是，保障建筑工程质量的最主要的两个因素是建筑材料这一客观因素以及施工技艺这一主观因素。对于建筑材料的选择一定要进行严格考量，严禁出现使用不合格建筑材料的现象。在混凝土砌块的施工中，对于混凝土砌块的选择一定要在砌块的品种、强度等级以及建筑工程的设计要求之间进行适当的权衡，在同一建筑工程的施工期间，所有混凝土砌块都必须满足相同的规格条件，施工期间使用的所有混凝土砌块都必须有出厂合格证明以及试验报告，否则严禁使用此种类型的混凝土砌块；对于水泥的选择就要与实际的施工环境进行合理的结合，对于水泥品种以及标号的选择应当依照混凝土砌块的砌体部位进行考量，选择出最适宜某一建筑工程的水泥品种，最常使用的就是32.5级普通硅酸盐水泥或者是矿渣硅酸盐水泥。当然，水泥的选购也应当审核其出厂证明以及试验报告，在施工期间切不可以将不同种类的水泥混合使用；砌筑混凝土砌块时最常使用的砂是中砂，砂中含泥量必须符合施工规范要求；最后，在混凝土砌块砌筑过程中最常使用的石灰膏掺合料，其熟化时间不能小于7天，绝对不能将脱水硬化的石灰膏使用到砌块砌筑过程中。上述是在砌筑混凝土砌块之前需要的准备工作，只有将砌筑工艺中需要的材料妥善的准备，才能确保施工技术在砌筑过程中得到最佳的发挥。

2. 混凝土砌块的施工工艺

混凝土砌块砌筑需要的建筑材料按照要求进行妥善的准备之后，为了确保混凝土砌块施工达到设计要求的质量目标，就一定要在施工技术上进行不断的改进，确保操作技术在最完备的条件下顺利地进行。首先，在拌制砂浆的时候，应当确保操作过程中所用的搅拌机械计量准确，并且与实际的建筑工程施工紧密地联系在一起，根据施工过程中使用的龙门架、塔吊或者是输送泵等运输机械实时调整施工配合比及砂浆拌和量，这样不仅能够提高建筑工程中大型建筑器械的使用率，还能够有效地提高拌制砂浆的效率，进而提高了混凝土砌块施工工艺的效率。其次，在混凝土砌块砌筑过程中，组砌采用的具体方式应当与建筑工程的实际设计建造状况相符合。砌块墙体砌筑应当在上、下层间错缝，设计出又平又直的灰缝，一般情况下，水平的灰缝厚度在10mm左右，但是8mm是灰缝的最低限度，而12mm成了灰缝的最高限制，竖直的灰缝宽度在20mm以内。处理由砌筑混凝土砌块组成墙的转角处以及交接处的问题时，应当注意将这两个连接段设计成为同步，将全部的填充墙连接到一起，并同时将砖接墙的转角处以及混凝土墙的连接处设置在合理的高度范围内，砌筑的上下层砌块的竖向灰缝应相互错开，并在水平缝位置设置两根6mm的拉结筋或是4mm的钢筋网片，拉结筋或钢筋网片的长度应满足规范要求。混凝土砌块墙灰缝应尽量做到横平竖直，砂浆饱满，水平灰缝砂浆的饱满度应按净面积计算保持在90%以上，而竖向灰缝砂浆饱满度控制在85%以上。

（二）影响混凝土砌块施工质量的控制因素以及提升施工质量的措施

建筑工程施工的首要目标就是满足设计要求，为此要切实地保障施工的质量，而混凝土砌块的施工完成的质量状况又受到施工过程中诸多因素的影响，这些因素的存在使得混凝土砌块出现的最常见问题，通常是墙体开裂以及墙体渗漏状况。

1. 在建筑施工期间，混凝土砌块施工过程中出现质量问题的原因

首先，在混凝土砌块施工过程中，对于混凝土砌块质量的检验环节往往存在漏洞，质量检验的严格性存在一定的问题。在质量检查过程中，部分质量检查员由于对混凝土砌块

本身质量对建筑工程整体质量的影响程度认识不够，不能认识到混凝土砌块在建筑工程施工中存在的问题，经常出现的违规行为，就是使用了一些以次充好的模块进行检验，在这样的不规范操作之下，得到的检验数据不能真实反映实际情况，容易对与之相关的建筑工程的施工决策产生一定的消极影响，从而使建筑工程的高层决策人员出现决策上的失误。其次，在混凝土砌块施工过程中，建筑工程的施工现场的管理也往往存在着一定的不规范性，施工现场的管理者对于混凝土砌块的施工并没有产生足够的重视，对其质量的要求也并不是非常的严格，尤其是当混凝土砌块在砌筑过程中的不规范行为没有被施工现场的管理人员及时发现并纠正时，就会导致混凝土砌块的砌筑质量出现问题，严重时甚至影响建筑工程的整体质量。最后，在混凝土砌块施工过程中施工现场环境的温度变化以及湿度变化、缩孔等原因使得砌体墙发生了裂变，甚至出现了紧缩抑制的状况，混凝土的墙体也会逐渐的产生拉应力，当这些应力超过砌体的抗拉强度，超过石材、砂浆间的握裹强度级别，便会使得混凝土墙面出现渗水的现象，严重时会影响到建筑工程在完工之后的正常使用，有时甚至会降低建筑工程的经济价值。

2. 保障混凝土砌块施工质量的措施

对于混凝土砌块的质量保障，应当对砌筑过程中的每一个环节进行严格的监督，严格的按照混凝土砌块的施工工艺规范要求进行施工。建筑工程施工期间要强化进场材料的质量管理，对于砌块及砌筑砂浆所需原材料的出厂合格证要进行严格的审核，按照规范要求进行检验。在施工过程中，为了确保混凝土砌体的整体质量，对于进场的所有原材料均应分类堆放，混凝土砌块应按其密度、强度等进行科学的分类，分类之后将其分开存储，砌块的堆放高度也不能大于2m，并在施工现场内对设施尽可能的进行最完善的保护，例如对于施工现场的砌体加以覆盖，防止意外的天气对砌体本身造成不必要的破坏，不同的材质的砌块绝对不可以混合使用。砌筑过程中使用的砂浆在制作过程中配比一定要准确科学，砂浆搅拌的时间也不能过长，砌筑所使用的砌块要事前进行适量洒水，含水率控制在15%以内，水平砂浆要随砌随铺，满足铺浆长度，砂浆饱满，垂直灰缝要用内外临时夹板灌缝，灰缝宽度符合规范要求。

由于混凝土砌块存在着重量轻、强度高并且隔热性能强等诸多优点，在建筑工程的日后使用中提供了诸多的安全保障，作为一种砌筑材料在建筑工程领域已得到了充分的认可，应用的越来越广泛，在房屋建筑建设工程中尤为突出。即便如此，对于人们对它的认识还不太深入，在混凝土砌块施工过程中依旧存在着一定的质量问题，这些问题的存在将直接影响着建筑工程的整体质量。因此在施工过程中，应当积极地进行混凝土砌块的质量改善措施的研究，不光要注重施工工艺是否正确、合理，同时还应当采取一定的改善措施，尽最大的可能减少施工过程中出现的施工失误以及技术决策错误，减少混凝土砌块的质量问题，进而减少混凝土砌块施工质量对建筑工程整体质量的影响，提高混凝土砌块的在建筑工程中的作用，使得建筑工程能够实现长远的发展。

三、粉煤灰砌块

（一）粉煤灰的概念

粉煤灰，是从煤燃烧后的烟气中收捕下来的细灰，粉煤灰是燃煤电厂排出的主要固体废物。我国火电厂粉煤灰的主要氧化物组成为：SiO_2、Al_2O_3、FeO、Fe_2O_3、CaO、TiO_2 等。粉煤灰是我国当前排量较大的工业废渣之一，随着电力工业的发展，燃煤电厂的粉煤灰排放量逐年增加。大量的粉煤灰不加处理，就会产生扬尘，污染大气；若排入水系会造成河流淤塞，而其中的有毒化学物质还会对人体和生物造成危害。另外粉煤灰可作为混凝土的掺合料。

粉煤灰，是从煤燃烧后的烟气中收捕下来的细灰，粉煤灰是燃煤电厂排出的主要固体废物。我国火电厂粉煤灰的主要氧化物组成为：SiO_2、Al_2O_3、FeO、Fe_2O_3、CaO、TiO_2 等。粉煤灰是我国当前排量较大的工业废渣之一，随着电力工业的发展，燃煤电厂的粉煤灰排放量逐年增加。大量的粉煤灰不加处理，就会产生扬尘，污染大气；若排入水系会造成河流淤塞，而其中的有毒化学物质还会对人体和生物造成危害。另外粉煤灰可作为混凝土的掺合料。

粉煤灰是我国当前排量较大的工业废渣之一，现阶段我国年排渣量已达 3000 万吨。随着电力工业的发展，燃煤电厂的粉煤灰排放量逐年增加，粉煤灰的处理和利用问题引起人们广泛的注意。

（二）粉煤灰砌块简介

粉煤灰砖是以粉煤灰、石灰为主要原料，掺加适量石膏、外加剂和集料等，经坯料配制、轮碾碾练、机械成型、水化和水热合成反应而制成的实心粉煤灰砖，

1. 外观

（1）粉煤灰砖的颜色

制品的颜色为本色，即青灰色，和青色黏土砖相似，也可根据用户需要加入颜料做成多种彩色砖。

（2）粉煤灰砖的外形为直角六面体。

（3）粉煤灰砖的公称尺寸：粉煤灰砖的长为 240 毫米、宽为 115 毫米、高为 53 毫米。

2. 物理力学性能

（1）容重

粉煤灰砖是一种新型墙体材料，容重是其主要技术指标之一，容重轻重，可以根据建筑需要，调整工艺配方来控制。粉煤灰砖的绝干容重约在 1540 ~ 1640 千克/米³ 之间，比黏土砖略轻（黏土砖 1600 ~ 1800 千克/米³）。

（2）抗折抗压强度

粉煤灰砖的抗折抗压强度，主要根据生产工艺、配方和水化水热合成反应方式以及建筑需要来决定。根据中华人民共和国建材行业标准（JC239—2001）规定，抗折强度平均值在 2.5 ~ 6.2MPa 之间，抗压强度在 10 ~ 30MPa 之间。

3. 耐久性能

建筑材料的耐久性一般是指在不同使用条件下，受各种侵蚀介质的反复作用后，所能保持使用要求的物理力学性能的能力。粉煤灰砖的耐久性能主要表现在抗冻、耐水、干湿交替等项目，现分别介绍如下：

（1）抗冻性与耐水性

抗冻性和耐水性是反应制品耐久性的两项重要指标，特别是抗冻性。抗冻性是将试样在零下 15 ~ 20℃冻 5 小时，在 10 ~ 20℃的水中融化 3 小时，经如此冻融循环 15 次后的强度损失及外观破坏情况来衡量。

粉煤灰砖由于主要采用粉煤灰，通过扫描电子显微镜观察，粉煤灰颗粒偏粗，有较多空隙的熔渣颗粒和玻璃小球，因而吸水速度较慢，一般要 24 小时才能达到饱和状态。

粉煤灰砖的吸水率一般为 8.26% ~ 14.0%，比黏土砖略低（黏土砖 14.29% ~ 16.7%）长期浸泡水中，强度会继续上涨。经 15 次冻融循环后，外观基本完整，抗压强度达 8 ~ 16MPa，干质量损失小于 2.0%，它的抗冻性和耐水性都是良好的。

（2）干湿交替循环

干湿交替循环，就是将制品放入水中浸湿到规定时间，再放入干燥箱中干燥，干燥后再放入水中浸湿，这样往复为一个循环。试样经 15 次干湿循环后，强度比原来还有提高。

（三）粉煤灰砌块配方

粉煤灰加气混凝土砌块典型原材料配方及消耗：粉煤灰：含量比例 70%；每立方米消耗量：350kg；水泥：含量比例 13.8%；每立方米消耗量：25 ~ 30kg；石灰：含量比例 13.8%；每立方米消耗量：140 ~ 150kg；磷石膏：含量比例 2.96%；每立方米消耗量：15kg；铝粉：含量微量；每立方米消耗量：0.4kg。

（四）粉煤灰砌块热工性能的分析

关于粉煤灰砌块的隔热性能，如果夏季在室内装设空调，墙体面临的是不稳定传热，则室内隔热和保温需要分别考虑。此时，影响隔热的指标主要是导温系数和表面蓄热系数。

粉煤灰砌块的导温系数很小，它阻止热流和温度波透过的能力强，通过粉煤灰砌块维护结构的热流量小，衰减倍数大，延迟时间长，与传统材料相比，在相同厚度条件下，粉煤灰砌块土内表面平均温度和波动温度均较小。

对夏季隔热要求而言，导热系数的良性影响是主要的，表面蓄热系数负面的影响是次要的。所以，综合作用的结果，对于不使用空调依靠自然降温的建筑，粉煤灰砌块的隔热性能仍略好于传统的黏土砖及普通的混凝土等传统建材。

（五）粉煤灰砌块设备的安装与维护

机器的养是一项极其重要的经常性的工作，它应与机器的操作和检修等密切配合，应有专职人员进行值班检查。

1. 安装试车

（1）该设备应安装在水平的混凝土基础上，用地脚螺栓固定。

（2）安装时应注意主机体与水平的垂直。

（3）安装后检查各部位螺栓有无松动及主机仓门是否紧固，如有请进行紧固。

（4）按设备的动力配置电源线和控制开关。

（5）检查完毕，进行空负荷试车，试车正常即可进行生产。

2. 机器的维护

（1）轴承担负机器的全部负荷，所以良好的润滑对轴承寿命有很大的关系，它直接影响到机器的使用寿命和运转率，因而要求注入的润滑油必须清洁，密封必须良好，本机器的主要注油处：1）转动轴承；2）轧辊轴承；3）所有齿轮；4）活动轴承、滑动平面。

（2）新安装的轮箍容易发生松动必须经常进行检查。

（3）注意机器各部位的工作是否正常。

（4）注意检查易磨损件的磨损程度，随时注意更换被磨损的零件。

（5）放活动装置的底架平面，应除去灰尘等物以免机器遇到不能破碎的物料时活动轴承不能在底架上移动，以致发生严重事故。

（6）轴承油温升高，应立即停车检查原因加以消除。

（7）转动齿轮在运转时若有冲击声应立即停车检查，并消除。

粉煤灰砌块主要利用粉煤灰、炉渣、砂子等废弃资源为原材料，经过创新工艺生产而成，具有容重小（能浮于水面），保温、隔热、节能、隔音效果优良、可加工性好等优点，是一种新型的节能墙体材料，可以替代空心砌块及墙板作为非承重墙体材料使用，隔热保温是它最大的优势，保温效果是黏土砖的 4 倍，节约电耗 30% ~ 50%。

粉煤灰砌块节能环保，推广使用后可以大大改善各地居民的生活质量，而且还可以把本地区的粉煤灰、冶金废渣及尾矿等工业固体废弃物再生利用，真正实现经济循环，促进经济和环境和谐发展。

第三节 墙用板材

建筑板材是砌墙砖和砌块之外的另一类重要的新型墙体材料，由于其自重轻、安装快、施工效率高，同时又能增加建筑物使用面积、提高抗震性能、节省生产和使用能耗等，随着建筑节能工程和墙体材料革新工程的实施，新型建筑板材必将获得迅猛发展。因此本书主要介绍了国内外建筑板材的发展历史、现状，目前存在的问题以及未来的发展趋势，方便环保节能建筑板材的广泛应用，从而改善人们的生活环境，提高人们的生活质量。

（一）国外、国内发展历史和现状

"建筑工业化"指用现代工业生产方式来建造房屋，即将现代工业生产的成熟经验应用于建筑业，像生产其他工业产品一样，用机械化手段生产建筑定型产品。

因此发达国家都把建筑部件工厂化预制和装配化施工，作为建筑产业现代化的重要标志。由于板材规格尺寸工整，易于成型，便于机械化生产，生产效率高；加上板材尺寸大、模块大、整体性好，可以装配式安装，施工效率也高，国外无不将其作为建筑产业化的首选产品。据调查，20世纪世纪90年代初国外板材应用情况，日本占墙材总量的64%，美国占47%，西德占41%，波兰占41.7%，东南亚国家约占30%。到了20世纪末，各国建筑板材的应用量都有不同程度的增长，尤其是东欧和东南亚国家，建筑板材呈现强劲的发展势头。目前我国建筑板材在建筑墙体材料中的应用仅占3%左右，建筑板材有很多其他墙体材料无法比拟的优势，对建筑节能、节约土地、利用废料、提高效率等方面都有显著的效果。

（二）板材的分类

1. 依据《墙体材料术语》（GB/T18968—2003）规定，主要类型有大型墙板、条板和薄板等。

条板：指可竖向或横向装配在龙骨或框架上作为墙体的长条形板材；

大型板材：指尺寸相当于整个房屋开间（或进深）的宽度和整个楼层的高度，配有构造钢筋的墙板。

2. 按构成材料分：纤维水泥板、建筑石膏板、硅酸钙板、轻砼板、木质与植物纤维水泥板、钢丝网架水泥夹心板、金属面夹心板、钢筋砼绝热材料复合外墙板、植物纤维板、预应力砼墙板及外墙外保温板等。

3. 按构造分：分挂板、空心墙板、空心条板、轻质墙板、隔墙板、复合墙板、夹心板、芯板、外墙内保温板、外墙外保温板等。

（三）常用建筑板材的介绍：

1. 纤维水泥板

常用品种：NTK板、NAFC板、NAL板、VRC板等。

（1）纤维增强低碱度水泥建筑平板（NTK）

（2）维纶纤维增强水泥平板（VFRC板）

应用：A型板用于非承重墙体、吊顶、通风道，B型板用于内隔墙、吊顶。

应用：VFRC轻质多孔板主要用作建筑隔墙板。

（3）真空挤出成型纤维水泥板

外墙用压花实心板：板断面无孔洞，表面有凹凸花纹与涂覆层，主要用作外墙面板。

外墙用多孔板：板断面有矩形孔，表面有凹凸花纹与涂覆层，用作外墙板。

内墙用多孔板：板断面有矩形孔洞，表面没有凹凸花纹，可有或没有涂覆层，用作隔墙。

多种异形件：如阳台板、拐角等。

（4）纤维水泥板复合墙体材料

2. 玻璃纤维增强水泥板（GRC 板）

GRC 轻质墙板有单板和复合墙板两大类，单板：有 GRC 平板、GRC 轻质多孔条板；复合墙板：有 GRC 复合外墙板、GRC 外墙内保温板、P-GRC 外墙内保温板、GRC 外保温板以及 GRC 岩棉外墙挂板等品种。

应用：可用作各种非承重内外墙板、装饰板等。

（1）玻璃纤维增强低碱度水泥轻质板（GRC 平板）

应用：主要用作内隔墙、吊顶板；用于外墙护面装饰面板（承重或非承重的各种墙体均可）。

（2）玻璃纤维增强水泥轻质多孔隔墙条板（GRC 空心条板。）

应用：用作分室、分户厨卫阳台等非承重内外墙、内隔墙及两层以下承重墙体。

（3）GRC 复合墙板

GRC 复合外墙板：特点：强度高、韧性好；抗渗、防火、耐候性好；绝热与隔声性好。

GRC 外墙内保温板：特点：质量轻、防水、防火性好；抗折、抗冲击性好；绝热性好。

P-GRC 外墙内保温板：应用：可用于烧结砖或砼外墙的内侧保温及外侧保温。

GRC 岩棉外墙挂板：是将工厂预制的 GRC 外墙挂板、岩棉板在现场复合到主墙体上的一种外保温用板材。

3. 石膏板

（1）纸面石膏板。

（2）石膏空心条板：特点与应用：与石膏砌块比质量更轻，施工效率更高；主要用于非承重隔墙。

（3）纤维石膏板：应用：用于非承重隔墙、吊顶、地板、防火门等。

（4）石膏刨花板：应用：用于非承重隔墙、吊顶及复合墙体基材。

（5）石膏板复合墙板和墙体：

a. 石膏板复合墙板应用：用于非承重隔墙、外墙内保温。

b. 纤维增强石膏外墙内保温板应用：用于烧结砖或砼外墙的内侧保温墙体，防水性稍差。

c. 充气石膏应用：用于砖或砼外墙内侧，外墙饰面＋墙＋空气层＋保温层＋内面层。

4. 纤维增强硅酸钙板

（1）单板：特点：轻质、高强、不燃、隔热干湿变形小、防潮性好、可加工性好，可用于各种复合墙体的面板、吊顶板及外墙板；缺点：吸水性强，与基材粘接需用专门抹面材料。

（2）复合墙板：分预制和整体灌浆两种。

（3）硅酸钙板整体灌浆墙体：特点：自重小、绝热性能优、施工速度快；应用：用于多高层的隔墙、吊顶等。

5. 加气混凝土板（以硅质和钙质材料为主）

特点：轻质、保温、隔声性好，防火、抗震性好，具有足够的强度，可加工性好，施工方便，广泛用于各种非承重隔墙、填充墙、屋面板等。

6. 轻集料混凝土板

轻集料砼板通常有实心板和空心墙板两类。

实心板：有轻集料砼配筋墙板、轻质陶粒砼条板、水泥聚苯保温板等；

空心墙板：有轻集料砼墙板、工业灰渣砼空心隔墙条板等。

特点：具有轻质、高强及优异的抗冲击、抗裂、耐水、防火、隔声性，同时增加使用面积，提高施工速度，减轻劳动强度，降低造价具有重要意义。

（1）轻集料砼配筋墙板、条板

应用：用于非承重内隔墙，阳台、分户板、阳台栏板与管道井。

（2）轻质砼空心墙板、条板

特点：板面平整度高，安装后无须水泥砂浆找平，可加工性好，主要用于非承重隔墙。

（3）水泥聚苯板

应用：可用作外墙外保温板，外墙内保温板。

7. 其他墙板

（1）植物纤维水泥板：主要用于抗震设防烈度 6、7 度以下的非承重内隔墙。

（2）钢丝网架水泥夹芯板：应用：用于复合墙体的墙面板和吊顶板。

（3）金属面夹芯板

1）金属聚苯乙烯夹心板（EPS 板）应用：用于外墙挂板、屋面板。

2）金属面聚氨酯夹芯板特点：轻质、高强、绝热、耐水、耐腐蚀性好，可加工性好，施工方便、快捷。比 EPS 板的隔声性好。应用：用作普通的承重墙体材料和屋面板，厚度＞100mm 的板材可用作冷库板。

3）金属面岩棉夹芯板应用：同前面，还可用于对耐火性能要求很高的船舶舱室和海洋工程中。

（4）钢筋砼绝热材料复合外墙板：是以钢筋砼为承重层和面层，以岩棉为芯材

1）承重砼岩棉复合外墙板特点：轻质、高强，保温、隔热性能好，施工方便。

应用：用作大模板工艺建筑和装配大板高层建筑体系的承重外墙板。

2）薄壁砼岩棉复合外墙板特点：质轻、保温、隔热、隔声性好，施工方便。

应用：用作框架轻板体系和高层大模板体系建筑的非承重外墙工程。

3）砼聚苯（膨胀珍珠岩）复合外墙板特点：质轻、保温、隔热性能好，施工方便。

应用：用作框架轻板体系和高层大模板体系建筑的非承重外墙工程。

（5）植物纤维板

1）稻壳板特点：轻质、绝热、隔声和足够的强度，防蛀、防腐蚀、可加工、装饰性好。

应用：用作内隔墙、壁橱板、天花板、门芯板和家具。

2）纸面草板特点：绝热、隔声和抗震性能好，有足够的强度、刚度、耐火及防潮性。

应用：用作内隔墙、外墙内衬、顶棚及屋面板，用于复合外墙应作防潮处理。

（6）SP 墙板（预应力砼空心板）：分 SP 普通板和 SP 复合外墙板两类

1）楼板、屋面板及外墙板（不带保温层）：应用：用于承重、非承重外墙板、内墙板，并可按需要增加保温隔音层、防水层及多种饰面，以及各种规格尺寸的楼板、屋面板、雨罩及阳台板。

2）SP 复合外墙板：带保温层和装饰面层的夹芯式空心板。应用：特别适合框架结构的外装饰墙面。

（7）外墙外保温板

1）BT 型预制外墙外保温复合墙体：其外围护层以水泥砂浆为基材，以镀锌钢丝网及钢筋为增强材料，在制作过程中与聚苯乙烯泡沫塑料板复合成单面型的保温墙板。一般，板缝抹柔性表面防水层。

2）纤维增强聚苯乙烯外保温板：是有基层墙体、绝热层、纤维增强层及饰面层在现场装配组成的一类复合墙体。

（四）建筑板材存在问题

1. 大部分建筑板材企业规模小，装备落后，多为手工作坊式粗放生产，企业管理水平低，产品质量不稳定，性能得不到保证，其生产供货能力不能满足一个工程一次性需要，影响推广应用。

2. 科研、技术创新滞后，甚至脱节。在研究开发上重配方及产品性能研究，轻工艺装备开发。很多装备，特别是关键设备及主机缺少投入，都得引进。消化吸收或独立研制的，其质量与国外相比还存在一定距离。

3. 产品成本、售价偏高，削弱了与其他墙材的竞争能力。

4. 缺乏市场研究和调查分析，常常在市场不实、不详的情况下盲目上马，生产线建成后，因市场占有率低长期不能达产，导致企业效益低下，资金积压，背上包袱。

5. 产品标准、建筑设计、应用、施工规程及图集的制订跟不上板材发展的速度，某些标准不统一，检测、监督不配套，在某种程度上也制约了板材的发展。

6. 发展很不平衡。主要在大城市发展，中小城镇进展慢，内墙板多，外墙板少，外墙面层材料的研究、生产应用更少。品种虽较全，但大部分未形成气候。

未来发展趋势随着国内建筑业的发展以及国家对建材料标准的提高，我国建筑业对建筑板材的需求会越来越大。目前，根据新建筑板材的内涵和发展趋势，我们应在进一步改善企业资源状况以及合理组织这些资源在整个产业中的配置的使用的基础上，采取加大政策法规的调控力度、创造建筑板材发展的良好外部环境推进建筑板材企业标准化建设、推进建筑板材企业的技术进步、增强建筑板材企业的营销能力、拓展建筑板材企业规模、提高建筑板材企业从业人员的素质等措施，真正加快新型墙体材料在我国的推广应用。在"墙体革新和建筑节能"基本国策的推动下，"秦砖汉瓦"受到了强有力的挑战，保护土地功能提出了更新、更高的要求，这给建筑板材的发展带来了极好的机遇；我国综合国力的增长和人民生活水平的提高，又对建筑物质高层建筑、框架结构建筑的增多，大开间住宅建筑的逐步推广，为复合板材的使用提供了广阔的市场空间，5 ~ 20 年内，建筑复合板材的覆盖面将上一个新的台阶，由此可以预见，在今后将是建筑复合板材发展的黄金时期。

第七章 木 材

第一节 木材的分类、主要性质

一、木材的分类

板材按材质分类可分为实木板、人造板两大类；按成型分类可分为实心板、夹板、纤维板、装饰面板、防火板等等。

（一）实木板

顾名思义，实木板就是采用完整的木材制成的木板材。这些板材坚固耐用、纹路自然，是装修中优中之选。但由于此类板材造价高，而且施工工艺要求高，在装修中使用反而并不多。实木板一般按照板材实质名称分类，没有统一的标准规格。目前除了地板和门扇会使用实木板外，一般我们所使用的板材都是人工加工出来的人造板。

（二）夹板

也称胶合板、行内俗称细芯板。由三层或多层一毫米厚的单板或薄板胶贴热压制而成。是目前手工制作家具最为常用的材料。夹板一般分为 3 厘板、5 厘板、9 厘板、12 厘板、15 厘板和 18 厘板六种规格（1 厘即为 1mm）。

（三）装饰面板

俗称面板。是将实木板精密刨切成厚度为 0.2mm 左右的微薄木皮，以夹板为基材，经过胶粘工艺制作而成的具有单面装饰作用的装饰板材。它是夹板存在的特殊方式，厚度为 3 厘。

（四）细木工板

俗称大芯板。大芯板是由两片单板中间粘压拼接木板而成。大芯板的价格比细芯板要便宜，其竖向（以芯材走向区分）抗弯压强度差，但横向抗弯压强度较高。

（五）刨花板

是用木材碎料为主要原料，再渗加胶水，添加剂经压制而成的薄型板材。按压制方法可分为挤压刨花板、平压刨花板二类。此类板材主要优点是价格极其便宜。其缺点也很明显：强度极差。一般不适宜制作较大型或者有力学要求的家私。

（六）密度板

也称纤维板。是以木质纤维或其他植物纤维为原料，施加脲醛树脂或其他适用的胶粘剂制成的人造板材，按其密度的不同，分为高密度板、中密度板、低密度板。密度板由于质软耐冲击，也容易再加工。在国外，密度板是制作家私的一种良好材料，但由于国家关于高度板的标准比国际的标准低数倍，所以，密度板在我国的使用质量还有待提高。

（七）防火板

是采用硅质材料或钙质材料为主要原料，与一定比例的纤维材料、轻质骨料、黏合剂和化学添加剂混合，经蒸压技术制成的装饰板材。是目前越来越多使用的一种新型材料，其使用不仅仅是因为防火的因素。防火板的施工对于粘贴胶水的要求比较高，质量较好的防火板价格比装饰面板也要贵。防火板的厚度一般为 0.8mm、1mm 和 1.2mm。

（八）三聚氰胺板

全称是三聚氰胺浸渍胶膜纸饰面人造板，是一种墙面装饰材料。其制造过程是将带有不同颜色或纹理的纸放入三聚氰胺树脂胶粘剂中浸泡，然后干燥到一定固化程度，将其铺装在刨花板、中密度纤维板或硬质纤维板表面，经热压而成的装饰板。

二、木材的性质

（一）木材的物理性质

1. 含水率

纤维饱和点：当木材中无自由水，而细胞壁内充满吸附水并达到饱和时的含水率。它是木材物理力学性质变化的转折点，一般在 25% ~ 35% 之间。

平衡含水率：当木材中的水分与环境湿度相平衡时的含水率，是选用木材的一个重要指标。

2. 湿胀干缩

含水率低于纤维饱和点时，发生湿胀干缩。

（二）木材的力学性质

抗压强度、抗拉强度、抗弯强度、抗剪强度等几种强度。

抗压强度		抗拉强度		抗弯强度	抗剪强度	
顺纹	横纹	顺纹	横纹		顺纹	横纹
100	10 ~ 30	200 ~ 300	5 ~ 30	150 ~ 200	13 ~ 30	50 ~ 100

纤维饱和点是木材物理力学性质发生变化的转折点。

第二节　木材的防腐与防火

一、木材的防腐

木材在使用和贮存过程中，常受到木腐菌的危害而腐朽或受到昆虫的危害而蛀空；在沿海地区被海生的钻孔类动物栖息而受害。为使木材免受以上危害，延长使用年限，必须对木材进行防腐处理。最普通而又切实可行的木材防腐方法是将能够抑制危害木材的微生物，抑制木腐菌生长的防腐剂注入木材内部，毒化木材，以达到防止木材腐朽的目的。

（一）防腐剂应具备的基本条件

1. 对危害或栖息的生物具有足够毒性。

2. 防腐剂必须具有持久性、稳定性、遇水不流失性。

3. 易于向木材浸透，不降低力学性能，不影响胶着和油漆性。

4. 对金属无腐蚀性。

5. 在防腐处理过程中，对人体和家畜不致毒、不污染环境、不致引起火灾。

（二）防腐剂的类型

1. 水溶性防腐剂

是能溶于水的对败坏木材的生物有毒性的物质金属盐和氟化物。采用水溶性防腐处理木材，处理后需要进行适当的干燥方可使用。为防止干燥变形，所以该防腐剂宜用来处理木纹通直的木材。水溶性防腐剂所有组分随溶液注入木材后，随着时间的推移，逐渐转变为很难溶于水的有毒物质，留存于木材内部。需在温度在 25℃ 下，经过四周完成。因此处理后的木材应存放一周，加以覆盖，避免防腐剂的流失，待反应完成后使用。处理后的木材表面洁净，经干燥后可胶合与油漆。处理过程中不需加温，不影响木材的强度。

2. 油类防腐剂

不溶或微溶于水，挥发性低，种类繁多，常用的有煤焦油和木材防腐油。油类防腐剂是一类广谱防腐剂，有良好的毒杀和预防作用；耐候性好，持久性强；对金属的腐蚀性低；

来源广价格低。但有辛辣气味、颜色深，影响胶合和油漆；燃烧时产生大量的刺激性浓烟。多用来处理枕木和电柱。

3. 油溶性防腐剂

能溶解于有机溶剂的杀菌、杀虫毒性药剂。所采用有机溶剂通常有石油、液化石油气等；常用的毒性药剂有五氯苯酚、苯基苯酚等。对危害木材的各种生物的毒性强；易被木材吸收，可以涂刷、喷雾、浸渍以及其他处理方法。持久性好，溶剂挥发后，毒性化合物保留在木材中，不流失，处理后木材可进行油漆，不腐蚀金属。

（三）木材防腐处理方法

1. 木材预处理

（1）减压油煮干燥法。是在减压的状态下，木材在油溶性防腐剂中进行油煮。加热到80℃～100℃时行减压，木材水分开始蒸发，蒸发速度决定于油温和真空度的高低，以及木材尺寸的大小，处理时间不一，可自6～40h。

（2）蒸汽预处理干燥法。是将木材装入处理罐中，通入约100℃～120℃蒸汽，1～20h（时间与木材大小、材质有关）。停止蒸汽后即减压，真空约为75kPa，1～3h。此法多用于油溶性防腐剂，有时也用于以水溶液性防腐剂处理的后期干燥处理。

（3）机械加工处理。多用于难以防腐处理的木材，常用方法为刻痕和钻孔。为使防腐剂渗入木材，将成材或圆柱材通过刻痕机在木材表面均匀地刻上浅槽状小孔。钻孔多用于难以防腐处理的柱材和枕木，钻孔直径约为50～60mm，深度约为40～50mm。

2. 加压处理法

加压处理法是一种深注法，借助于压力将防腐剂压入木材较深部位。此法处理的木材，对于抵抗真菌、昆虫以及其他原因的破坏非常有效，防腐剂可均匀地向木材渗透，渗透量和吸收量可以严格可以控制。处理方法可分为充细胞法、空细胞法和液化气体载运法。

（1）充细胞法。在压力下，将防腐剂压入木材，充满细胞，使木材尽量吸收防腐剂。此法多用于水溶性防腐剂，以防腐剂的浓度控制吸收量，最常用的浓度为1%～4%。将木材装入处理罐中，开始减压进行初步真空，抽出木材细胞的空气，真空度不低于75kPa，持续15min～1h。在持续真空下，将防腐剂压入处理罐，木材完全沉没于防腐剂中为止。防腐剂注满处理罐后，进行加压，直到木材不能再吸收防腐剂时，停止加压。一般压力为686～980kPa，防腐剂的温度为60℃～100℃，加压时间及最初升压时间因树种而异，一般松木15～30min，有的树种可达1h或更长时间。

（2）空细胞法。是将空气压入木材，使细胞腔中充有一定的空气，待处理后空气膨胀，借助空气膨胀压力，迫使木材中过量的防腐剂排出木材，即可使细胞被防腐剂所浸透，又可节约防腐剂。依据材种的不同预压的空气压力在294～686kPa之间，后期处理自木材中排出的防腐剂约为吸收量的10%～40%，排除量的大小主要取决于木材的性质和状况、初期空气压力、防腐剂的液压和后期真空持续的时间。

（3）液化气体载运法。是将防腐药剂溶解于液体载体溶剂，被注入木材，载体溶剂从木材蒸发掉，防腐剂则留存于木材。处理工艺大体和充细胞法相同。

3. 常压处理法

是一类浅表处理法，只能使防腐剂渗透到木材表面。该方法效果有限，但设备简单、操作简便、成本较低。主要有以下方法：

（1）喷涂法。将加热的油类防腐剂涂刷在充分气干的木材表面上。

（2）浸渍法。将木材浸泡在盛满防腐剂的处理槽中，使防腐剂浸入木材。如为油类防腐剂应加温到88℃左右，而且木材应充分气干。如系水溶性防腐剂，木材浸泡前宜先成型。

（3）冷热槽法。一般多采用油类防腐剂，处理时将木材浸入90℃～110℃的防腐剂处理槽中6h（不少于6h），然后将热油抽回贮油槽，加入38℃冷油浸泡木材2h。

（4）扩散法。是将湿材浸入水溶性防腐剂中，防腐剂借扩散作用渗入木材。

（四）木材防腐处理的发展方向

1. 利用木材组分转化为毒性化合物。
2. 采用微生物抽提物防止木材腐朽。
3. 使用驱散剂排斥高一级生物危害木材。
4. 化学改性木材防腐剂性能。

二、木材的防火

木材的燃烧等级低，通过适当的阻燃处理可使其燃烧性能等级由B2级提高到B1级。阻燃剂的阻燃途径主要有：抑制木材高温下的热分解、抑制热传递和抑制气相及固相的氧化反应。以上阻燃途径相辅相成、相互补充、互为因果。一种阻燃剂往往具有一种以上的阻燃作用，并有侧重。因此，在木材阻燃剂配方中一般都选用两种以上的成分进行复合，各成分相互补充，产生阻燃协同作用。常用的木材阻燃剂主要有：磷系阻燃剂、氮系阻燃剂和硼系阻燃剂等。经过阻燃处理的木材，抗火性能明显提高，木构件表面火焰的燃烧速度降低，相应地提高构件的耐火极限，改变其燃烧性能，但不能提高构件的耐火等级。

（一）木材的阻燃处理

木材经过阻燃剂处理后，可有效降低木材燃烧概率。阻燃剂的阻燃途径主要有：抑制木材高温下的热分解、抑制热传递和抑制气相及固相的氧化反应。由于阻燃途径是相辅相成、相互补充的。一种阻燃剂往往具有一种以上的阻燃作用，并有侧重。因此，在木材阻燃剂配方中一般都选用两种以上的成分进行复合，各成分相互补充，产生阻燃协同作用。常用的木材阻燃剂主要有：磷系阻燃剂、氮系阻燃剂和硼系阻燃剂等。经过阻燃处理的木材，抗火性明显提高，木构件表面火焰的燃烧速度降低，相应地提高构件的耐火极限，改变其燃烧性能。因此，建议少数民族聚居区的建筑木材应经过阻燃处理后再建筑。

（二）木材的表面防护

表面防护是在最后加工成型的木材及其制品上涂覆阻燃剂或防火涂料，或者在其表面包覆不燃性材料，通过这层保护层达到隔热、隔氧、抑制燃烧的目的。这是目前对木材进行防火保护最有效的方法。据文献记载：早在 20 世纪 60 年代，我国就已研制出了非膨胀型防火涂料，如过氯乙烯防火漆等，建筑都是通过涂料本身的难燃性或不燃性，或者通过涂层在火焰下释放出不燃气体，并在表面形成釉状物的绝氧隔热膜来保护基材。20 世纪 80 年代，又陆续研制出各种膨胀型防火涂料，用作木质材料的饰面型防火保护层。膨胀型防火涂料受热后，会形成多孔性的海绵状炭化层结构，具有很好的隔氧隔热保护作用。将其涂刷在可燃建筑结构上，遇小火不燃烧；火势不大时，具有阻滞延燃能力，从而减缓火焰传播速度；离开明火后能自行熄灭，可提高材料的耐火能力，防止火灾迅速蔓延扩大，但不能完全阻止和消灭火灾。有资料报道，建造木制房屋时，在墙体和天花板上安装防火石膏板，可使整个木结构组合墙体的耐火极限长达 2h。少数民族聚居区可通过在建筑木材上涂表面防护材料，以此来增加木材的耐火时间，提高材料耐火能力。

（三）建筑木构件的结构设计

通常情况下，只有在温度达到 250℃时木材才会燃烧。一旦着火，木材在火势凶猛的情况下将以 0.64mm/s 的速度炭化。炭化层将木材内部与外界隔离并提高木材可承受的温度，使构件内部免于火灾。因此，按照参考文献的数据，可以计算得出：在一场持续 30min 的大火中，木构件的每个暴露表面将只有 19mm 因炭化而损失，其余的绝大部分原始截面则保持完整无损。通常情况下，大型建筑结构中都包含大规格的梁或柱，其本身就具有很好的耐火性能。这是因为木材的导热性能低，且大构件表面燃烧所形成的碳化层会进一步隔绝空气和热量的作用，以延缓木材燃烧的速度并保护其余未烧着的木材。这使得大块木材要燃烧很长时间才会引起结构的破坏。也即，当采用大截面构件时，若尺寸达到一定的要求就可以得到较高的耐火极限。一般而言，木构件截面越大，防火性能越好。木结构的防火设计主要是根据设计荷载的要求，结合不同树种的木材在受到火焰作用时的炭化速度。通过规定结构构件的最小尺寸，利用木构件本身的耐火性能来满足所需的耐火极限要求。

第三节　木质装饰制品

一、木地板

（一）地板的种类及特点

地板分为实木地板、复合地板、竹地板、软木地板等。实木地板分为免漆地板和素板（未经涂漆）。复合地板分为实木复合地板和强化复合地板（标准名称为浸渍纸层压木质地板）。

实木地板具有天然的纹理，舒适的脚感，环保等特点，深受消费者的欢迎。一般卧室以实木地板为宜。实木免漆地板，是在工厂加工、喷漆、烘干。不仅提高了表面漆层的质量，而且安装后无须涂漆，减少了家装污染。但免漆地板对安装质量要求较高；素板，即未经涂漆的实木地板，这种地板铺设好后，要进行表面打磨砂光，即使表面略有不平，但通过打磨砂光后，可以适当拟补，之后进行表面涂漆。

复合地板分为实木复合地板和强化复合地板。实木复合又分三层复合和多层复合。无论是哪一种，都是由实木经胶粘剂复合在一起之后加工成地板的；而强化复合地板，装饰面是由多种试样的木纹纸，表面是三氧化二铝，基材是由密度 $\geqslant 0.80\text{g}/\text{cm}^3$ 的地板基材用纤维板（LY/T1611—2003），底层是防潮纸，经高压热融复合在一起之后加工而成。强化复合地板具有很强的耐磨性，一般铺设在门厅、会客区、就餐区等场所比较适合。考虑到居室的地面条件，平房或楼房底层因直接接触地面，潮湿度较大，应选用楸木、红松或白松地板为宜，这种木材受潮后不易变形。

（二）地板铺设时应注意的问题

1. 一般木龙骨选用宽度 $\geqslant 35\text{mm}$，厚度 $\geqslant 25\text{mm}$ 的杉木或松木，其间距根据地板长度均分，两木龙骨中心距最大不大于 300mm。含水率严格控制在我国各省（区）、直辖市木材平衡含水率平均值以内。

2. 木龙骨的铺设，应水平、牢固。木龙骨间距允差 $\leqslant 5\text{mm}$，平整度 $\leqslant 3\text{mm}/2\text{m}$。严禁在木龙骨与地面用水泥封闭。

3. 在铺设地板的前 3～5 天应打开木地板的外包装，使木地板与空气中的水分相平衡。

4. 木地板的长度方向应与房间的纵向一致，（因地板吸潮变形是宽窄方向），木龙骨方向与木地板的长度方向相垂直，每块木地板之间不要用胶水粘接。

5. 铺设木地板时，应在木龙骨上铺设防潮垫（膜），防潮垫的方向与地板长度方向垂直，防潮垫应重叠 200mm 左右。

6. 铺设地板时，靠近墙边应留有 8mm～12mm 的伸缩缝，（地板的宽窄方向）同时木地板之间不要铺设过紧，对于房间较宽时，每块木地板之间留有一定的缝隙，以免地板受潮膨胀而无处延伸引起变形。

7.对于强化复合地板的铺设，一般采用悬浮铺装法（将地板直接铺设在地垫上），要求地面一定要平整，使用环保的胶合剂，相配套的辅件及踢脚线。

8.无论铺设那种地板，竣工三天内铺装单位与用户双方进行验收，对铺设质量、服务质量等予以评定，并办理验收手续。铺装单位应出具保修卡，承诺地板保修内义务。

（三）引起地板变形的主要原因

1.地板本身存在质量问题。地板的半成品烘干工艺简陋，烘干后在未完全消除内在应力的情况下就进行机械加工，地板因本身的残余应力产生变形，即翘曲度不符合标准要求。

2.家装施工不规范。如：在铺设木地板的房间拌和水泥砂浆，或堆积潮湿物品致使地面水分过大，木地板吸潮膨胀产生变形。

3.通常在卫生间和厨房铺地砖，在没有完全干透的情况下就铺设木地板，加之相接处未做防潮处理，使与地砖相接处的木地板吸潮产生变形。

4.卫生间和厨房埋入地下的水管有慢渗水情况，致使地砖与木地板相接处因吸潮变形发黑。

5.木龙骨未经烘干处理，含水率过高。加之木龙骨上未铺设防潮垫。

6.有的用户怕木地板生虫子，在地板下放置新鲜樟木，使木地板下水分增大，引起地板吸潮膨胀变形。

7.铺设木地板时，伸缩缝间隙过小或地板之间铺设过紧。

（四）木地板的日常维护与保养

GB/T 20238—2006《木质地板铺装、验收和使用规范》标准中规定，在正常维护条件下使用，自验收之日起保修期为1年。木地板的日常维护、保养尤为重要，概括起来要做到"四要四不要"。

1.要定期吸尘或打扫地板，防止沙粒等硬物堆积而划伤地板。

2.要定期使用专用地板蜡或木质油精进行维护，增加表层的保护，使地板保持光泽。尤其是首次，要将两块地板之间的缝隙封好打匀。

3.要避免阳光长期曝晒，引起褪色，影响装饰效果。

4.要保持室内湿度在40%～80%范围以内，湿度过小或过大要进行加湿或排湿。

5.不要用滴水的拖布拖擦地板，以免引起木地板受潮变形。

6.不要穿鞋底尖硬皮鞋在地板上走动或拖动搬运家具，造成表面损伤。

7.不要用不透气的材料长期覆盖，易造成漆膜脱落。

8.不要在地板上使用抛光剂，石蜡或油漆等。严禁使用酸、碱性溶剂或汽油等有机溶剂擦洗地板上的污迹；严禁地板接触明火或直接在地板上放置大功率电热器；禁止在地板上放置强酸性和强碱性物质。

二、木质人造板材

（一）常见的木质人造板材

1. 胶合板

工艺：又称夹板，是由专用胶水、单板或薄木合成的三层或多层的板材。市场上的多层实木板也是胶合板。

分类：一般根据层数划分。常见的有三夹板、五夹板、九夹板、十二夹板、十八夹板等。装修中最常用的是三合板和五合板。

规格：长为2440mm，宽为1220mm，厚度为3厘板、5厘板、9厘板、12厘板、15厘板和18厘板等。（1厘即1毫米）

优点：变形小、幅面大、施工方便、不翘曲、横纹抗拉力学性能好。

缺点：造价较高，含胶量大。面层不如密度板光洁，做基层不如中密度板牢固。

用途：家具，如橱柜、衣柜、桌、椅的部分面板用料等；室内装修，如天花板、墙裙、地板衬板等。

2. 细木工板

工艺：也叫大芯板。是由木芯与上下两面单板（上下各一层或两层）胶合而成的夹心板。

优点：市场规格统一（1220×2440mm），易加工，握钉力好，不易变形，重量轻，便于施工。

缺点：在生产过程中大量使用尿醛胶，甲醛释放量普遍较高，怕潮湿。

用途：家具、门窗套、隔断、假墙、暖气罩、窗帘盒等需要一定支撑强度的且环境湿热度相对稳定的地方，一般避免用于厨卫。

3. 刨花板

工艺：木屑及木材边角料，加黏合剂后压制而成。

优点：价格便宜，吸音，隔音，耐污染，耐老化，美观，可进行油漆和各种贴面。

缺点：密度较重，制作的家具重量较大；边缘粗糙易吸湿，边缘要采取封边措施防止变形。尤其柜类的柜门合页处注意，若受到非正常外力而脱落或松动，基本上很难再固定。

用途：吊顶、普通家具，一般不适宜制作较大型家私。

4. 密度板

工艺：又称纤维板。以木质纤维或其他植物纤维为原料，施加脲醛树脂或其他适用的胶粘剂制成，表面处理主要是混油工艺。

分类：高密度板、中密度板、低密度板（中密度板密度为550公斤~880公斤/立方米，高密度板密度≥880公斤/立方米以上）。

规格：1220×2440mm、1525×2440mm，厚度有3mm、5mm、9mm、12mm、15mm、

16mm、18mm 等。

优点：表面光滑平整、材质细密、性能稳定、边缘牢固，表面装饰性好。

缺点：耐潮性较差，握钉力较刨花板差，如果发生松动，很难再固定。

用途：强化木地板、门板、隔墙、家具等。一般做家具用的是中密度板。

5. 装饰面板

工艺：以夹板为基材，将贴面经过胶粘工艺制作而成。不同种类面板有不同的用途：

木单板面板：用珍贵树种木材制成，真实自然，常用于家庭装修或是家具制造的表面材料。

塑料面板：将聚氯乙烯薄膜印成多种花色图案或木纹进行贴面，色彩鲜明，图案靓丽，价格便宜。适合用于在较大面积地方的装饰，如大厅墙面装饰等。

纸质贴面板：种类多，颜色艳丽，图案丰富，常用于墙面装饰，工艺品表层装饰等。

金属箔贴面板：装饰效果好，强度高。金属质感表面装饰，如电梯间墙面，大门装饰等。

其他贴面板：如，竹质贴面板、涂料贴面板等。可在室内装修时使用。

6. 防火板

工艺：由表层纸、色纸、基纸（多层牛皮纸）三层构成的，其基材是刨花板或中纤维板，经过高温压贴后制成。

厚度：一般为 0.8mm、1mm 和 1.2mm。

优点：颜色鲜艳，封边形式多样，耐磨、耐高温、耐剐、抗渗透、易清洁，防潮、不褪色、触感细腻、价格实惠、避免了在室内刷漆，减少污染。

缺点：门板为平板，无法创造凹凸、金属等立体效果，时尚感稍差。

用途：家具表面、橱柜面板、橱柜台面、展柜、实验室台面、外墙等领域。防火板使用时是与其他的板材贴压在一起的。

7. 三聚氰胺板

别称：又叫双饰面板，免漆板，全称是三聚氰胺浸渍胶膜纸饰面人造板。是生态板的一种。

工艺：将带有不同颜色或纹理的纸放入三聚氰胺树脂胶粘剂中浸泡，然后干燥到一定固化程度，将其铺装在刨花板、防潮板、中密度纤维板或硬质纤维板表面，经热压而成的装饰板。国内生产的三聚氰胺饰面门板以露水河板为代表。

规格：2135mm×915mm、2440mm×915mm、2440mm×1220mm，厚 0.6 ~ 1.2mm。

优点：表面平整、不易变形、颜色鲜艳、表面较耐磨、耐腐蚀，价格经济。

缺点：封边易崩边、胶水痕迹较明显、纹理多但颜色选择较少，不能锣花只能直封边。

用途：常用于室内建筑及各种家具、橱柜的装饰上，如一些面板，墙面，柜面，柜层板等。不适合用于地面装饰。

环保：特别强调，板材里面的三聚氰胺只要不食用，对人体就不会造成危害，三聚氰胺常态下不挥发。但是，含有甲醛。

8.烤漆板

工艺：以密度板为基材，表面经过六至九次打磨、上底漆、烘干、抛光（三底、二面、一光）高温烤制而成。烤漆板可分亮光、亚光及金属烤漆三种。

优点：颜色鲜艳，多样选择，易清洁，对空间有一定的补光作用。

缺点：工艺水平要求高，废品率高，价格高，怕磕碰和划痕，损坏难修补，要整体更换；油烟较多的厨房中易出现色差。

用途：主要用于橱柜、房门等。

9.铝扣板

工艺：以铝合金板材为基底，通过开料，剪角，模压成型，表面使用各种涂层加工得到铝扣板产品。表面处理分为喷涂、滚涂、覆膜等几种形式。

分类：铝镁合金，抗氧化能力好，强度和刚度好，吊顶的最佳材料；铝锰合金，强度与刚度略优于铝镁合金，但抗氧化能力略有不足；铝合金，强度及刚度均明显较低，抗氧化能力一般。

优点：使用寿命长，防火，防潮，抗静电，易清洁，质感好，档次高，与瓷砖、卫浴、橱柜容易形成统一的风格。

缺点：安装要求高，铝扣板吊顶拼缝不如塑钢扣板吊顶，铝扣板的板型、款式没有塑钢扣板的板型、款式丰富。

用途：室内厨卫天花吊顶、室外幕墙装修、广告装潢等方面。

10.石膏板

工艺：以熟石膏掺入添加剂与纤维制成。它是一种重量轻、强度较高、厚度较薄、加工方便以及隔音绝热和防火等性能较好的建筑材料。

分类：普通纸面石膏板（常用）、纤维石膏板、石膏装饰板等。

优点：轻质、隔音绝热、不燃、可锯可钉、美观。

缺点：耐潮性差。

用途：内隔墙、墙体覆面板、天花板、吸音板、地面基层板和各种装饰板等。

（二）人造木质板材对室内环境甲醛污染的控制策略

随着我国社会经济的快速发展和人们生活水平的不断提高，家庭装饰呈现出如火如荼的发展之势。当前，木质人造板是室内装饰和家具制作使用最多的材料之一。然而，由于醛类胶黏剂在木质人造板生产中的广泛应用，致使其长期缓慢地向室内释放甲醛，给居室环境带来严重污染，由此诱发各类疾病，严重影响了人们的身心健康和正常生活。因此，如何合理地生产和使用木质人造板，以减少或降低甲醛对室内空气污染已成为当前全社会亟待解决的课题。

1.木质人造板中甲醛的主要来源

木质人造板（以下简称人造板）是以木材为主要原料或以木材加工过程中剩下的边皮、

碎料、刨花、木屑以及其他植物纤维等废料，经干燥、施胶、热压等一系列工序加工而成的板状材料。人造板之所以散发甲醛，是由于其生产过程中所使用的胶黏剂，我国人造板生产使用最普遍的胶黏剂是脲醛树脂。脲醛树脂又称脲甲醛树脂，是由尿素与甲醛在催化剂作用下，经加成反应和缩聚反应形成的热固性树脂。由于其原料充足，价格便宜，生产工艺简单，胶合强度高，固化快，操作性好，耐水性较好，耐磨性极佳，广泛用于生产胶合板、细木工板、纤维板等各类人造板，是国内外人造板胶黏剂用量最大的品种，占人造板用胶量的 90% 左右。脲醛树脂胶黏剂人造板释放的甲醛主要来自三个方面：一是脲醛树脂生产时未参与化学反应的甲醛；二是脲醛树脂固化时一部分线性树脂未形成稳定的网状结构而易分解成自由状甲醛向外界散发；三是人造板在制造、存放或使用过程中已固化的脲醛树脂在外界温湿度、酸碱、光照等因素影响下发生缓慢降解释放的甲醛。

2. 室内环境甲醛污染的危害

甲醛，又称蚁醛，是一种无色并有特殊刺激气味的气体，对人眼、鼻等有刺激作用，其密度与空气接近。研究表明，人短期生活在低浓度甲醛环境下不会对人体产生危害，因为甲醛会通过人体代谢为甲酸，然后排出体外；但如果长期生活在高浓度甲醛环境下，将会严重刺激人的视觉、嗅觉等器官，引起人流泪、咳嗽、气喘等症状，甚至可以造成人的心肺功能、肝肾功能损伤，严重损害人体免疫系统、神经系统。

甲醛，作为一种对人体最有害气体，其危害让人望而生畏，被誉为室内"夺命杀手"。早在 2004 年，甲醛就被世界卫生组织认定为一级致癌物。甲醛，也是国内外公认为的室内装修污染中最难治理的有害气体，原因是人造板材中甲醛的释放过程十分缓慢，其释放期可长达 3 ~ 15 年，高挥发期也要 2 ~ 3 年，因此室内甲醛污染具有长期性。

3. 室内甲醛污染的控制策略

（1）装修前把好材料的选购关

1）尽量选择甲醛污染小的材料和产品

实验表明，人造板中甲醛含量由高到低的顺序为：纤维板＞胶合板＞刨花板＞细木工板＞指接板。因此，对于木质地板来说，通常实木地板甲醛释放量远小于以纤维板为基材的强化木地板；对于墙面装修材料，吸声板可以选择无机材料为主的矿棉吸声板，可大大降低甲醛的污染；对于家具制作，可选用甲醛释放量小的指接板，尽量少用纤维板。另外，对于同一种人造板材，应尽量选择甲醛释放量低的 E0 级和 E1 级的产品，其中 E0 级优于E1 级。

2）对人造板进行预处理

有关研究表明：人造板在室温下随着放置时间的延长，甲醛释放量逐渐减小，前几天甲醛释放量降低比较快，15 天 ~ 30 天以后甲醛释放逐渐达到平衡稳定的释放阶段。人造板经过热处理可以加速甲醛释放，加热处理后的板材甲醛释放量明显降低，以后将会向周围环境以低水平状态释放甲醛。因此，刚生产的人造板不要急于进行装修应用，应将其在常温下搁置 15 ~ 30d 或者装修前对人造板预先进行高温处理，以加速甲醛的释放，等甲醛进入稳定释放期再进行装饰施工。

（2）装修过程中把好装修方案设计及施工工艺关

1）避免过度装修

随着人们经济水平的提高，家庭装饰装修的档次越来越高档，越来越豪华，甚至出现了过度装修，这不仅奢侈浪费，而且极易引发严重的室内环境污染。我们应该认识到，世上没有绝对绿色环保的装饰材料，所谓的环保板材并不是没有甲醛，而是甲醛等有害物质含量相对较少。也就是说，即使室内装修全部采用E1级甚至E0级人造板材，如果装修过度，人造板材使用过多，将会出现叠加效应，同样也会造成室内甲醛污染超标。因此，在装修方案设计时要注意环保的装饰材料不等于环保装修，在保证装饰材料绿色环保的同时，还要合理搭配装饰材料，不要大面积使用同一种装饰材料，提倡简易装修。

2）对人造板进行封闭处理

人造板的表面和周边是甲醛的释放窗口，为避免甲醛向外散发，可用饰面材料、木器漆等对其表面和周边进行密封和装饰。人造板制成的衣柜、橱柜等家具表面、家具里面的板材、家具背面的板材、以及板材暴露的截面均要做好密封处理。目前市场上人造板制成的木地板虽然表面和背面均进行了饰面处理，但木地板之间接口部分仍暴露着地板的基材，这是人造木地板释放甲醛的主要暴露面，木地板应增加接口和四边的密封处理。同样，人造板制成的复合木门及门套的上下两个暴露的断面是甲醛的释放窗口，也是复合木门生产和施工过程中需要改进的地方。

（3）装修完成后把好治理关

1）通风换气

通风换气是消除室内空气甲醛污染最经济、最有效、最实用的方式。刚装修过的房间关闭门窗时间越久，室内空气中甲醛的含量就越高。实验证明刚装修过不久的房屋，关闭门窗 8 小时后空气中甲醛浓度达到关闭前的 4 ～ 7 倍。一般，在装饰工程结束后，不宜马上搬进去居住，应打开窗户通风 3 ～ 6 个月，待室内装饰材料中的挥发物质基本挥发尽，方可入住。由于甲醛的释放是一个漫长的过程，因此，入住后仍应经常开窗通风。

2）活性炭吸附

活性炭是世界公认的高效"除毒能手"，其具有多孔性，发达的孔隙结构使其具有庞大的表面积，这种特殊的结构使得活性炭具有强大的吸附力，可将有毒气体及空气中的甲醛吸附在空隙结构中。活性炭适用于新装修居室、新购家具等空气中甲醛超标的环境内，尤其是衣柜、橱柜、书柜等人造板家具内，这些地方不易通风换气，容易挥发聚集大量甲醛，可通过活性炭的物理吸附去除。但要注意的是活性炭在使用 7 ～ 10 天就基本吸附饱和了，如果想反复使用，只需将其在室外进行暴晒，使吸附的污染气体排出去即可恢复其吸附能力，因此活性炭净化方式经济环保。

3）植物吸收

用植物治理室内空气甲醛污染已得到国内外专家的一致认可，其原理是甲醛通过叶片上下表皮上的气孔被吸收甲醛，或者通过叶片角质层渗透、扩散到叶片组织，经植物代谢被同化为其他组织成分，或者分解释放出二氧化碳。相关研究表明，吊兰、常春藤、绿萝、万年青、虎尾兰、龟背竹、垂叶榕、四季秋海均具有吸收室内甲醛等有害气体的能力。虽然植物吸收法除甲醛具有环保、无二次污染的优点，但由于植物自身的代谢能力以及其他生理特性，实际上其吸收甲醛的能力相当有限，因此只能作为辅助手段。

4）光催化氧化法

光催化氧化法是指在紫外光的照射下，以纳米级二氧化钛作为催化剂，可将甲醛等有机物分子降解为水和二氧化碳等无机小分子物质。理论上讲，光催化氧化法具有无二次污染，常温常压下即可发生，对污染物去除率高，能耗低等优点，是一种理想的除甲醛方法。但是光催化氧化法要利用紫外光源来激发，而室内不可能一直存在紫外线光，尤其是抽屉里、衣柜背面等甲醛释放最严重的部位，常年见不到光线，这就限制了该方法的应用。

第八章 防水材料

第一节 沥青

一、石油沥青

（一）石油沥青的分类

按用途分：道路石油沥青；建筑石油沥青；防水防潮石油沥青。

（二）技术标准

道路石油沥青、建筑石油沥青和防水防潮石油沥青都是按针入度指标来划分牌号的。在同一品种石油沥青材料中，牌号愈小，沥青愈硬；牌号愈大，沥青愈软，同时随着牌号增加，沥青的黏性减小（针入度增加），塑性增加（延度增大），而温度敏感性增大（软化点降低）。

（三）石油沥青的选用

在选用沥青材料时，应根据工程性质（房屋、道路、防腐）及当地气候条件、所处工程部位（屋面、地下）来选用不同品种和牌号的沥青。

1. 道路石油沥青牌号较多，主要用于道路路面或车间地面等工程，一般拌制成沥青混凝土、沥青拌和料或沥青砂浆等使用。道路石油沥青还可作密封材料、黏结剂及沥青涂料等。此时宜选用黏性较大和软化点较高的道路石油沥青，如 60 甲。

2. 建筑石油沥青黏性较大，耐热性较好，但塑性较小，主要用作制造油毡、油纸、防水涂料和沥青胶。它们绝大部分用于屋面及地下防水、沟槽防水、防腐蚀及管道防腐等工程。对于屋面防水工程，应注意防止过分软化。据高温季节测试，沥青屋面达到的表面温度比当地最高气温高 25℃ ~ 30℃，为避免夏季流淌，屋面用沥青材料的软化点应比当地气温下屋面可能达到的最高温度高 20℃以上。例如某地区沥青屋面温度可达 65℃，选用的沥青软化点应在 85℃以上。但软化点也不宜选择过高，否则冬季低温易发生硬脆甚至开裂对一些不易受温度影响的部位，可选用牌号较大的沥青。

3. 防水防潮石油沥青的温度稳定性较好，特别适用做油毡的涂覆材料及建筑屋面和地下防水的黏结材料。其中 3 号沥青温度敏感性一般，质地较软，用于一般温度下的室内及地下结构部分的防水。4 号沥青温度敏感性较小，用于一般地区可行走的缓坡屋面防水。5 号沥青温度敏感性小，用于一般地区暴露屋顶或气温较高地区的屋面防水。6 号沥青温度敏感性最小，并且质地较软，除一般地区外，主要用于寒冷地区的屋面及其他防水防潮工程。

4. 普通石油沥青含蜡较多，其一般含量大于 5%，有的高达 20% 以上（称多蜡石油沥青），因而温度敏感性大，故在工程中不宜单独使用，只能与其他种类石油沥青掺配使用。

石油沥青的技术标准见表 8-1-1。

表 8-1-1 石油沥青的技术标准

沥青品种	防水防潮沥青（SH0002）				建筑石油沥青（GB494）			道路石油沥青（SH0522）				
项目	质量指标				质量指标			质量指标				
	3 号	4 号	5 号	6 号	10 号	30 号	45 号	200 号	180 号	140 号	100 号	60 号
针入度（1/10mm），（25℃，100g，5s）	25 ~ 45	20 ~ 40	20 ~ 40	30 ~ 50	10 ~ 25	25 ~ 40	40 ~ 60	200 ~ 300	160 ~ 200	120 ~ 160	80 ~ 100	50 ~ 80
针入度指数，小于	3	4	5	6	1.5	3	—	—	—	—	—	—
软化点，不低于（℃）	85	90	100	95	95	70	—	30 ~ 45	35 ~ 45	38 ~ 48	42 ~ 52	45 ~ 55
溶解度，不小于（%）	98	98	95	92	99.5	99.5	99.5	99	99	99	99	99
闪点，不低于（℃）	250	270	270	270	230	230	230	180	200	230	230	230
脆点，不低于（℃）	−5	−10	−15	−20								
蒸发损失，不大于（%）	1	1	1	1	1	1	1	1	1	1	1	1
垂度（℃）			8	10	65	65	65	–	–	–	–	–
加热安定性	5	5	5	5								
蒸发后针入度比，不小于（%）		—				—		50	60	60	65	70
延度（25℃，5cm/min），不小于（cm）		—				—		20	100	100	100	100

二、改性沥青

随着经济的快速发展，车流量越来越大，因此对道路的要求就越来越多，进而对沥青的物理化学甚至是其他很重要的性质也有了更多的限制要求。从改性沥青的基本概念可以知道，改性沥青对于沥青的性质有了很大的帮助，但需要相应的制造出合适的符合路面要求的改性剂。只有符合公路或是桥梁路面材料的改性剂才是最能提高沥青性质的改性剂。

（一）改性沥青的主要性质和改性沥青混合料的主要类型

1.改性沥青的主要内容性质

改性沥青根据前文的分析比对发现，改性沥青的主要化学物理性质较普通的沥青建筑材料有了很大的改进和提高，因此比较受建筑施工的广泛应用。分类来看，其性质改良主要从几个方向上看：

（1）对温度的敏感性来说，高温上有稳定性，能控制沥青颗粒分子的活跃性，进而控制了整体的稳定性，对化学性质来说有了很大的帮助。对于低温来说，增加了路面的抗裂性，特别是针对冬天来说，降低了沥青内部颗粒的活跃性，所以固定的整体性，增加了抗裂性。综上所述，改性沥青对于公路桥梁的路面与温度之间的敏感程度有了很大的控制趋势。

（2）增加了沥青材料的防水性，有关人员做了实验，实验数据分析，举个例子，改性沥青是比较典型的改性沥青混合料，改性沥青改性沥青混合料的劈裂强度和残留稳定度较基质沥青分别提高 0.34 倍和 0.11 倍，由此可见，改性沥青材料的抗水性或是防水能力都比以前的基质沥青好了很多，实验表明，改性沥青混合料对水的抗击能力也已经远远强于基质沥青材料。

（3）延展性比较好，基质沥青材料因为主要是液体性质，所以本身的固定能力就不太好，但是加入改性剂之后，改变了内部沥青颗粒的空间位置，也改变了颗粒间彼此的压力，所以，延展性就发生了变化，整体上，增加了延展性这种物理性质，增加了路面的稳定性，保证了路面所承受的压力范围有所增加。

2.改性沥青混合料的主要类型

根据实验的分析总结，其改性沥青混合料根据对基质沥青的物理化学性质的改变主要划分为：①温度敏感性。其中分为低温和高温两种类型；②抗水性。对水分的压力做实验，测看路面桥面的防水能力；③延展性。简单来说就是最大压力承受能力，承受压力范围由高到低可以进行排序并且记录改性剂的类别和名字甚至是物理化学及其他性质。

（二）改性沥青材料和改性沥青混合料与公路桥梁的关系

公路桥梁路面只是众多建筑工程的一个类别，其建筑方向有异曲同工之妙。换句话说，公路和路面都是通过对路面车流量的测定进而反映到对路面桥面的影响，然后对比分析改性剂类别，增加路面的使用时间，进而增加经济效益，符合社会发展趋势，尤其在现在交通运输及经济发展迅速的今天，对改性沥青的应用有很大的需求。从上述的改性沥青材料的几个特点可以知道，公路桥梁的路面施工尤其是桥梁，整体的路面材料稳定性及耐久性是十分重要的，如果偶然碰到环境恶劣的天气条件，要求路面能够有一定的环境阻力，减少路面破坏程度。从经济效益的角度分析，沥青混凝土中加入改性沥青以后，经济成本会有所提升，而且经对比分析，改性剂之间的价格也有一定的区别，其中改性沥青改性剂比SBS改性剂价格低，对比结果发现，两种材料都具有差不多的应用效果，而且改性沥青的融入效果更理想，所以，改性沥青有更好的性价比，而且，在公路桥梁上，运输也比较方便，SBS改性剂比较易改变物理化学性质，改性沥青对环境的适应性也是更符合要求的，由此可见，对于公路桥梁来说，适当的改性剂和与路面的配伍性较强的改性材料有更适合的耐久性，耐高温，耐低温，防水性。

（三）改性沥青和改性沥青混合料的应用背景和前景

根据具体的改性沥青混合料的特点和使用效果，其应用前景十分开阔。在经济发展快速的城市里，尤其是出流量大的城市，城市道路和桥梁数量大，所以将改性沥青混合料加入道路建筑材料中，抗老化，改善高温性能，还可以有保护环境，节约资源的优点。

为了更好地服务发展中的国家，选择在资源节约方向上和环境友好保护两个方向进行，更体现了改性沥青混合料的重要性，将其融入基质沥青中，不仅能减少基质沥青的损失，还能增加路面的稳定性，耐久性，节约资源，大量节省了人力物力财力。高温低温等恶劣环境的刺激影响下，以岩沥青为代表的改性沥青混合料可以改变内在沥青颗粒的物理化学性质，进一步增加整体安全性，基质沥青本身的化学性质不稳定，遇到高温低温等恶劣情况下会产生分解或是生成其他物质，时间长会腐蚀路面，造成极为不好的环境影响，另外，SBS等改性剂对路面的保护更为显著，尤其遇到水压较大的情况下，会产生一定的物理变化，路面桥面内部基层产生保护膜，增加路面的耐久性，减少腐蚀。而改性沥青和改性沥青混合料的应用背景也是符合当代社会的特点，本身如今社会的经济科技等发展就比较迅速，所以，尤其是公路路面，桥梁桥面都会有很大的车辆压力，为了减少对路面的损害，改性沥青混合料是必不可少的，进而产生的环境保护，经济效益，甚至是社会效益等。

（四）确定改性沥青混合料的性质要求的指标

对于混合料的应用前景来说，要求指标是前提，根据实验分析可以主要总结一下几种，第一弹性恢复指标，车辆经过路面产生压力，可以成为弹性形变，该指标反映了加入改性剂之后道路恢复原形状的速度，加入改性剂越多，单位面积上恢复形变的性能越好，第二是黏度指标，也是稳定性指标，黏度大的沥青在荷载作用下产生小的形变，当然，黏度指标是在形变指标基础上产生的。第三个是延展性指标，主要根据延展性这一特性，主要根据路面桥面受到的压力为主要影响因素，受外界影响较多，如温度，但是该指标属于经验指标，比较具有科学价值。

（五）改性沥青配合比设计及施工

1. 改性沥青混合料的优势

与普通沥青混合料相比，SBR-Ⅱ-B 改性沥青混合料能够在一定程度上弥补普通沥青混合料的弊端，降低各项工程项目当中沥青施工出现问题的可能，对于提升各项工程项目建设施工效果也是非常重要的一点。而且 SBR-Ⅱ-B 改性沥青混合料中各类原材料所占比重也能达到完全合理的状态，以控制各项工程项目综合施工时出现问题的可能。从硬度的角度出发，SBR-Ⅱ-B 改性沥青混合料较为柔软，也就是说应用于这种沥青混合料进行工程项目施工，能够保证沥青混合料与各个工程平面之间的贴合度，避免建筑物或者路面等工程项目在长时间使用过程中出现的沥青混合料脱落的可能。不仅如此，SBR-Ⅱ-B 改性沥青还具备分子结构稳定的优势，能够抵抗外在因素对沥青混合料施工面产生的影响，以促使各项工程项目建设施工质量得以提升。

2. SBR-Ⅱ-B 改性沥青混合料配合比设计

在对 SBR-Ⅱ-B 改性沥青混合料进行配合比设计之前，相关人员应对原有沥青混合料的缺陷和原材料成分等方面实施有效分析，并按照分析结果对改性沥青混合料各项原材料配合比展开有效调整，保证改性沥青混合料中各项原材料所占比重符合工程项目建设施工要求，凸显 SBR-Ⅱ-B 改性沥青混合料的优势，使得我国各个工程项目建设行业向着更加合理的方向发展。对于 SBR-Ⅱ-B 改性沥青混合料来说，其中涉及的原材料主要包括粗集料、细集料和填充料这三种。这就需要对这三种原材料配合比设计实施有效分析，保证改性沥青混合料配合比设计水平有所提升。

（1）粗集料

SBR-Ⅱ-B 改性沥青混合料中应用的粗集料主要时随时或者破碎砾石，同时保证有关部门选取的石料大小和规格等方面能够满足改性沥青混合料调配要求。加上粗集料在改性沥青中的作用主要表现在提升沥青材料硬度和强度上，因此，在选取粗集料时，应保证粗集料硬度和强度与改性沥实际调配要求相一致，继而实现改性沥青配合比设计水准提升的目标。从 SBR-Ⅱ-B 改性沥青的角度出发，其表面抗滑性明显优于普通沥青材料，这是因为改性沥青中还有一定量的硬质岩粗集料，这种粗集料不仅能够提升改性沥青抗滑性能，将其用于高速公路路面摊铺工作当中，可以提高驾驶人员行车安全性，从而避免高速公路低段出现严重的交通事故。在对 SBR-Ⅱ-B 改性沥青中粗集料进行综合选取的过程中，应将改性沥青中粗集料黏附力和石屑含量等相关数据参数大小控制在规定的范围内。必要时还可以结合工程项目实际建设施工要求替换改性沥青中粗集料种类和含量，使 SBR-Ⅱ-B 改性沥青各方面性能得以优化，为各项工程项目顺利开展奠定坚实基础。

（2）细集料

改性沥青中细集料主要有人工砂和天然砂这两种，这两种细集料配合比需要结合工程项目实际情况而定。加上改性沥青混合料搅拌方法多为热搅拌，这就应从沥青混合料搅拌温度的角度出发选用适当的细集料，避免改性沥青混合料在热搅拌时，其中细集料发生性能变化，影响 SBR-Ⅱ-B 改性沥青实际作用效果。为彰显改性沥青施工优势，应将其中天然砂含量控制在 20% 以内。如果改性沥青中天然砂和其他细集料的配合比超出相应标准，必然导致改性沥青中粗集料和填充料所占比重下降，继而导致 SBR-Ⅱ-B 改性沥青固有性能发生改变。

（3）填充料

众所周知，填充料在 SBR-Ⅱ-B 改性沥青中占据举足轻重的地位，主要作用表现在改性沥青混合料面层填充，减缓沥青混合料在使用过程中出现变质现象的速率，延长改性沥青使用寿命。当前我国各个工程项目在选取 SBR-Ⅱ-B 改性沥青时，会考虑其中填充料成分，该种改性沥青中填充料成分包括强基性岩石、石灰岩和岩浆岩等。其根本原因在于这些填充料具有较强的憎水性，能够避免改性沥青混合料在搅拌时和后期使用时渗入水分。而且这里所论述的填充料整体规格和尺寸远小于粗集料规格大小，并不会对 SBR-Ⅱ-B 改性沥青内部分子结构造成影响，使得改性沥青在各项工程项目施工中的作用效果逐渐提升，对于强化建筑物或者路面施工可塑性也是非常重要的一点。从改性沥青配合比设计的角度出发，明确改性沥青中填充料所占比重应通过填充料矿粉总量确定，使得改性沥青后期回收粉不超过矿粉总量 1/4。

3.SBR-Ⅱ-B 改性沥青的施工

在对 SBR-Ⅱ-B 改性沥青进行施工时，所涉及的施工要求和内容与普通沥青施工稍显不同。因此，在 SBR-Ⅱ-B 改性沥青施工时，必须改善固有施工方法，结合 SBR-Ⅱ-B 改性沥青特有的性质制定一系列施工要求。彰显 SBR-Ⅱ-B 改性沥青施工的严谨性和质量安全，以促使与之相关的工程项目施工顺利开展。从 SBR-Ⅱ-B 改性沥青的角度出发，其涉及的施工要求主要表现在以下几个方面：

（1）改性沥青运输要求

由于 SBR-Ⅱ-B 改性沥青稳定性较差，在运输过程中可能会出现沥青材料内部分子结构遭受破坏的问题，对于改性沥青实际作用效果也有很大的影响。基于此，在 SBR-Ⅱ-B 改性沥青运输过程中，应对运输过程中可能出现的问题实施有效预估，并适当的调整改性沥青运输路线和运输方法。不仅如此，还应保证 SBR-Ⅱ-B 改性沥青生产装车温度和拌和场所温度的合理性，同时将 SBR-Ⅱ-B 改性沥青运输时所消耗的时间控制在规定的范围内，以控制外在因素对 SBR-Ⅱ-B 改性沥青性能和作用效果产生影响。对于运输改性沥青材料的交通工具来说，还应对运输车进行保温处理，从而避免改性沥青中结合料在运输过程中出现表面硬化问题。

（2）改性沥青拌和储存要求

与普通沥青材料不同，改性沥青能够适应 160℃ 的高温环境。因此，可以将 SBR-Ⅱ-B 改性沥青储存在 160℃ 的沥青罐当中。在保障改性沥青综合性能的同时，避免改性沥青泄露流失。如果沥青罐内部温度低于 160℃，必然导致改性沥青凝固，致使沥青罐管道口堵塞。不仅影响 SBR-Ⅱ-B 改性沥青作用效果，还会导致沥青罐提前报废，影响改性沥青制造部门现有经济效益。另外，多数沥青罐还具备混合料拌和的功效，这就应保证沥青罐中拌和系统运行的连贯性和稳定性，提高 SBR-Ⅱ-B 改性沥青中各项原材料拌和效果，保证改性沥青拌和速率和拌和周期能够满足工程项目建设施工要求。

（3）摊铺的技术要求

由于 SBR-Ⅱ-B 改性沥青黏度较大，黏附力强，摊铺速度应控制在 2m/min，做到缓慢、均匀、连续不间断地摊铺，不要随意变换速度或中途停顿。提高摊铺过程中的预压密实度，SBR-Ⅱ-B 改性沥青混合料在高温状态下主要是靠粗集料的嵌挤作用，可适当提高夯锤振捣频率，使剩余压实系数减小，初压的痕迹也极小，进而确保路面的最终平整度。在完成改性沥青混合料摊铺施工之后，还需要相关人员对所摊铺的路面实施有效检测。一旦发现 SBR-Ⅱ-B 改性沥青摊铺出现问题，则需要从整个摊铺施工入手，找出改性沥青摊铺出现问题的原因。同时制定合理的解决措施，使得 SBR-Ⅱ-B 改性沥青摊铺施工顺利开展。

（4）碾压技术要求

一般来说，SBR-Ⅱ-B 改性沥青在经由多个流程改造之后，其碾压温度也发生改变。所适宜的碾压温度在 140℃-160℃之间，并将 SBR-Ⅱ-B 改性沥青最终表面碾压温度控制在 90℃以上。只有这样才能保证碾压过后的 SBR-Ⅱ-B 改性沥青凝固水平得以提升，以控制外在因素对 SBR-Ⅱ-B 改性沥青碾压效果产生的影响。为保证改性沥青混合料与公路路面之间密实度，需要结合改性沥青固有性质和碾压要求选取适当的压实机装置，并保证压实机运行时温度变化趋势、运行速度、振动方向和设备之间距离等方面均符合前期制定的要求。如果改性沥青压实机在运行时出现问题，可以要求相关人员结合有关规章条例在短时间内处理相应问题。在完成 SBR-Ⅱ-B 改性沥青碾压工作之后，应利用有效措施消除路面上的压痕。同时避免压实机在运行时发生转向、调头和突然刹车等现象，以落实 SBR-Ⅱ-B 改性沥青碾压的连贯性和均匀性。在提升公路路面综合施工效果和质量安全的同时，确保 SBR-Ⅱ-B 改性沥青在相应施工中的优势充分发挥出来。

第二节　防水卷材

一、沥青防水卷材

我国的改性沥青防水卷材主导产品标准,如SBS改性沥青防水卷材等产品标准的制定，等同或等效采用了欧盟等发达国家标准，已达到了国际先进水平，有些应用性能要求还高于发达国家产品标准，已形成了较为完善的标准化体系。其应用领域已延伸到水库、堤坝、隧道等重要领域。

（一）产品特点、适用范围

弹性体（SBS）改性沥青防水卷材系指以聚酯毡或玻纤毡为胎基、以苯乙烯 - 丁二烯 - 苯乙烯（SBS）共聚热塑性弹性体改性沥青为涂盖料，两面覆以聚乙烯膜、细砂或矿物粒（片）料而制成的改性沥青防水卷材（简称 SBS 卷材）。弹性体（SBS）改性沥青防水卷材仅指 SBS 热塑性弹性体作为改性剂的沥青防水卷材。

1. 产品特点

1）具有优良的耐高低温性能；2）可形成高强度防水层，耐穿刺、耐硌伤、耐撕裂、耐疲劳；3）具有优良的延伸性和较强的抗基层变形能力；4）低温性能优异。

2. 适用范围

SBS 卷材适用于工业与民用建筑的屋面及地下防水工程，尤其适用于较低气温环境的建筑防水。

（二）主要原材料选择

SBS 改性沥青防水卷材的生产要根据标准对产品的性能要求，本着节能、节材、性价比的原则，选择合适的原材料。

（1）石油沥青。石油沥青是 SBS 改性沥青防水卷材的主要基料，具有良好的憎水性，其质量优劣性直接影响 SBS 改性沥青的性能。应选择延伸性能好、软化点和针入度适中的沥青作为 SBS 改性沥青的基料。一般常用的有：90 号重交道路沥青、70 号重交道路沥青等。

（2）SBS 橡胶。SBS 橡胶是 SBS 改性沥青的防水卷材的主要高聚物改性材料，是优异的热塑性弹性体。在沥青中分散后形成网状结构，改变沥青原有的对温度的敏感性，使 SBS 改性防水卷材具有良好的耐高低温性能。应选择与沥青混熔性好、易分散的品种作为石油沥青的改性材料。一般常用的有：YH792、YH791、YH801、YH802、YH803、SBS3411F 等。

（3）填充料。填充料是 SBS 改性沥青的骨架材料，能够改善 SBS 改性沥青的耐候性和机械性能。应选择细度适中、密度和亲水系数较小的无机粉料作为填料。一般常用的有：滑石粉、板岩粉、石粉等。

（4）胎基材料。胎基材料是 SBS 改性沥青防水卷材的骨架和增强材料。它赋予 SBS 改性沥青防水卷材一定的强度延伸和良好的机械性能。依据不同的产品，不同的要求，选择不同的胎基。常用的 SBS 改性沥青防水卷材胎基：聚酯无纺布和玻璃纤维毡。

（5）覆面材料。覆面材料分为下覆面材料和上覆面材料。下覆面主要是为防止卷材成卷后黏结，又叫隔离材料；上覆面材料又称饰面材料。采用矿物粒（片）料、金属铝箔等不同的饰面材料，能提高卷材的稳定性、耐久性，提高对光的反射能力，降低屋面温度等。常用覆面材料有：PE 膜、细砂、中粗砂、彩砂、页岩片和铝箔等。

SBS 改性沥青涂盖材料的配方设计主要本着生产方便、质量稳定、节能降耗，在满足技术要求的前提下，具有较高的性价比等原则进行考虑。SBS 橡胶应选择与沥青混熔性良好且易于分散的品种，能缩短 SBS 涂盖料的制备时间。为了改善卷材的低温性能且有利于促进 SBS 橡胶的分散应加入适量的增塑剂，添加量不宜过少或过多，过少改善效果不明显，过多影响 SBS 改性沥青防水卷材的耐热性和耐老化性能。为了改善 SBS 改性沥青防水卷材的耐候性，应加入适量的填充料，既改善了卷材的耐高温性能，同时也降低了成本。添加量要适当，不宜过高或过低，过高影响卷材低温性能，过低改善效果不明显。再根据生产的品种和市场的要求选择不同的胎基材料和覆面材料。

（三）SBS 改性沥青防水卷材的生产工艺及其过程

1.SBS 改性沥青防水卷材涂盖料的制备工艺

将 90 号（70 号）石油沥青升温至 120 ~ 140℃计量后加入搅拌罐，增塑剂、SBS 计量后加入搅拌罐，升温至 190℃开始计时，在 190 ~ 200℃保温搅拌 120min 后开启胶体磨均化研磨，至 SBS 完全分散（肉眼观察看不见 SBS 胶粒）后，把计量后的填充料逐步加入搅拌罐中，在 180 ~ 190℃保温搅拌 30 ~ 60min 后，放入涂油槽中即可生产。

2.SBS 改性沥青防水卷材生产工艺过程

SBS 改性沥青涂盖料制备完毕，放入涂油槽后即可开车生产。胎基展开，经烘干贮存装置后进入涂油槽，浸渍完涂盖料后，经厚度控制装置进入覆膜撒砂装置，然后进入冷却槽，再经冷却辊、冷压辊（压花辊）进入缓冲贮存架，经卷毡机计量后，包装下线。在生产过程中，若生产 3mm 厚卷材，涂油槽温度控制在 175 ~ 185℃左右，生产线速度控制在 30 ~ 45m/min。生产 4mm 厚卷材，涂油槽温度控制在 165 ~ 175℃左右，生产线速度控制在 25 ~ 35m/min 为宜。

（四）SBS 改性沥青防水卷材的应用与施工

SBS 改性沥青防水卷材具有适用范围广、抗拉强度高、断裂延伸率大、防水层自重轻、施工操作简便等特点。除用于一般工业与民用建筑防水外，尤其适用于高级和高层建筑的屋面、地下室、卫生间等部位的防水防潮以及桥梁、停车场、屋顶花园、游泳池、蓄水池、隧道等建筑的防水。由于卷材具有优良的低温柔性和极高的弹力延伸性，更适合于寒冷地区和结构变形的建筑防水。

SBS 改性沥青防水卷材的施工方法比较简单，在干燥的基层上涂刷 SBS 改性沥青防水卷材冷底油，一切涂刷均匀，一次涂好，干燥到不黏脚为宜。改用热溶法施工不仅施工方便、安全、节约、环境适应性广，而且还可减少对环境的污染。热熔法是以专用热熔机具或酒精喷灯烘烤卷材底面与基层，待卷材表面涂盖层熔化，以卷材表面呈光亮黑色为尺度，边烘烤边向前滚动卷材，并用压辊滚压（滚时不要卷入空气和异物，要压平压实），使其与基层或与卷材黏结牢固，烘烤时应注意调节火焰大小和移动速度，不得过分加热或烧穿卷材。

SBS 改性沥青防水卷材性能优良，有广阔的应用前景，但仍需解决好两方面的问题，一是建材市场鱼目混珠的现象比较严重，例如低劣沥青胎防水卷材冒充 SBS 改性沥青防水卷材，以低劣纤维胎代替高性能长纤维聚酯毡胎和以加废旧回收胶粉改性沥青的产品冒充 SBS 改性沥青防水卷材；二是施工方法落后，基本属手工操作，施工队伍混乱，施工人员专业素质低，不能保证施工质量的稳定和可靠。所幸，监管部门已制定和执行相应的法规。未来，在监管力度的不断加大下，情况将有所改善。

二、高聚物改性沥青防水卷材

目前人们在建筑屋面工程施工的过程中，屋面防水设计有着十分重要的意义，它不仅可以有效地保障建筑物的正常使用，还进一步地提高了建筑结构的防水性能。在通常情况下，我们在对建筑屋面进行防水工程施工的过程中，采用的方法主要有结构防水设计和防水层防水设计这两种，它们在实际应用的过程中，都有着不同的应用效果，因此人们对其进行施工的过程中，就要按照工程施工的相关要求来对屋面防水的构造方法进行选择。而且随着时代的不断进步，人们也将许多先进的施工技术和材料应用到了其中，这就使得建筑物的防水性能得到了进一步的提高。下面我们就对高聚物改性沥青防水卷材 SBS 在建筑屋面工程中质量控制的方法进行介绍。

（一）高聚物改性沥青防水卷材的概述

目前在我国屋面防水工程施工的过程中，高聚物改进沥青防水卷材由于有着良好的防水性能，而耐高温的能力也比较强，因此得到了人们的广泛应用。这不仅使得建筑物的防水效果有效地提高，还使得建筑的使用功能得到了进一步的保障。而且随着时代的不断进步，人们也将许多一些新型的科学技术应用到高聚物改性沥青防水卷材当中，这样也就使其功能得到很好的提高。

通常情况下，建筑屋面在使用的过程中，由于其防水层的功能有限的，而且其使用年限也会随着时间的推移而逐渐地减少，这就十分容易导致建筑物屋面的防水性能降低，因此我们就采用高聚物改性沥青防水卷材来对其进行处理。不过在不同的建筑环境工作，高聚物改性沥青防水卷材的设计方法和应用技术也就不一样，为此我们为了保障建筑屋面防水工程的质量，人们在对其进行设计应用的过程中，就要根据建筑工程施工的实际情况和相关要求，来对其进行享誉的质量控制，从而满足建筑工程设计的相关要求。

（二）高聚物改性沥青防水卷材设计及应用技术

在当前我国建筑防水工程施工中，SBS 高聚物改性沥青防水卷材作为一种信息的防水材料，在实际使用的过程中，由于有着良好的防水效果，而且耐高温能力和保温能力比较强，因此得到了人们的广泛应用。在一般情况下，人们在对 SBS 高聚物改性沥青防水卷材进行制作的过程中，通常都是将高聚物改性沥青作为涂盖物，并且将一些常见的防水卷材，比如聚乙烯膜，沙粒或者页岩片等，最后在通过人工热熔施工方法来对其进行铺贴施工处理。

1. 材料设计要求

目前，在我国建筑工程施工中，SBS高聚物改性沥青防水卷材已经得到了人们的广泛应用，并且我国相关部门也对 SBS 高聚物改性沥青防水卷材设计施工技术的指标进行了相应的规范要求，其中主要包括了 SBS 高聚物改性沥青防水卷材的不透水性要求，拉力规范以及可溶物含量的确定等。这样不仅使得建筑物的使用功能得到进一步的提高，还延长了建筑防水层的使用寿命。

2. 材料质量控制要求

为确保防水工程质量，使屋面在防水层合理使用年限内不发生渗漏，除卷材的材性、材质因素外，其厚度应是最主要因素。卷材的厚度在防水层的施工、使用过程中，对保证屋面防水工程质量起关键作用，同时还应考虑到作业人员的踩踏，机具的压扎、穿刺、自然老化等，均要求卷材有足够厚度。配套基层处理剂：采用与防水层材性相容的材料，应配套使用。一般用氯丁橡胶沥青胶粘剂（基层处理剂）、橡胶改性沥青嵌缝膏（嵌固边缝）、保护层料及清洗剂等。

（三）高聚物改性沥青防水卷材的质量控制

1. 基层表面清理

施工前将验收合格的基层处理平整，基层表面尘土清理干净，尘土用吹风器吹扫干净；基层必须保持干燥，含水率小于 8%。

2. 喷、涂基层处理剂

SBS 高聚物改性沥青防水卷材施工按产品说明书配套使用，基层处理剂是将氯丁橡胶沥青胶粘剂加入工业汽油稀释，搅拌均匀，用长把滚刷均匀涂刷于基层表面上，常温经过 4h 后（以不粘脚为准），开始铺贴卷材。注意涂刷基层处理剂要均匀一致，切勿反复涂刷和漏刷。节点外铺贴卷材附加层。等基层处理剂干燥后，先对女儿墙、水落口、管根、檐口、阴阳角等细部做附加层，宜选用材性相同的防水涂膜附加层，也可选用材性相同的防水卷材，其施工方法必须符合国家、行业及企业有关技术标准中对卷材细部构造有关规定。涂膜防水层，在其中心 200mm 范围内，均匀涂刷 1mm 厚的胶粘剂，干后再黏结一层无接缝和弹塑性的整体附加层。排气道、排气管必须畅通，排气道上的附加卷材每边宽度不小于 100mm，必须单面点粘。

3. 定位弹基准线

根据设计及施工技术规范要求，在基层面上排尺弹线，作为卷材铺贴的标准线，使其铺贴平直。把卷材按位置放好，采用热熔法进行铺贴。卷材的层数、厚度应符合设计要求。铺贴方向应考虑屋面坡度及屋面是否受震动和历年主导风向等情况，当坡度小于 3% 时，宜平行于屋脊铺贴；当坡度在 3% ~ 15% 时，平行或垂直于屋脊铺贴；当坡度大于 15% 或屋面受震动时，应垂直于屋脊铺贴。多屋铺设时上下层接缝应铺开不小于 250mm。铺贴时随放卷材随用火焰加热器加热基层和卷材的交界处，加热时要均匀，火焰加热器距加热面300mm左右，经往返均匀加热，至卷材表面发光亮黑色，即卷材的材面熔化时，将卷材向前滚铺、粘贴，搭接部位应满粘牢固，搭接宽度满粘法长边不小于80mm，短边为100mm，在卷材尚未冷却时，用小平铲把卷材边封好，再用热熔喷火枪均匀细致地将接缝接好。铺第二层时，上下层卷材不得互相垂直铺贴。

4. 热熔封边

将卷材搭接处用火焰加热器加热，趁热使两者黏结牢固，以边缘溢出沥青油条防水卷材涂油层为宜，末端收头可用密封膏，主要是与防水层材料材性相融的密封材料嵌填严密。若为多层，每层封边必须封牢，不得只将面层封牢。

5. 防水保护层施工

屋面防水保护层的做法应按设计要求施工，各种防水层屋面保护层有细石混凝土、水泥砂浆、块材等做法，防水层做完后应及时进行保护层的施工。不上人屋面防水卷材自带页岩保护层，可不再做防水保护层。防水保护层施工具体要求如下：防水层铺贴完毕后，清扫干净，经淋（蓄）水检验，检查验收合格后，方可进行保护层的施工；水泥砂浆、块材或细石混凝土保护层与防水层之间应设置隔离层；保护层施工过程中应防止损坏已做好的防水层。

总而言之，在当前我国建筑工程施工的过程中，人们也将许多先进的施工技术和材料应用到其中。而SBS高聚物改性沥青防水卷材的使用，这不仅使得建筑结构的使用功能得到进一步的提高，还有效地保障了建筑物的使用寿命。不过从当前我国建筑屋面工程施工的实际情况来看，SBS高聚物改性沥青防水卷材的使用时，还存在着许多的问题，这就对整个建筑工程的质量有着一定的影响，为此我们就要采用相应的质量控制方法，来对其进行处理，从而使得建筑屋面工程的质量得到很好的保障。

三、合成高分子防水卷材

建筑防水材料是建筑防水、抗渗必需的重要功能性材料，其应用领域从传统的屋面建筑，发展到室内如住宅的厨房、卫生间，又向高速铁路、高速公路、桥梁、隧道、城市轨道交通、城市高架道路、地下构筑物、建筑物、水利设施和机场码头、污水池、垃圾填埋场及建筑幕墙等工程领域延伸和拓展，其质量及性能，直接关系到建筑安全和百姓民生。目前，我国的建筑防水材料大致可分为5大类，即高聚物改性沥青基防水卷材、合成高分子防水卷材、防水涂料、密封材料、刚性防水及堵漏材料。其中，合成高分子防水卷材由于其优异的耐老化性能，在我国建筑防水材料中所占比例逐年提升，到2012年其在防水材料中所占比例已达14.5%，其生产技术、产品品种以及应用技术仍处在不断发展和完善之中。

1. 高分子防水卷材的种类及其生产工艺

合成高分子卷材也称高分子防水卷材，是以合成聚合物树脂及其共聚物或共混物为主要原料，与各种助剂和填料经共混加工成型的，用于防水工程的一种柔性片材防水材料。目前，国内外生产的合成高分子防水卷材的主要品种包括：三元乙丙橡胶（EPDM）防水卷材、聚氯乙烯（PVC）防水卷材、氯化聚乙烯（CPE）防水卷材、CPE 与橡胶共混防水卷材、丁基橡胶防水卷材、氯磺化聚乙烯防水卷材、三元丁橡胶防水卷材、再生胶油毡、丙纶或涤纶复合聚乙烯防水卷材等各种复合防水卷材以及新兴的热塑性聚烯烃（TPO）防水卷材。

虽然合成高分子防水卷材的种类繁多，但其成型工艺主要可分为挤出、压延和吹塑等三大类。挤出工艺的显著特点是生产的产品致密性好、无气孔、表面光滑，但挤出工艺中物料的塑化均匀程度、挤出温度和压力等工艺参数及成型机头几何形状、尺寸、加工精度等因素均对产品质量和使用性能具有重要影响，因而对成型设备、加工工艺要求较高。压延生产线中，则大多采用预先挤出片材坯料，然后再压延成型的工艺路线。压延工艺的特点在于生产片材的宽度及厚度易于控制，但对某些物料（如三元乙丙、丁基胶等）或厚一点的片材，产品质量则容易失控，主要表现为断面多气孔且表面粗糙。吹塑工艺可用于生产幅宽较大的制品，但制品厚度一般局限在 2mm 以内。

2. 高分子防水卷材的特点

相较于其他类防水材料，高分子防水卷材具有弹性高、延伸率大、耐老化、冷施工、单层防水性能优异和使用寿命长等诸多优点。

（1）弹性高，拉伸强度大，低温柔性好，延伸率大。合成高分子防水卷材的这一突出的特点，使得该材料对不同气候条件下建筑结构层的伸缩，变形等具有较强的适应性，解决了传统防水材料延伸率低、低温柔性差、易产生开裂的问题，从而确保了建筑物的防水质量。

（2）抗腐蚀、耐老化、使用寿命长。普通沥青类防水材料温度敏感性强、易老化、耐防水性能差、使用年限短，一般寿命在 5 年以上。而一般合成高分子防水卷材的耐用年限均在 10 年以上，如 EPDM 防水卷材的使用年限平均在 30 年以上，远高于传统沥青防水材料，这大大降低了建筑物防水维修的成本。

（3）采用冷施工。出于对工地防火及城市环境卫生的要求，很多城市已明令禁止明火施工和熬热沥青，而高分子防水卷材的黏结、机械固定、松浦压顶等施工方法均为冷作业，不仅改善了工人的施工条件和施工现场的管理，也减少了环境污染。

（4）可作单层防水，施工方便、速度快，维修工作量小。这不仅可使屋顶轻量化，适应建筑新潮流，更可在城市劳动力费用日益上涨的今天，大幅度减少施工成本。

（5）应用范围广。合成高分子防水卷材除可用于建筑防水外，亦可大量用于水利及土木工程。这主要是由于一些高分子材料具有极佳的长期耐水性，用于地下、水中或其他潮湿环境，卷材的基本性能可长期保持不变，能有效地耐腐蚀和霉烂，提供良好的长期防水效果。

（6）具有良好的装饰性。高分子防水卷材在生产时可通过加入颜料的方法使卷材产品获得各种颜色，在防水的同时还可起到一定装饰作用。

3. 高分子防水卷材的发展及应用

合成高分子防水卷材是以合成橡胶和合成树脂为主要材料复合制成的卷材，并以黏合剂与屋面基层黏结构成防水层。随着高层建筑和大跨度工业建筑的增加而出现的。由于兼具高弹性、大延伸、耐老化、冷施工、单层防水性能优异和使用寿命长等诸多优点，高分子防水卷材从研制开发以来，在许多国家均得到迅速发展。

欧美各国在 20 世纪三四十年代已开始将高分子防水卷材用于建筑物的防水，随着六七十年代建筑物的轻质高层化和屋顶结构的日益复杂化的发展，高分子防水卷材逐渐得到推广和普及。美国是高分子防水卷材发展比较迅速的国家。70 年代中期只占平屋顶防水材料的 1%，但 80 年代末已达 30% 以上。德国首先使用增塑聚氯乙烯和聚异丁烯作卷材，并颁布了国家标准。80 年代又增加了增强型和加弹性底层的新品种卷材，并提高了其性能。日本高分子防水卷材发展也比较迅速，20 世纪 80 年代高分子防水卷材占防水材料的比例已达到 15% ~ 20%，主要品种已发展至包括丁基橡胶（IRR）、氯丁橡胶（CR）、三元乙丙与丁基橡胶（DEPM/IRR）、聚异丁烯（PIB）等合成橡胶系卷材和聚氯乙烯（PVC）、聚乙烯（PE）、丙烯酸醋（MMA）等合成树脂系卷材。

我国高分子防水卷材在 20 世纪 70 年代末才开始研究和开发，80 年代初开始发展起来。自 1980 年，我国从日本先后引进了 4 条三元乙丙防水卷材生产线（每条生产能力约 100万 m²），其中 1980 年保定橡胶一厂建成第一条引进生产线，另外 3 条分别由包头橡胶制品二厂、辽阳第一橡胶厂、山东滕州橡塑集团引进生产。此外，还有 12 条年生产能力在100 万 m² 的国内消化吸收生产线。这些企业成为我国三元乙丙防水卷材生产的骨干企业。80 年代中期，由我国航空航天部 621 研究所与绍兴橡胶厂共同研制，成功开发出氯化聚乙烯（CPE）防水卷材。80 年代末由我国济南塑料一厂引进意大利技术和设备，成功生产出宽幅 2m 的聚氯乙烯（PVC）防水卷材。90 年代以来，随着我国建筑规模的扩大和单位面积造价的提高，我国中高档防水材料市场的发展得以促进，高分子防水卷材也呈增长趋势，防水卷材品种也进一步得到了丰富，逐渐出现了丁基橡胶、氯磺化聚乙烯等多种类型的高分子防水卷材。到 90 年代中期已拥有数十条高分子防水卷材生产线，产品质量及生产技术也有了突破性的进展。至 2009 年我国高分子防水卷材的生产厂家约有 100 家，生产能力已突破 1 亿 m²，其中以三元乙丙橡胶为主要原料生产的防水卷材的性能有了进一步提高，使用寿命可达 50 年，可在 –45℃ ~ 80℃ 环境中长期使用。聚烯烃防水卷材（TPO卷材）是 20 世纪 90 年代末新兴起来的一种高分子防水卷材，上海于 2009 年建成了 1 条年产可达 3000 万 m² 的 TPO 防水卷材生产线。虽然经业界人士几十年的不懈努力，我国的高分子防水卷材生产技术及产品质量有了长足的进步，但由于其造价较高，应用及市场份额的增长速度并不快，与纸胎油毡、高聚物改性沥青防水卷材和防水涂料相比，在全部防水材料的市场份额中所占比重是很小的。至 2012 年年底，我国合成高分防水卷材仍仅占国内建筑防水材料总量的 14.5%，远低于发达国家高分子防水卷材的应用水平。

4. 展望

建筑防水材料是建筑防水、抗渗必需的重要功能性材料，与建筑安全和百姓民生密切相关，因此开发防水性能优异、耐候性更好、使用寿命更长的防水材料一直是防水工程科研工作人员的努力解决的课题。而合成高分子材料兼具耐腐蚀、耐老化、使用寿命长、防水性能好等优点，具有广阔的发展前景。目前合成高分子卷材使用过程中较大的缺点仍主要在于卷材接缝及卷材与无机建筑材料的粘接性能差，易导致渗漏的问题。因此，开发有机高分子与无机高分子复合物新型卷材，或开发粘合力强、固化快、耐老化性同等优良的含有机硅或有机氟高分子的粘接密封剂是目前研究较多的方向。此外，采用纳米无机材料填充有机高分子复合防水卷材，如 TiO_2、ZnO 及 SiO_2 等，使有机高分子免遭阳光的照射而降解变质，从而提高防水卷材的耐候性及使用寿命，也是近年来比较热门的研究方向。随着社会经济的快速发展，城市化进程的不断推进，现代建筑尤其是高层建筑的质量要求不断提高，其使用期限也远不只十几、二十几年，许多房屋的使用期甚至要达到百年以上，因此，开发耐候性更好、防水保质期更久、可适应现代建筑轻量化的防水材料任重而道远。

第九章　建筑装饰材料

随着社会经济的快速发展，我国建筑装饰装修材料已经无法满足人们对装饰装修工程的要求，建筑装饰装修材料的生产规模太小、产品结构的不合理、产品质量稳定性欠缺以及自主研发能力不强等使得我国建筑装饰装修材料远远落后于国外进口材料，随着相关法规的制定以及国家政策的导向，传统的建筑装饰装修材料会逐渐被市场所淘汰，同时向着无害化、节能化和环保化的方向发展，为人们提供更健康、舒适的生活和工作环境，同时为人类社会的可持续发展做出贡献。

第一节　建筑装饰材料

随着建筑材料的多元化发展，越来越多的装饰材料开始运用到室内外的装修工程中。在建筑材料的效果表达上，传统的建筑材料依靠其独特的表达效果，在现代装饰材料中仍然被大量的选用。木材在外观上主要是自然原始、文化传承的效果表达。

石材则突显一种大气、无拘束的效果表达。新型装饰材料的出现，虽然有高强轻质的特点，但在外观设计上还是越来越多地趋向于传统建筑装饰材料本身的效果。

一、建筑装饰材料概述

建筑装饰材料，通常是指建筑饰面材料。主要是在建筑物表层施工的材料，从而起到建筑装饰和环境美化作用。建筑物装饰的效果表达装饰功能的实现，主要受到建筑装饰材料的影响。

根据建筑物室内外装饰的要求不同，装饰材料主要分为室外装饰材料和室内装饰材料两大类。在实际建筑装修工程中，能熟悉各种装饰材料的性能以及特点，结合自身设计条件，合理选用建筑装饰材料，建筑装饰材料才能材尽其能、物尽其用，与室内外建筑的其他建筑材料整体来体现建筑的效果表现。现代建筑艺术要求建筑装饰要遵循美学的原则，创造出具有提高生命意义的优良空间环境，从而使建筑物在最大限度上发挥其使用性能。在整个建筑效果表达的过程中，建筑主体结构和装饰材料共同发挥作用。

二、建筑装饰材料的应用

（一）传统材料应用

传统材料具有很强的艺术感染力，给人以历史和魅力的深邃感。这些材料的应用将有助于弘扬传统文化，展现我们国家的艺术魅力。瓷砖是一种古老的建筑构件，是装饰艺术和技术模式的有机结合，经过历史发展的一个长期的过程被赋予了深刻的人文精神，古色古香，有意义。

（二）民俗材料应用

材料既有传统的具有民俗风情的民间材料，又有现代民间、民俗材料。这种材料是非常独特和有地方色彩的，如剪纸玩具、蜡染、刺绣、木雕、石雕属于民间、民俗材料。民间、民俗材料的重点内容，表达丰富多彩，工艺精湛，受到了广大人民群众的喜爱。区域性、民族性是这种材料的主要特点。这种材料将被应用到室内，为他们的原生态特性，应充分考虑，通过与其他装饰材料的有机结合，从而创建一个新的具有鲜明民间、民俗特色的空间。

（三）生活材料应用

在日常生活中，牛皮纸、报纸作为墙面装饰，是一种未来的、极具质感的墙面装饰技术，用于服装专卖店、艺术家工作室等；绳、彩色棉花、羊毛、珠帘可以制作鲜花、植物藤蔓，与壳相结合应用。某些应用程序被点亮时，可以创造出新的肌理效果。

（四）原生态材料应用

在设计师眼里，这些材料是一类具有高度表现力的风格生态天然材料。我们采用了回归自然的特点，设计造型丰富的环境，如树干、树枝、树桩、树枝部分。种种变化也创造了树干、树枝、树桩、树枝和多样化的截面形状。这些材料揭示了自然的气息，简单又与文化相关联。很容易得出这样的材料并不需要太多处理，而且可充分利用废弃的植物资源，是环保和经济的可再生材料。可以利用这种材料的特点优势，使室内环境充满生气，而且可以用来创造简单而优雅的城市乡村风格迷离的灯光效果。而石当中的砂石是最古老的天然材料，可用范围很广。

三、建筑装饰装修材料发展趋势

由于传统的建筑装饰装修材料已经不能满足日益发展的装饰装修市场，随着人们对装修质量、外观的重视程度越来越高以及健康、节能、环保意识的提升，使得无害化、节能化、环保化成为未来建筑装饰装修材料的发展主旋律。

（一）高端化

我国传统的建筑装饰装修材料主打低端市场，而随着人们审美观念的提升以及对质量的关注，使得这些低端的建材越来越不受欢迎，在经济允许的情况下，质量更好、观感更佳的高端材料成为人们的首选，而高端市场长期被进口材料所占据，随着国内企业的成长和国家政策的扶持，国产建筑装饰装修材料也将向着高端化的方向发展。

（二）无害化

传统的建筑装饰装修材料在工程施工过程中甚至交付使用后可能会向室内环境散发对人体有害的物质，如在材料中含有大量胶粘剂的胶合板等对甲醛的释放、花岗石等天然石材具有一定放射性、有机溶剂涂料、塑料制品中含有苯、油漆中含有大量的甲苯、二甲苯等，这些有害物质在室内环境中会在较长的时间内难以消除，会对人体健康造成严重的损害，随着人们生活水平的提高以及对健康的重视程度逐渐提高，这些有害的建筑装饰装修材料会逐渐淡出人们的选择范围，取而代之的将是无害化的装饰装修材料，如当前正在大力推出的水性涂料、水性漆将大范围取代溶剂型涂料，而胶合板等粘接板材会逐渐被无粘接的板材所取代，传统塑料制品被新型无毒害树脂产品取代等，可以预见，随着科学技术的发展，更多的无害化建筑装饰装修材料将不断涌现。

（三）节能化

传统的建筑装饰装修材料以满足装饰装修工程使用要求（如装修质量、美观程度等）为目标，为达到人们生活和工作的舒适度要求，很多时候要借助于空调、暖气等的调节，而随着科技的发展，一些建筑装饰装修材料不但能够满足基本的施工使用要求，还能使人们在生活和工作中节约更多的能源，例如窗户是建筑物室内保温隔热的薄弱环节，而采用中空玻璃、真空玻璃等可以很好地达到保温、隔热的效果，可在很大程度上降低人们对暖气、空调的使用量，达到节约能源的目的。

（四）环保化

传统的建筑装饰装修材料会在使用过程中向外界环境排放有害物质从而对环境造成污染，随着人们环保意识的增强以及相关法律法规的不断完善，通过国家和行业内对建筑装饰装修材料标准的提升，提高市场的准入门槛，这些会导致环境污染的装饰装修材料会逐渐被淘汰，取而代之的会是环保型建筑装饰装修材料，如环保型饰面砖，不但本身没有放射性，而且还具有杀菌的作用，对于改善居住环境具有较大的参考价值。

（五）智能化

建筑装饰材料的智能性主要表现在材料的自我修复以及材料的感应特性，这需要和其他学科紧密结合，在建筑装饰材料的外层加入物理感应芯片，可以更好地感应室内水分、温度的变化，为建筑使用者提供更好的居住条件。以后的建筑肯定是更多触控技术的表现，当材料与触控技术结合运用，更多可能侵蚀到人类的室内。

第二节 装饰水泥与装饰混凝土

一、装饰水泥

水泥是一种粉状水硬性无机胶凝材料，加水搅拌后形成浆体状，能在空气中硬化或者在水中更好地硬化，并能把砂、石等材料牢固地胶结在一起。水泥是重要的建筑材料，用水泥制成的混凝土，坚固耐久，广泛应用于土木建筑、水利、国防等工程。

装饰水泥是指用在装饰装修工程中的水泥，属于硅酸盐水泥，它是由水泥熟料、6%～15%混合材料、适量石膏磨细制成的水硬性胶凝材料，简称普通水泥，代号P·O。这类水泥一般用于建筑物的表层装饰，施工简单、造型方便、容易维修、价格低廉。

1. 装饰水泥的种类

装饰水泥进一步细分的扩展品种有白色硅酸盐水泥和彩色硅酸盐水泥两种。

（1）白色硅酸盐水泥以硅酸钙为主要成分，加少量铁质熟料及适量石膏磨细而成。

（2）彩色硅酸盐水泥以白色硅酸盐水泥熟料和优质白色石膏，掺入颜料、外加剂共同磨细而成。常用的彩色掺加颜料有氧化铁（红、黄、褐、黑），二氧化锰（褐、黑），氧化铬（绿），钴蓝（蓝），群青蓝（靛蓝），孔雀蓝（海蓝），炭黑（黑）等。

2. 装饰水泥的应用

在装修中，地砖、墙砖粘贴以及砌筑等都要用到水泥与砂的调和物——水泥砂浆，它不仅可以增强面材与基层的吸附能力，而且还能保护内部结构，同时可以作为建筑表面的找平层，所以在装修工程中水泥砂浆是必不可少的材料。

提高水泥砂浆的黏结强度，要求具备适当的比例，以粘贴瓷砖为例，如果水泥标号过大，当水泥砂浆凝结时，水泥大量吸收水分被过分吸收就容易拉裂，缩短使用寿命。水泥砂浆一般应按水泥：砂=1：2（体积比）的比例来搅拌。水泥砂浆在使用中要注意以下几点：

（1）忌受潮结硬；（2）忌暴晒速干；（3）忌负温受冻；（4）忌高温酷热；（5）忌基层脏软；（6）忌骨科不纯；（7）忌水多灰稠；（8）忌受酸腐蚀。

二、装饰混凝土

装饰混凝土是一种近年来流行在国外的绿色环保材料。它能在原本普通的新旧混凝土表层，通过色彩、色调、质感、款式、纹理、机理和不规则线条的创意设计，图案与颜色的有机组合，创造出各种天然大理石、花岗岩、砖、瓦、木地板等天然石材铺设效果，具有美观自然、色彩真实、质地坚固等特点。

装饰混凝土是通过使用特种水泥和颜料或选择颜色骨料，在一定的工艺条件下制得的混凝土，因此，它可以在混凝土拌和物中掺入适量颜料或采用彩色水泥，使整个混凝土结构或构件具有色彩可以只将混凝土的表面部分做成设计的彩色。这两种方法各具特点，前者质量较好，但成本较高；后者价格较低，但耐久性较差。

装饰混凝土的装饰效果如何，主要取决于色彩，色彩效果的好与差，混凝土的着色是关键。这与颜料的性质、掺量和掺加方法有关。因此，渗加到彩色混凝土中的颜色，必须具有良好的分散性，暴露在自然环境中耐腐蚀不褪色，并与水泥和骨料相容。在正常情况下，颜料的掺量约为水泥用量的6%，最多不超过10%。在掺加颜料时，若同时加入适量的表面活性剂，可使混凝土的色彩更加均匀。装饰混凝土的着色方法很多，在实际工程中常用的有以下4种。

1. 彩色外加剂

彩色外加剂不同于其他混凝土的着色料，它是以适当的组成、按比例配制而成的均匀的混合物。它不仅能使混凝土着色，而且还能提高混凝土各龄期的强度，改善混凝土拌和物的和易性，对颜料和水泥具有扩散作用，使混凝土获得均匀的颜色。彩色外加剂与彩色水泥配合使用，其效果会更佳。

2. 无机氧化物颜料

在混凝土中直接加入无机氧化物颜料，也可以使混凝土着色。为保证混凝土着色均匀，在混凝土拌和时应有正确的投料顺序，其投料顺序为：砂—颜料—水泥—水。在未加入水之前，应将干料搅拌基本均匀，加水后再充分搅拌。对掺加的颜料，应试验确定与混凝土的相容性。

3. 化学着色剂

化学着色剂是一种金属盐类水溶液，将它渗入混凝土并与之发生反应，在混凝土孔隙中生成难溶且抗磨性好的颜色沉淀物。化学着色剂中含有稀释的酸，对混凝土有轻微的腐蚀作用，这种作用不仅对混凝土强度影响不大，反而使着色剂能渗透较深，色调更加均匀。采用化学着色剂，混凝土的养护工作至少在30天后进行。在施加化学着色剂前，应将混凝土表面的尘土、杂质、污垢清除干净，以免影响着色效果。

4. 干撒着色硬化剂

干撒着色硬化剂是一种比较简单的表面看色的方法。这种着色硬化剂，是由细颜料、表面调节剂、分散剂等混合拌制而成，施工非常简单，将其均匀干撒在新浇筑的混凝土表面上，即可着色。可用于混凝土楼板、人行道、庭院小径及其他水平表面，但不能用于竖直结构的表面着色。

装饰混凝土用的水泥强度应大于或等于42.5MPa，骨料应采用粒径小于1mm的石粉或白粉，也可以用洁净的黄沙代替。颜料可用氧化铁质或有机颜料，颜料要求分散性好、着色性强。骨料在使用前应用清水冲洗干净，防止杂质干扰色彩的呈现效果。另外，为了提高饰面层的耐磨性、强度及耐候性，常在面层混合料中掺入适量的胶粘剂。在生产中为了改善施工成型性能，还可渗入少量的外加剂，例如：缓凝剂、促凝剂、早强剂、减水剂等。

目前能采用的装饰混凝土地面砖，有不同的几何图形和连锁形式，产品外形美观、色泽鲜艳、成本低廉、施工方便，适用于园林、街心花园、宾馆庭院和人行便道。

第三节　建筑装饰陶瓷

一、建筑陶瓷的生产

建筑陶瓷的生产随着产品特性、原料、成型方法的不同而有所不同。

按制品材质分为粗陶、精陶、半瓷和瓷质四类；按坯体烧结程度分为多孔性、致密性以及带釉、不带釉制品。其共同特点是强度高、防潮、防火、耐酸、耐碱、抗冻、不老化、不变质、不褪色、易清洁等，并具有丰富的艺术装饰效果。

粗陶以铁、钛和熔剂含量较高的易熔黏土或难熔黏土为主要原料。精陶多以铁、钛较低且烧后呈白色的难熔黏土、长石和石英等为主要原料。有些制品也可用铁、钛含量较高，烧后呈红、褐色的原料制坯，在坯体表面上施以白色化妆土或乳浊釉遮盖坯体本色。带釉的建筑陶瓷制品是在坯体表面覆盖一层玻璃质釉，能起到防水、装饰、洁净和提高耐久性的作用。

建筑陶瓷的成型方法有模塑、挤压、干压、浇注、等静压、压延和电泳等。烧成工艺有一次和二次烧成。使用的窑类型有间歇式的倒焰方窑、圆窑、轮窑，以及连续式的隧道窑、辊道窑和网带窑等。普通制品用煤、薪柴、重油、渣油等作燃料，而高级制品则用煤气和天然气等作燃料。

二、建筑陶瓷的分类及性能

（一）墙面砖

1. 外墙面砖

由半瓷质或瓷质材料制成，分为彩釉砖、无釉外墙砖、劈裂砖、陶瓷艺术砖等，均饰以各种颜色或图案。釉面一般为单色、无光或弱光泽。具有经久耐用、不褪色、抗冻、抗蚀和依靠雨水自洗清洁的特点。

生产工艺是以耐火黏土、长石、石英为坯体主要原料，在 1250 ～ 1280℃下一次烧成，坯体烧后为白色或有色。目前采用的新工艺是以难熔或易熔的红黏土、页岩黏土、矿渣为主要原料，在辊道窑内于 1000 ～ 1200℃下一次快速烧成，烧成周期 1 ～ 3 小时，也可在隧道窑内烧成。

1）彩釉砖：彩釉砖是彩色陶瓷墙地砖的简称，多用于外墙与室内地面的装饰。彩釉砖釉面色彩丰富，有各种拼花的印花砖、浮雕砖，耐磨、抗压、防腐蚀、强度高、表面光、易清洗、防潮、抗冻、釉面抗急冷，急热性能良好等优点。

彩釉砖可以用于外墙，还可以用于内墙和地面。其规格主要有 100×100、150×150、200×200、250×250、300×300、400×400、150×75、200×100、200×150、250×150、300×200、115×60、240×60、260×65 等等。

2）无釉外墙砖：无釉外墙砖与彩釉砖性能尺寸都一样，但砖面不上釉料，且一般为单色。无釉外墙砖也多用于外墙和地面装饰。

3）劈离砖：劈离砖又叫作劈裂砖、劈开砖，焙烧后可以将一块双联砖分离为两块砖。劈离砖致密，吸水率小，硬度大，耐磨，质感好，色彩自然，易清洗。其抗冻性好，耐酸碱，且防潮，不打滑，不反光，不褪色。

劈离砖由于其特殊的性能，是建筑装饰中常用陶瓷，适用于车站、停车场、人行道、广场、厂房等各类建筑的墙面地面。常用尺寸有 $240 \times 60 \times 13$、$194 \times 90 \times 13$、$150 \times 150 \times 13$、$190 \times 190 \times 13$、$240 \times 52 \times 11$、$240 \times 115 \times 11$、$240 \times 115 \times 11$、$194 \times 94 \times 11$ 等等。

4）陶瓷艺术砖：陶瓷艺术砖以砖的色彩、块体大小、砖面堆积陶瓷的高低构成不同的浮雕图案为基本组合，将它组合成各种具体图案。其强度高、耐风化、耐腐蚀、装饰效果好，且由于造型颇具艺术性，能给人强烈的艺术感染力。

陶瓷艺术砖多用于宾馆大堂、会议厅、车站候车室和建筑物外墙等。

2. 内墙面砖

内墙面砖是用黏土或此图焙烧而成，分为上釉和不上釉的，表面平整，光滑，不沾污，耐水性和耐蚀性都很好。它不能用于室外，否则经日晒、雨淋、风吹、冰冻，将导致破裂损坏。

1）釉面砖：釉面砖是上釉的内墙面砖，不仅品种多，而且有白色、彩色、图案、无光、石光等多种色彩，并可拼接成各种图案、字画，装饰性较强。用精陶质材料制成，制品较薄，坯体气孔率较高，正表面上釉，以白釉砖和单色釉砖为主要品种，并在此基础上应用色料制成各种花色品种。

釉面砖多用于厨房、住宅、宾馆、内墙裙等处的装修及大型公共场所的墙面装饰。

2）无釉面砖：无釉面砖和釉面砖有一样的尺寸和性能，但表面无釉，没有光泽，也较轻，色泽自然，作室内墙面装饰及不许有眩光的场所。多做浴室、厨房、实验室、医院、精密仪器车间等室内墙面装饰。也可以用来砌筑水槽，经过专门绘画的更是可以在室内拼贴成美丽的图案，具有独特的艺术效果。

3）三度烧装饰砖：三度烧装饰砖是近年的一种新型建材，是将釉烧后的瓷砖涂绘鲜艳的闪光釉和低温色料金膏等，再低温烤烧而成。多用在卫生间或餐厅墙面装饰。三度烧装饰砖包括三类，分别是：转印纸式装饰砖、腰带装饰砖、整面网印闪光釉装饰砖。

三度烧装饰砖最适宜贴在卫生间或者餐厅，能够为室内环境增色不少。

（二）地砖

地砖是指铺设于地面的陶瓷锦砖、地砖、玻化砖等的总称，它们强度高，耐磨性、耐腐蚀性、耐火性、耐水性均好，又容易清洗，不褪色，因此广泛用于地面的装饰。地砖常用于人流较密集的建筑物内部地面，如住宅、商店、宾馆、医院及学校等建筑的厨房、卫生间和走廊的地面。地砖还可用作内外墙的保护、装饰。

1）锦砖：也称马赛克，是用于地面或墙面的小块瓷质装修材料，可制成不同颜色、尺寸和形状，并可拼成一个图案单元，粘贴于纸或尼龙网上，以便于施工，分有釉和无釉两种。

一般以耐火黏土、石英和长石作制坯的主要原料，干压成型，于1250℃左右下烧成。也有以泥浆浇注法成型，用辊道窑、推板窑等连续窑烧成。

将小块锦砖拼成图案粘贴在纸上可直接铺贴地面，锦砖颜色多样，造型变化多端，组织致密，易清洗，吸水率小，抗冻性好，耐酸耐碱耐火，是优良的铺地砖。

锦砖常用于卫生间、门厅、走廊、餐厅、浴室、精密车间、实验室等的地面铺装，也可以作为建筑物外墙面装饰，用途十分广泛。常用规格为 20～40mm，厚度 4～5mm。

2）缸砖：缸砖又称作防潮砖，具有较强的吸水性，而且在吸水达到饱和状态后又能产生阻水作用，从而达到防潮、防渗透的效果。用可塑性打的难熔黏土烧制而成，形状各式各样，规格不一，颜色鲜亮多色，常见的有红、蓝、绿、米黄等。防潮砖耐磨，防滑，耐弱酸、弱碱，色彩古朴自然。

防潮砖用于铺装地面时刻设计成各种图案，多用于室内走廊酒店、厨房、学校、园林装饰、广场、旅游景区以及楼面隔热等。特别是在复古工程、公共建筑、景观工程中运用广泛。

3）玻化砖：玻化砖其实就是全瓷砖，属于无釉瓷质墙地砖。玻化砖是一种强化的抛光砖，它采用高温烧制而成。质地比抛光砖更硬更耐磨。毫无疑问，它的价格也同样更高。玻化砖按照仿制分为仿花岗岩和仿大理岩，平面型和浮雕型，平面型又有无光和抛光之分。玻化砖耐磨性、光泽、之感皆可与天然花岗岩相比，色彩鲜亮，色泽柔和、古朴大方、效果逼真，在目前的装饰材料市场上十分受欢迎。

玻化砖既有陶瓷的典雅，又有花岗岩的坚韧，硬度高，吸水率极小（几乎为零），抗冻性好，因此广泛运用于宾馆、商场、会议厅、大堂等场所的外墙装修和地面铺装。

（三）卫生陶瓷

卫生陶瓷是以磨细的石英粉、长石粉和黏土为主要原料，注浆成型后一次烧制，然后表面施乳浊釉的卫生洁具。它具有结构致密、气孔率小、强度大、吸水率小、抗无机酸腐蚀（氢氟酸除外）、热稳定性好等特点，主要保留各种洗面洁具、大小便器、水槽、安放卫生用品的托架、悬挂毛巾的钩等。卫生陶瓷表面光洁，不沾污，便于清洗，不透水，耐腐蚀，颜色有白色和彩色两种，合理搭配能够使得卫生间熠熠生辉。

卫生陶瓷可用于厨房、卫生间、实验室等。目前的发展趋势趋向于使用方便、冲刷功能好、用水省、占地少、多款式多色彩。

（四）琉璃制品

建筑琉璃制品是一种低温彩釉建筑陶瓷制品，既可用于屋面、屋檐和墙面装饰，又可作为建筑构件使用。主要包括琉璃瓦（板瓦、筒瓦、沟头瓦等）、琉璃砖（用于照壁、牌楼、古塔等贴面装饰）、建筑琉璃构件等，其中人们广为熟知的琉璃瓦是建筑园林景观常用的工程材料。

琉璃制品表面光滑、不易沾污、质地坚密、色彩绚丽，造型古朴，极富有传统民族特色，融装饰与结构件于一体，集釉质美、釉色美和造型美于一身。中国古建筑多采用琉璃制品，使得建筑光彩夺目、富丽堂皇。琉璃制品色彩多样，晶莹剔透，有金黄、翠绿、宝蓝等色，耐久性好。但由于成本较高，因此多用于仿古建筑及纪念性建筑和古典园林中的亭台楼阁。

三、建筑陶瓷在环境中的运用

建筑装饰与建筑设计一样，涉及社会学、民俗学、人体工程学等多种学科，同时还涉及家具、陈设、园艺、雕塑等设计领域，所以，建筑装饰涉及绝对不是建筑界面的简单美化问题，而是运用多种学科知识，综合地进行多层次的空间环境设计。

作为传统装饰材料之一的陶瓷装饰经过漫长的发展过程，积累了丰富的工艺技术与装饰经验，不仅继承了刻、画、印、压等装饰技法，还创造了釉上新彩、粉古彩、釉下青花、五彩等彩绘技法。

陶瓷装饰既然以建筑和建筑空间环境为设计基础，以装饰建筑及其空间环境为设计内容，并兼有纯艺术造型要求上的创作规律和法则，就决定了陶瓷装饰既反映建筑空间环境设计的功能特性，符合建筑和建筑环境要素的需求，又反映设计观念和设计手法上纯艺术表现性格，符合艺术创作规律的特性。而陶瓷装饰有其自身的条件限制，除了上述所要考虑的因素外，在设计制作中更要考虑到是否能够便于制作，便于表现以及便于摆放或悬挂。

在现代建筑装饰陶瓷中，应用最多的是釉面砖、地砖和锦砖。它们的品种和色彩多达数百余种，而且还在不断涌现新的品种。

陶瓷壁画也运用得十分广泛。它是以陶瓷面砖、陶板等建筑块材经镶拼制作的、具有较高艺术价值的现代建筑装饰，属新型高档装饰。现代陶瓷壁画具有单块砖面积大、厚度薄、强度高、平整度好、吸水率小、抗冻、抗化学腐蚀、耐急冷急热等特点。陶瓷壁画适于镶嵌在大厦、宾馆、酒楼等高层建筑物上，也可镶贴于公共活动场所。

近几年来，陶瓷地砖产品正向着大尺寸、多功能、豪华型的方向发展。从产品规格角度看，近年出现了许多大规格地板砖，使陶瓷地砖的产品规格靠近或符合铺地石材的常用规格。从功能方面看，在其传统功能之上又增加了防滑等功能。从装饰效果看变化就更大了，产品脱离了无釉单色的传统模式，出现了仿石型地砖、仿瓷型地砖、玻化地砖等不同装饰效果的陶瓷铺地砖。

建筑陶瓷装饰除了室内装修外，还常以小品类型的装饰出现在公园、广场、校园等公共场所中，起到装饰环境、点缀生活、增加环境的艺术品位等作用。而且小品类型的陶瓷装饰大多以抽象的形态出现，为特定的生活空间提供特定的精神意义。陶瓷装饰在这些环境中更能表现独特的东方艺术风格。

无论是何种形式的装饰效果，都凝聚了建筑师与设计者的辛劳与智慧，陶瓷装饰作为一种大众的艺术形式，以其丰富的表现形式、独特的艺术魅力形成了建筑环境新的内涵所在，从而使建筑环境的文化艺术价值得以升华。

陶瓷装饰设计是一种创造生活的过程，给予建筑空间以生命力是因为纳入了人的因素。因此装饰语言的表达应"以人为本"，不仅要考虑建筑空间中人的审美情趣的正常表现及相互关系的和谐，而且要综合运用表现手法。用艺术的手段创造出符合现代生活需求的空间环境。任何类型的建筑环境及任何形式的陶瓷装饰都是以为人们创造出更加丰富的现代生活方式为目的而进行设计的。

当代的建筑陶瓷装饰趋向于多元化的发展，或精巧严谨、雅淡清雅，或质朴简练、浑厚稚拙，无论简与繁、粗与细，它们均以丰富多彩的艺术美感，各具鲜明的艺术特色呈现与大众面前，分别传达了特定人群的职业背景，教育情况和审美品位，无论它美与否，都只表达个人的审美情趣，只要符合与城市环境相协调，与城市文化合拍，它就完全体现了自身的价值。

第四节 建筑装饰玻璃

玻璃是一种硅酸盐类的非金属材料，利用多种矿物质进行高温加工，已经成为人类社会当中必不可少的一部分，并且由于其多种类型的不同性能，应用十分广泛。在现代室内设计当中所应用到的玻璃材料多为利用玻璃美观的视觉观感以及较强的可塑性，来达到美化室内环境并且实现设计效果的目的。

一、装饰玻璃材料在现代室内设计中的功能体现

1.物质功能

装饰玻璃材料在进行室内设计应用的过程当中具有十分重要的物质功能，这种物质功能主要体现在进行存储、空间分割等可以实际看到或者是触碰到的性能。以几个例子来对装饰玻璃材料的物质功能进行阐释：在进行视觉感官上扩大空间，就可以利用装饰玻璃材料中镜面玻璃。部分室内设计过程当中应用到镜面玻璃，对周围的物体进行反射成像，因此可以实现实际空间翻倍的视觉体验，在小户型的房间当中是一种常见的室内设计方式，

而且镜面玻璃本身也具有镜子的功能性，成为小户型十分经典的室内设计装修元素。又或者是在利用玻璃花瓶进行室内设计元素的配置方面，玻璃花瓶本身就具有物质性，可以成为鲜花的容纳装置，利用这种元素还可以在一定程度上作为一种单独的陈设品，成为构成室内设计主题的重要元素。装饰玻璃的物质性能是其本身所具有的，也是在室内装修设计过程中应用装饰玻璃最主要的原因。并且装饰玻璃相较于一些昂贵的装饰物来说，价格也更经济实惠，能够有效降低室内设计的成本，使得室内设计一定程度上在价格方面进行节约。相较于精神功能而言，装饰玻璃的物质功能是最显而易见的，一般在进行室内设计的过程当中，首要考虑的就是户主生活当中所产生的各种需求，例如上文中提到的花瓶，这就是对于生活质量需求的一种体现。

2. 精神功能

相较于物质功能而言，装饰玻璃在精神层面的功能体现则更加抽象。随着经济发展，人们对于文化需求也越来越大，利用一些设计的元素实现自身对于精神环境的营造也成为十分普遍的室内设计需求。室内设计自身就是带有一定精神色彩的，设计师利用不同的元素，例如材质、色彩、形状、布局等进行精神感知世界的营造，为用户打造一个具有主题性能的生活环境而做出设计。装饰玻璃材料在进行精神功能的体现当中，也是利用自身的形、色、质等要素，构建出不同的装修风格。最具有代表性的玻璃构建精神世界的体现可以以西方的教堂为例，在中世纪西方的天主教堂建设当中，在外壁利用了各种颜色丰富的玻璃作为窗户，不同颜色玻璃拼接在一起在阳光的照射之下形成五彩斑斓的光斑，这时为教堂营造出了一种神圣的氛围，同时又能够在玻璃上拼接出圣经当中的故事，以此打造教堂当中有关传教氛围。在现代化的氛围之下，利用装饰玻璃材料构造精神世界，也成为设计师喜闻乐见的手段。在当下的环境设计师利用彩色玻璃进行室内设计过程中，营造精神观感，例如彩色玻璃的灯照，就能够在很大程度上体现出教堂彩色窗户的效果，营造出五彩缤纷的室内环境。

二、装饰玻璃材料应用现状

1. 装饰玻璃材料产业发展问题

装饰玻璃材料产业在发展过程中所存在的一些问题在一定程度上也影响了装饰玻璃材料应用的现状，目前在装饰玻璃材料产业发展中最为突出的问题包含有以下几点：首先是在装饰艺术玻璃的附加价值方面，在我的装饰玻璃生产过程当中在技术以及艺术价值衡量的方面存在有一定的劣势地位，相较于国外相关的装饰玻璃生产行业来说，我国在装饰艺术的玻璃生产中处于一种缺少文化内涵与技术含量的情况。以浮法玻璃在原片生产过程当中所出现的一定的产能过剩，这样不仅使得玻璃装饰材料的生产效益被降低，同时也导致整个行业的材料应用逐渐降低。

其次是在装饰玻璃材料市场结构的失衡方面，企业在生产过程当中没有对市场的需求以及技术的创新做出精准调研，导致直接的后果就是装饰艺术玻璃产物与市场的需求产生误差，生产的产品要么已经落后于设计理念的进步，要么与当下潮流产生冲突。这些在生产层面上的不足都对装饰玻璃材料在室内设计中的应用产生了影响。

2. 装饰玻璃材料设计问题

装饰玻璃材料进行得当的室内设计应用，前提是其自身具有一定的质量与美感价值。但是在目前我国装饰玻璃材料市场当中，首先产品的设计就较为缺乏创意性，并且对一些简单的图案进行抄袭与粘贴，这样生产出来的产品无法作为优秀的元素应用到室内设计当中。其次是在设计的过程当中缺乏一定系统性，在设计时，设计的各个环节包含了设计目标、设计流程、修改返工和最终确定，这些流程缺一不可，一旦缺失就会导致整体设计出现纰漏。最后是设计人员自身具有一定的问题，部分设计人员自身的专业性能存在问题。有关于装饰艺术玻璃设计的专业人才培养机会较少，导致了专业人才数量极少，所以不专业的设计也就导致这门产业发展遇到阻碍。

针对装饰玻璃材料在产业发展以及设计方面的问题，需要不断培养专业技术人才，并且结合市场的需求进行相应的产品设计与生产，这样不仅能够有效带动相关的经济效益提升，还能够为室内设计采用装饰玻璃材料提供丰富的选择来源。

三、装饰玻璃材料在现代室内设计中的应用方法

1. 与其他材料结合进行应用

装饰玻璃材料在现代室内设计当中进行应用有一大部分都是与其他的材料进行结合使用的，主要分为以下几类：

首先是与装饰玻璃材料与皮革材质的结合应用当中，最为突出的特点就是在视觉方面的冲击。皮革材料是一种经过处理的动物皮，而目前为了体现保护动物的理念，利用动物皮制造皮革已经较少，多为人造皮革或者是合成皮革。这些皮革制品都给人以较为稳重的视觉感官，而装饰玻璃材料给人的感觉则是以闪耀明亮的感觉，这两种材质相结合，能够有效地提升物品的高贵视觉感受。设计师在进行室内设计的过程当中，如果想要表达高贵、优雅就可以通过这两种材质的结合，把皮革材质与装饰玻璃材质两种完全不同的材质进行碰撞，营造出强烈的视觉冲击效果。

其次是在装饰玻璃和木质材料的应用当中，室内设计中木质材料应用十分广泛，在中国古代木材就是家具制作的重要材料，各种床、柜、桌、椅都是利用木质材料制造的，在我国木质材料应用不仅具有悠久的历史，也在应用历史中形成独有的一种文化体系。而装饰玻璃材料则是现代化的产物，从中世纪开始玻璃逐渐流行，因此玻璃常常被看作是摆脱于封建社会的一种材质。这两种材质在进行结合的过程中，也是自然（木质材料）与人为创造（装饰玻璃材料）进行的完美融合与碰撞。玻璃是透明的，而木质材料则是自然的，不透明的。例如在进行淡蓝色的装饰玻璃材料生产设计的过程当中，考虑到木质材料自身所拥有的年轮和木质纹路，结合玻璃的边缘性状，构成人与自然要素的完美融合。装饰玻璃材料与木质材料进行组合使用，也是现代装修设计中十分常见的一种，例如在书房的书

柜方面，通常都会采取木制的书柜，并配上玻璃可开门，这样即可以起到保护书籍免受灰尘的作用，同时还能够起到展示的作用。

以及在装饰玻璃材料与塑料材料的结合使用方面也较为广泛，与玻璃材料一样，塑料材料也是一种人为研制的并且可塑性较高的材料，在当代社会各行各业应用都十分广泛，这两种充满现代气息的材质进行结合，能够有效提升室内设计现代化风格的展示，并且也是室内设计师进行现代化家居理念贯彻的一个重要手段。但是在使用塑料材料的过程中也要注重环保理念，从一定程度上遏制白色污染。

最后是在装饰玻璃材料与金属材料融合使用的过程中，展示出无与伦比的现代感与科技感。金属材料是目前在室内装修领域在具有科技感的一种材料，不仅具有较为光滑的外表，还具有较稳定的质量。现代化节奏下很多用户追求科技的室内装修风格，利用装饰玻璃材料与金属材料相结合，能有效提升室内装修所带来的现代感以及都市感，适应快节奏的社会生活。

2. 作为独立陈设品的应用

装饰玻璃材料除了与各种其他材料相结合使用，也可以作为独立的陈设品进行室内设计的应用。利用装饰玻璃材料进行独立的陈列品应用，作为单独的陈设品的装饰玻璃材料，能够极其有效的突出自身的特点，玻璃自身具有晶莹剔透的美感以及光滑的触感，造型优美的玻璃制品可以成为提升整体室内装修环境的要素。玻璃制品不单单是用在窗户和镜面，各种玻璃花瓶、玻璃屏风等都能够体现出其在室内设计中重要的应用地位。进行单独的玻璃陈设品摆放时，不可以喧宾夺主，只要起到对室内设计的调节效果，利用较少的数量做出一些效果的营造。并且在选购玻璃陈设品的时候也需要注重整体的设计风格，然后选择玻璃陈设品的造型、色彩等。利用装饰玻璃材料进行室内设计风格的构建，是一种十分常见的手段，也是室内设计过程中展现风格的一种有效的构思。

总的来说，装饰玻璃作为玻璃中常见的一种类型，同时也是室内设计中较为普遍的应用材料，在发展的过程中已经和室内装修设计紧密地联系到了一起。无论是在与其他的材料相结合方面，还是作为独立的陈设品，装饰玻璃材料都发挥了其重要的作用，不断进行技术的革新，并且进行更加完美的应用也是装饰玻璃生产行业与室内设计行业所要共同研究的内容。

第五节　壁纸墙布

一、壁纸概述

（一）壁纸的分类

按材料分为：

1. 纸基壁纸

透气性好，不耐水，不能擦洗、易破裂、不易施工。

2. 织物壁纸

用丝、毛、棉、麻等纤维织成的壁纸，有柔和、舒适的感觉，一种环保型绿色壁纸，价格偏高，不易擦洗。

3. 天然材料面壁纸

用草、麻、木材、树叶、草席等制成的壁纸，也是环保型绿色壁纸。阻燃、吸音、散水分、不吸气、不变形，风格淳朴自然。

4. 金属壁纸

是在纸基上压合了一层极薄的有色、有图案的金属箔，表面经过灯光的折射会产生金碧辉煌的效果，较为耐用。

5. PVC 塑料壁纸

PVC 壁纸其表面主要采用聚氯乙烯树脂，美观、耐用、易清洗、寿命长、施工方便。

（二）壁纸的特点

1. 花色品种多、经济便宜、生产量大、应用广泛。
2. 色彩多样、立体感强、具有吸音隔热功效、易脏、易积灰尘。

（三）辨别纯纸壁纸和 PVC 壁纸的方法

纯纸壁纸由纸浆制成，其环保性能好，且多是由印花工艺而成，图画逼真。而 PVC 壁纸耐擦洗、防霉变、防老化、不易褪色，但环保性稍差。

1. 闻气味

气味是最不能掩饰的东西。我们在选购时可以翻开壁纸的样本，尤其是新样本，凑近去闻其气味，纯天然壁纸散发出的是淡淡的木香味，如有异味则绝对不是纯天然壁纸。

2. 做滴水试验

透气性是考察壁纸性能的重要指标，我们可以通过做滴水试验来进行辨别。在壁纸背面滴上几滴水，看是否有水透过纸面，若看不到，则说明这种壁纸不具备透气性能，绝不是纯天然壁纸。取一块纯纸壁纸，在背面倒少许清水。约15分钟以后，水会浸出壁纸的正面，移开壁纸，可以看到水已经透到桌面上。

3. 用水泡

把一小部分壁纸泡入水中，再用手指刮壁纸表面和背面，看其是否褪色或泡烂，真正的纯天然壁纸特别结实，并且因其染料为鲜花和亚麻当中提炼出来的纯天然成分，不会因为水泡而脱色。

4. 用火烧

取一小块壁纸用火烧，纯天然壁纸燃烧时没有黑烟，可闻到木香味，燃烧后的灰尘也是白色的；如果闻到塑料的臭味，并有浓烟产生，灰为黑色，则有可能是 PVC 材质的壁纸。PVC 壁纸的燃烧，冒黑烟，胶臭弥漫。灰烬也黑黢黢，发硬。纯纸壁纸的燃烧现场，缕缕青烟，仅正常的烧纸气味，没有胶臭味。灰烬呈白灰状，一吹即散，如同香烟的灰烬。

（四）壁纸的技术要求

1. 装饰效果不允许有色差、折印及明显的污点；

2. 色泽的耐久性；

3. 耐摩擦性；

4. 抗拉强度；

5. 剥离强度；

6. 甲醛释放不高于 2mg/L（毫克每升）。

（五）壁纸施工要点

1. 铲除墙皮除掉墙面上原有的涂料、壁纸和其他物件；若墙面上有裂缝、坑洞，用石膏粉对这些地方进行添补。

2. 刷底油：将醇酸清漆均匀刷在墙面上，厚度适中。

3. 刮腻子、打磨：对墙面进行两次披刮腻子，等腻子晾干后，用砂纸打磨墙面。

4. 封面油：用清油再次均匀地涂刷墙面，不需太厚。这样可防止墙面吸收壁纸胶，使壁纸贴牢在墙面上，也使墙面更平坦。

5. 裁剪壁纸：裁剪壁纸也有规律性，如每一张壁纸与相临两张壁纸花色、图案的齐整，尺寸的一致等等问题。

6. 贴壁纸：用滚筒将壁纸胶均匀涂在壁纸后，对于较厚的壁纸需放置一段时间。

二、墙布

（一）分类

1. 玻璃纤维印花贴墙布

装饰效果好、色彩绚丽多姿、花色繁多、不褪色、不老化、较好的防火性和防水性、耐湿性强、价格低、施工简便。

2. 无纺贴墙布

图案多样、典雅、色彩鲜艳、挺括、富有弹性和透气性，可擦洗不褪色、对皮肤无刺激作用。

3. 化纤装饰贴墙布

种类多，性质各异，具有无毒、无味、透气、防潮、耐磨、无分层。

规格：宽820mm ～ 840mm、厚0.15mm ～ 0.18mm、每卷长50m。

4. 棉纺装饰墙布

强度大、静电小、蠕变性小、无光、吸声、无毒、无味、对人无害，花型美观、色彩绚丽。

（二）装饰墙布的性能要求

1. 平挺性能：弹性、缩率、尺寸、边缘、拼接准确、密度及厚度。

2. 粘贴性能：表面平整挺括，拼缝齐整，无翘起剥离。

3. 耐污、易于除尘。

4. 耐光性。

5. 吸音、阻燃性。

第十章　工程结构基础知识

工程结构的设计对于整个建筑工程的具体施工来讲有着非常重要的作用，因此要及时进行实地勘察。因地制宜、多因素考虑得开展设计工作，从多方面促进建筑工程的建筑结构设计的质量提升，进而促进我国建筑行业的良性发展。

第一节　建筑结构概述

一、建筑结构的定义

建筑物用来形成一定空间及造型，并具有抵御人为和自然界施加于建筑物的各种作用力，使建筑物得以安全使用的骨架，即称为结构。

二、建筑结构的组成

建筑结构一般都是由以下结构构件组成的；

1. 水平构件

用以承受竖向荷载的构件。一般有：

（1）板。包括平板、曲面板、斜板；

（2）梁。直梁、曲梁、斜梁；

（3）桁架、网架等。

2. 竖向构件

用以支承水平构件或承担水平荷载的构件。一般有：

（1）柱；

（2）墙体；

（3）框架。

3. 基础

是上部建筑物与地基相联系的部分，用以将建筑物所承受的所有荷载传至地基上。

三、建筑结构的分类

1. 按组成建筑结构的主要建筑材料划分

（1）钢筋混凝土结构；

（2）砌体结构：砖砌体，石砌体，小型砌块，大型砌块，多孔砖砌体等；

（3）钢结构；

（4）木结构；

（5）塑料结构；

（6）薄膜充气结构。

2. 按组成建筑结构的主体结构形式划分

（1）墙体结构：以墙体作为支承水平构件及承担水平力的结构；

（2）框架结构；

（3）框架 - 剪力墙（抗震墙）；

（4）筒体结构；

（5）桁架结构；

（6）拱形结构；

（7）网架结构；

（8）空间薄壁结构（包括：薄壳、折板、幕式结构）；

（9）钢索结构（悬索结构）；

（10）薄膜结构。

3. 按组成建筑结构的体形划分

（1）单层结构（多用于单层厂房、食堂、影剧场、仓库等）；

（2）多层结构（2 ~ 6 层）；

（3）高层结构（一般为 7 层以上）；

（4）大跨度结构（跨度在 40 ~ 50m 以上）。

4. 按结构的受力特点划分

（1）平面结构体系；

（2）空间结构体系。

第二节 结构的耐火性能

一、影响建筑结构耐火性能的因素

（一）结构类型

1. 钢结构

钢结构是由钢材制作结构，包括钢框架结构、钢网架结构和钢网壳结构、大跨交叉梁系结构。钢结构具有施工机械化程度高、抗震性能好等优点，但钢结构的最大缺点是耐火性能较差，需要采取涂覆钢结构防火涂料等防火措施才能耐受一定规模的火灾。在高大空间等钢结构建筑中，在进行钢结构耐火性能分析的基础上，如果火灾下钢结构周围的温度较低，并能保持结构安全时，钢结构可不必采取防火措施。

2. 钢筋混凝土结构

钢筋混凝土结构是在混凝土配置钢筋形成的结构，混凝土主要承受压力，钢筋主要承受拉力，二者共同承担荷载。当建筑结构耐火重要性较高，火灾荷载较大、人员密度较大或建筑结构受力复杂的场合时，钢筋混凝土结构的耐火能力也可能不满足要求。这时，需要进行钢筋混凝土结构及构件的耐火性能评估，确定结构的耐火性能是否满足要求。

3. 钢 – 混凝土组合结构

（1）型钢混凝土结构。型钢混凝土结构是将型钢埋入钢筋混凝土结构形成一种组合结构。适合大跨、重载结构。由于型钢被混凝土包裹，火灾下钢材的温度较低，型钢混凝土结构的耐火性能较好。

（2）钢管混凝土结构。钢管混凝土结构是由钢和混凝土两种材料组成的，它充分发挥了钢和混凝土两种材料的优点，具有承载能力高、延性好等优点。钢管混凝土结构中，由于混凝土的存在可降低钢管的温度，钢管的温度比没有混凝土时要低得多。一般情况下，钢管混凝土结构中的钢管需要进行防火保护。

（二）荷载比

荷载比为结构所承担的荷载与其极限荷载的比值。火灾下，结构承受的荷载总体不变，而随温度升高，材料强度降低，构件的承载能力降低。当构件的荷载达到极限荷载，构件就达到了火灾下的承载能力，构件就达到了耐火极限状态，开始倒塌破坏，这时的耐火时间为耐火极限。荷载比越大，构件的耐火极限越小，荷载比是影响结构及构件耐火性能的主要因素之一。

（三）火灾规模

火灾规模包括火灾温度和火灾持续时间。火灾高温是构件升温的源泉，它通过对流和辐射两种传热方式将热量从建筑内空气向构件传递。作为构件升温的驱动者，火灾规模对构件温度场有明显的影响。当火灾高温持续时间较长时，构件的升温也较高。

（四）结构及构件温度场

温度越高，材料性能劣化越严重，结构及构件的温度场是影响其耐火性能的主要因素之一。材料的热工性能直接影响构件的升温快慢，从而决定了火灾下结构及构件的温度场分布。

二、结构耐火性能分析的目的及判定标准

结构耐火性能分析的目的就是验算结构和构件的耐火性能是否满足现行规范要求。结构的耐火性能分析一般有两种方法：第一种验算结构和构件的耐火极限是否满足规范的要求；第二种即在规范规定的耐火极限时的火灾温度场作用下，结构和构件的承载能力是否大于荷载效应组合。这两种方法是等效的。

（一）耐火极限要求

构件的耐火极限要求应符合《建筑设计防火规范》GB50016、《高层民用建筑设计防火规范》GB50045 及其他相关国家标准的要求一致。

（二）构件抗火极限状态设计要求

《建筑钢结构防火技术规范》（国标报批稿）提出了基于计算的结构及构件抗火验算方法。火灾发生的概率很小，是一种偶然荷载工况。因此，火灾下结构的验算标准可放宽。根据《建筑钢结构防火技术规范》（国标报批稿），火灾下只进行整体结构或构件的承载能力极限状态的验算，不需要正常使用极限状态的验算。构件的承载能力极限状态包括以下几种情况：

①轴心受力构件截面屈服；

②受弯构件产生足够的塑性铰而成为可变机构；

③构件整体丧失稳定；

④构件达到不适于继续承载的变形。对于一般的建筑结构，可只验算构件的承载能力，对于重要的建筑结构还要进行整体结构的承载能力验算。

三、计算分析模型

抗火验算时建筑结构耐火性能计算（一般也可称为抗火验算）一般有三种方法：第一种采取整体结构的计算模型；第二种采取子结构的计算模型；第三种采取单一构件计算模

型。《建筑钢结构防火技术规范》（CECS200：2006）和广东省地方标准《建筑混凝土结构耐火设计技术规程》（DBJ/T15-81—2011）规定，对于高度大于100m的高层建筑结构宜采用整体计算模型进行结构的抗火计算，单层和多层建筑结构可只进行构件的抗火验算。

实际建筑结构中，构件总是和其他构件相互作用，独立构件是不存在的。因此，研究构件的耐火性能需要考虑构件的边界条件。欧洲规范规定，进行构件耐火性能分析时，构件的边界条件可取受火前的边界条件，并在受火过程中保持不变。

整体结构耐火性能评估模型是一种高度非线性分析，计算难度较高，需要专门机构和专业人员完成。

四、建筑结构耐火性能分析的内容和步骤

建筑结构耐火性能分析包括温度场分析和高温下结构的安全性分析。建筑火灾模型和建筑材料的热工参数是进行结构温度场分析的基础资料。同样，高温下建筑材料的力学性能是建筑结构高温下安全性分析的基础资料。同时，进行建筑结构高温下安全性分析还需要确定火灾时的荷载。确定上述基本材料之后，就可按照一定的步骤进行高温下结构的抗火验算了。

（一）结构温度场分析

确定建筑火灾温度场需要火灾模型。我国《建筑设计防火规范》GB50016、《高层民用建筑设计防火规范》GB50045均提出可采用ISO834标准升温曲线作为一般建筑室内火灾的火灾模型。《建筑钢结构防火技术规范》（国标报批稿）提出可采用参数化模型作为一般室内火灾的火灾模型，同时也提出了大空间室内火灾的火灾模型。由于建筑室内可燃物数量和分布、建筑空间大小及通风形式等因素对建筑火灾有较大影响，为了更加准确的确定火灾温度场，也可采用火灾模拟软件对建筑火灾进行数值模拟。

确定火灾模型之后，即可对建筑结构及构件进行传热分析，确定火灾作用下建筑结构及构件的温度。进行传热分析，需要已知建筑材料的热工性能。国内外对钢材、钢筋和混凝土材料的高温热工性能、力学性能进行了大量的研究。在进行构件温度场分布的分析时涉及的材料热工性能有3项，即导热系数、质量热容和质量密度，其他的参数可以由这3项推导出。

1. 钢材

《钢结构防火技术规范》（国标报批稿）提供的高温下钢材的有关热工参数见下表。

表 10-2-1 高温下钢材的物理参数

参数名称	符号	数值	单位
热传导系数	λ_c	45	W/（m·℃）
比热容	C_c	600	J/（kg·℃）
密度	ρ_c	7850	kg/m³

2. 混凝土

《钢结构防火技术规范》（国标报批稿）提供的高温下普通混凝土的有关热工参数可按下述规定取值。

热传导系数可按式取值：

$$\lambda_c = 1.68 - 0.19\frac{T_c}{100} + 0.0082(\frac{T_c}{100})^2$$

$20℃ \leqslant T_c < 1200℃$

比热容应按式取值：

$$C_c = 890 - 56.2\frac{T_c}{100} + 3.4(\frac{T_c}{100})^2$$

$20℃ \leqslant T_c < 1200℃$

密度应按式取值：

$$\rho_c = 2300\,\text{kg/m}^3$$

式中：T_c——混凝土的温度（℃）；

C_c——混凝土的比热容〔J/（kg·℃）〕；

ρ_c——混凝土的密度（kg/m³）。

（二）材料的高温性能

1. 混凝土

高温下普通混凝土的轴心抗压强度、弹性模量应按下式确定：

$$f_{cT} = \eta_{cT} f_c$$
$$E_{cT} = 1.5 f_{cT} \big/ \varepsilon_{f_{cT}}$$

式中：f_{cT}——温度为 T_c 时混凝土的轴心抗压强度设计值（N/m㎡）；

f_c——常温下混凝土的轴心抗压强度设计值（N/m㎡），应按现行国家标准《混凝土结构设计规范》GB50010取值；

η_{cT}——高温下混凝土的轴心抗压强度折减系数，应按表10-2-2取值；其他温度下的值，可采用线性插值方法确定；

E_{cT}——高温下混凝土的弹性模量（N/m㎡）；

$\varepsilon_{f_{cT}}$——高温下混凝土应力为 f_{cT} 时的应变，按下表10-2-2取值；其他温度下的值，可采用线性插值方法确定。

表 10-2-2　高温下普通混凝土的轴心抗压强度折减系数及应力为时的应变

T_c（℃）	20	100	200	300	400	500	600	700	800	900	1000	1100	1200
η_{cT}	1.00	1.00	0.95	0.85	0.75	0.60	0.45	0.30	0.15	0.08	0.04	0.01	0
ε_{fcT}（$\times 10^{-3}$）	2.5	4.0	5.5	7.0	10.0	15.0	25.0	25.0	25.0	25.0	25.0	25.0	–

2. 钢材

在高温下，普通钢材的弹性模量应按下式计算：

$$E_{sT} = X_{sT}E_s$$

$$X_{sT}\begin{cases} \dfrac{7T_s - 4780}{6T_s - 4760} & (20℃ \leqslant T_s < 600℃) \\[2mm] \dfrac{1000 - T_s}{6T_s - 2800} & (600℃ \leqslant T_s < 1000℃) \end{cases}$$

式中，T_s——温度（℃）；

E_{sT}——温度为 T_s 时钢材的初始弹性模量（N/m㎡）；

E_s——常温下钢材的弹性模量（N/m㎡），按现行《钢结构设计规范》（GB50017）确定；

X_{sT}——高温下钢材的弹性模量折减系数。

高温下钢材的热膨胀系数可取 1.4×10^{-5}m/℃。

在高温下，普通钢材的屈服强度应按下式计算：

$$f_{yT} = \eta_{sT}f_y$$

$$f_y = \gamma_R f$$

$$\eta_{sT}\begin{cases} 1.0 & (20℃ \leqslant T_s \leqslant 300℃) \\ 1.24 \times 10^{-8}T_s^3 - 2.096 \times 10^{-5}T_s^3 + 9.228 \times 10^{-3}T_s - 0.2168 & (300℃ < T_s < 800℃) \\ 0.5 - T_s/2000 & (800℃ \leqslant T_s \leqslant 1000℃) \end{cases}$$

式中：T_s——钢材的温度（℃）；

f_{yT}——高温下钢材的屈服强度（N/m㎡）；

f_y——常温下钢材的屈服强度（N/m㎡）；

f——常温下钢材的强度设计值（N/m㎡），应按现行国家标准《钢结构设计规范》GB50017 取值；

γ_R——钢材的分项系数，取 γ_R=1.1；

η_{sT}——高温下钢材的屈服强度折减系数。

（三）火灾极限状态下荷载效应组合

《建筑钢结构防火技术规范》（国标报批稿）规定，火灾作用工况是一种偶然荷载工况，可按偶然设计状况的作用效应组合，采用下列较不利的设计表达式：

$$S_m = \gamma_{OT}(\gamma_G S_{GK} + \gamma_T S_{TK} + \gamma_Q \varphi_f S_{QK})$$

$$S_m = \lambda_{OT}(\gamma_G S_{GK} + \gamma_T S_{TK} + \gamma_Q \varphi_q S_{QK} + \lambda_W S_{WK})$$

式中：S_m——荷载（作用）效应组合的设计值；

S_{GK}——按永久荷载标准值计算的荷载效应值；

S_{TK}——按火灾下结构的温度标准值计算的作用效应值；

S_{QK}——按楼面或屋面活荷载标准值计算的荷载效应值；

S_{WK}——按风荷载标准值计算的荷载效应值；

γ_{OT}——结构重要性系数；对于耐火等级为一级的建筑，$\gamma_{OT}=1.15$；对于其他建筑，$\gamma_{OT}=1.05$；

γ_G——永久荷载的分项系数，一般可取 $\gamma_G=1.0$；当永久荷载有利时，取 $\gamma_G=0.9$；

γ_T——温度作用的分项系数，取 $\gamma_T=1.0$；

γ_Q——楼面或屋面活荷载的分项系数，取 $\gamma_Q=1.0$；

γ_W——风荷载的分项系数，取 $\gamma_W=0.4$；

ϕ_f——楼面或屋面活荷载的频遇值系数，应按现行国家标准《建筑结构荷载规范》GB50009 的规定取值；

ϕ_q——楼面或屋面活荷载的准永久值系数，应按现行国家标准《建筑结构荷载规范》GB50009 的规定取值。

（四）结构构件抗火验算基本规定

1. 耐火极限要求

构件的耐火极限要求与《建筑设计防火规范》GB50016、《高层民用建筑设计防火规范》GB50045 及其他国家标准的要求一致。

2. 构件抗火极限状态设计要求

《建筑钢结构防火技术规范》（国标报批稿）提出了基于计算的构件抗火计算方法。火灾发生的概率很小，是一种耦合荷载工况。因此，火灾下结构的验算标准可放宽。根据《建筑钢结构防火技术规范》（国标报批稿），火灾下只进行整体结构或构件的承载能力极限状态的验算，不需要正常使用极限状态的验算。构件的承载能力极限状态包括以下几种情况：

①轴心受力构件截面屈服；

②受弯构件产生足够的塑性铰而成为可变机构；

③构件整体丧失稳定；

④构件达到不适于继续承载的变形。对于一般的建筑结构，可只验算构件的承载能力，对于重要的建筑结构还要进行整体结构的承载能力验算。

基于承载能力极限状态的要求，钢构件抗火设计应满足下列要求之一：

①在规定的结构耐火极限时间内，结构或构件的承载力 R_d 不应小于各种作用所产生的组合效应 S_m，即：

$$R_d \geqslant S_m$$

②在各种荷载效应组合下，结构或构件的耐火时间 t_d 不应小于规定的结构或构件的耐火极限 t_m，即：

$$t_d \geqslant t_m$$

③结构或构件的临界温度 T_d 不应低于在耐火极限时间内结构或构件的最高温度 T_m，即：

$$T_d \geqslant T_m$$

对钢结构来说，上述三条标准是等效的。由于钢构件温度分布较为均匀，因此，钢结构构件验算时采用上述第③条的最高温度标准，混凝土构件可采用前面两条标准。

3. 构件抗火验算步骤

采用承载力法进行单层和多高层建筑钢结构各构件抗火验算时，其验算步骤为：

①设定防火被覆厚度。

②计算构件在要求的耐火极限下的内部温度。

③计算结构构件在外荷载作用下的内力。

④进行荷载效应组合。

⑤根据构件和受载的类型，进行构件抗火承载力极限状态验算。

⑥当设定的防火被覆厚度不合适时（过小或过大），可调整防火被覆厚度，重复上述①～⑤步骤。

采用承载力法进行单层和多高层混凝土结构各构件抗火验算时，其验算步骤为：

①计算构件在要求的耐火极限下的内部温度。

②计算结构构件在外荷载作用下的内力。

③进行荷载效应组合。

④根据构件和受载的类型，进行构件抗火承载力极限状态验算。

⑤当设定的截面大小及保护层厚度不合适时（过小或过大），可调整截面大小及保护层厚度，重复上述①～④步骤。

4. 钢结构构件抗火验算

这里只介绍基于高温下承载能力验算的方法，火灾下钢构件的验算还有极限温度计算方法，读者可参考其他资料。

高温下，轴心受拉钢构件或轴心受压钢构件的强度应按下式验算：

$$\frac{N}{A_n} \leqslant \eta_T \gamma_R f$$

式中：N——火灾下构件的轴向拉力或轴向压力设计值；

A_n——构件的净截面面积；

γ_R——高温下钢材的强度折减系数；——钢构件的抗力分项系数，近似取 $\gamma_R=1.1$；

f——常温下钢材的强度设计值。

高温下，轴心受压钢构件的稳定性应按下式验算：

$$\frac{N}{\phi_T A} \leqslant \eta_T \gamma_R f$$

$$\phi_T = \alpha_c \phi$$

式中：N——火灾时构件的轴向压力设计值；

A——构件的毛截面面积；

η_T——高温下钢材的强度折减系数；

ϕ_T——钢构件的抗力分项系数；

f——常温下钢材的强度设计值。

α_c——高温下轴心受压钢构件的稳定验算参数；对于普通结构钢构件，根据构件长细比和构件温度按规范表格采用；

γ_R——常温下轴心受压钢构件的稳定系数，按现行国家标准《钢结构设计规范》GB50017 确定。

高温下，单轴受弯钢构件的强度应按下式验算：

$$\frac{M}{\gamma W_n} \leqslant \eta_T \gamma_R f$$

式中：M——火灾时最不利截面处的弯矩设计值；

W_n——最不利截面的净截面模量；

γ——截面塑性发展系数；对于工字型截面 $\gamma_x=1.05$，$\gamma_y=1.2$，对于箱形截面 $\gamma_x=\gamma_y=1.05$，对于圆钢管截面 $\gamma_x=\gamma_y=1.15$。

高温下，单轴受弯钢构件的稳定性应按下式验算：

$$\frac{M}{\phi'_{bT} W} \leqslant \eta_T \gamma_R f$$

$$\phi'_{bT} = \begin{cases} \alpha_b \phi_b & (\alpha_b \phi_b \leqslant 0.6) \\ 1.07 - \dfrac{0.282}{\alpha_b \phi_b} \leqslant 1.0 & (\alpha_b \phi_b > 0.6) \end{cases}$$

式中：M——火灾时构件的最大弯矩设计值；

W——纤维确定的构件毛截面模量；

ϕ_{bT}——高温下受弯钢构件的稳定系数；

ϕ_b——常温下受弯钢构件的稳定系数（基于弹性阶段），按现行国家标准《钢结构设计规范》（GB50017）有关规定计算，但当所计算的 $\phi_b > 0.6$ 时，不作修正；

α_b——高温下受弯钢构件的稳定验算参数。

高温下，拉弯或压弯钢构件的强度，应按下式验算：

$$\frac{N}{A_n} \pm \frac{M_x}{\gamma_x W_{nx}} \pm \frac{M_y}{\gamma_y W_{ny}} \leqslant \eta_T \gamma_R f$$

式中：N——火灾时构件的轴力设计值；

W——纤维确定的构件毛截面模量；

M_x、M_y——火灾时最不利截面处的弯矩设计值，分别对应于强轴 x 轴和弱轴 y 轴；

A_n——构件的净截面面积；

W_{nx}、W_{ny}——分别为对强轴 x 轴和弱轴 y 轴的净截面模量；

γ_x、γ_y——分别为绕强轴弯曲和绕弱轴弯曲的截面塑性发展系数，对于工字型截面 $\gamma_x=1.05$、$\gamma_y=1.2$，对于箱形截面 $\gamma_x=\gamma_y=1.05$，对于圆钢管截面 $\gamma_x=\gamma_y=1.2$。

高温下，压弯钢构件的稳定性应按下式验算：

①绕强轴 x 轴弯曲：

$$\frac{N}{\phi_{xT}A} + \frac{\beta_{mx}M_x}{\gamma_x W_x(1-0.8N/N'_{ExT})} + \eta\frac{\beta_{ty}M_y}{\phi'_{byT}W_y} \leqslant \eta_T\gamma_R f$$

$$N'_{ExT} = \pi^2 E_T A/(1.1\lambda_x^2)$$

②绕弱轴 y 轴弯曲：

$$\frac{N}{\phi_{yT}A} + \frac{\beta_{tx}M_x}{\phi'_{bxT}W_x} + \frac{\beta_{my}M_y}{\gamma_y W_y(1-0.8N/N'_{EyT})} \leqslant \eta_T\gamma_R f$$

$$N'_{EyT} = \pi^2 E_T A/(1.1\lambda_y^2)$$

式中：N——火灾时构件的轴向压力设计值；

M_x、M_y——分别为火灾时所计算构件段范围内对强轴和弱轴的最大弯矩设计值；

A——构件的毛截面面积；

W_x、W_y——分别为对强轴和弱轴的毛截面模量；

N'_{ExT}、N'_{EyT}——分别为高温下绕强轴弯曲和绕弱轴弯曲的参数；

γ_x、γ_y——分别为对强轴和弱轴的长细比；

ϕ_{xT}、ϕ_{yT}——高温下轴心受压钢构件的稳定系数，分别对应于强轴失稳和弱轴失稳；

ϕ_{bxT}、ϕ_{byT}——高温下均匀弯曲受弯钢构件的稳定系数，分别对应于强轴失稳和弱轴失稳；

γ_x、γ_y——分别为绕强轴弯曲和绕弱轴弯曲的截面塑性发展系数，对于工字型截面 $\gamma_x=1.05$、$\gamma_y=1.2$，对于箱形截面 $\gamma_x=\gamma_y=1.05$，对于圆钢管截面 $\gamma_x=\gamma_y=1.15$；

η——截面影响系数，对于闭口截面 $\eta=0.7$，对于其他截面 $\eta=1.0$；

β_{tx}、β_{ty}——弯矩作用平面内的等效弯矩系数，按现行国家标准《钢结构设计规范》

GB50017 确定。

5. 钢筋混凝土构件抗火验算

目前，尚没有国家标准提出钢筋混凝土构件的抗火验算方法，钢筋混凝土构件的抗火验算一般依据通用的非线性有限元方法进行计算。

6. 整体结构抗火验算

（1）整体结构抗火极限状态整体结构的承载能力极限状态为：

①结构产生足够的塑性铰形成可变机构；

②结构整体丧失稳定。对于一般的建筑结构，可只验算构件的承载能力，对于重要的建筑结构还要进行整体结构的承载能力验算。

（2）整体结构抗火验算原理。上节给出的规范抗火设计方法是基于计算的抗火设计方法，要求结构的设计内力组合小于结构或构件的抗力。火灾高温作用下，结构的材料力学性质发生较大变化。基于防火设计性能化的要求，对于一些复杂、重要性高的建筑结构，需要考虑高温下材料本构关系的变化、结构的内力重分布、整体结构的倒塌破坏过程，这就需要对火灾下建筑结构的行为进行准确确定。对火灾下建筑结构的内力重分布、结构极限状态及耐火极限的确定，需要采用基于性能的结构耐火性能计算方法。整体结构耐火性能计算方法需要采用非线性有限元方法完成。

整体结构耐火性能计算的一般步骤为：

①确定材料热工性能及高温下材料的本构关系和热膨胀系数；

②确定火灾升温曲线及火灾场景；

③建立建筑结构传热分析和结构分析有限元模型；

④进行结构传热分析；

⑤将按照火灾极限状态的组合荷载施加到结构分析有限元模型，进行结构力学性能非线性分析；

⑥确定建筑结构整体的火灾安全性；

⑦按照上节要求进行构件的验算。

（3）钢结构及钢筋混凝土结构整体结构抗火验算的具体步骤。

对单层和多高层建筑钢结构整体抗火验算时，其验算步骤为：

①设定结构所有构件一定的防火被覆厚度；

②确定一定的火灾场景；

③进行火灾温度场分析及结构构件内部温度分析；

④荷载作用下，分析结构整体和构件是否满足结构耐火极限状态的要求；

⑤当设定的结构防火被覆厚度不合适时（过小或过大），调整防火被覆厚度，重复上述①~④步骤。

对单层和多高层钢筋混凝土结构整体抗火验算时，可采用如下步骤：

①确定一定的火灾场景；

②进行火灾温度场分析及结构构件内部温度分析；

③荷载作用下，分析结构整体和构件是否满足结构耐火极限状态的要求；

④当整体结构和构件承载力不满足要求时，调整截面大小及其配筋，重复上述①~③步骤。

第十一章　结构荷载与结构设计

第一节　荷　载

　　结构上的作用包括直接作用和间接作用。直接作用指的是施加在结构上的集中力或分布力，例如结构自重、楼面活荷载和设备自重等，引起的效应比较直观；间接作用指的是引起结构外加变形或约束变形的作用，例如温度的变化、混凝土的收缩或徐变、地基的变形和地震等，这类作用引起的效应比较复杂，例如地震会引起建筑物产生裂缝、倾斜下沉以至倒塌，但这些破坏效应不仅仅与地震震级、烈度有关，还与建筑物所在场地的地基条件、建筑物的基础类型和上部结构体系有关。作用在建筑物上的实际荷载到底有多大，很难精确计算。事实上，即使有最完整的资料，还是很难确切估计荷载的大小。但是为了能开始着手设计，通常做出一些不致造成严重误差的合理假设。在各种外力和荷载作用下，结构必须以合适的性能和所要求的稳定性做出反应。结构计算时，需根据不同的设计要求采用不同的荷载数值，这称为荷载代表值；荷载的代表值有荷载的标准值、准永久值和组合值之分。

一、荷载

（一）荷载作用

　　结构上的作用虽然分为直接作用和间接作用，但它们产生的结果是一样的：使结构或构件产生效应（结构或构件产生的内力、应力、位移、应变、裂缝等）。因此，也可以这样定义"作用"：使结构或构件产生效应的各种原因，称为结构上的作用。"荷载"和"作用"对实际工程设计来说，主要是一个概念问题，一般并不影响作用效应的计算和结构本身。在国际上，目前也有不少国家对"荷载"和"作用"未加严格区分。在我国，一般情况下，"荷载"专指直接作用，"作用"有时指直接作用和间接作用，有时专指"荷载"或专指间接作用；在工程中，为了使用和交流的方便，常常将直接作用和间接作用均称为"荷载"。

（二）建筑结构荷载

建筑结构在使用和施工过程中所受到的各种直接作用称为荷载。另外，还有一些能使结构产生内力和变形的间接作用，如地基变形、混凝土收缩、焊接变形、温度变化或地震等引起的作用。结构设计人员在进行建筑结构的设计时，首先应进行荷载的计算，取其代表值，荷载确定后，才能根据其大小和作用形式计算结构的内力，然后再进行构件计算。也就是说建筑物某一部分的构件，是承重还是非承重，承受多大的荷载，都有其最大值或极限值，超过个极限值，结构就会变形，就会遭到破坏，轻者降低建筑物的经济寿命，重者会酿成事故，威胁到生命安全。这就是物业装修管理人员必须了解、掌握建筑结构形式及其荷载作用、影响的目的。

二、荷载的分类

（一）按随时间变异分类

1. 永久荷载（亦称恒荷载）

在设计基准期内，其量值不随时间变化，或即使有变化，其变化与平均值相比可以忽略不计的荷载。如结构的自重、土压力、预应力等。

2. 可变荷载（亦称活荷载）

在设计基准期内，其量值随时间变化，且其变化与平均值相比不能忽略的荷载。如楼（屋）面活荷载、屋面积灰荷载、雪荷载、风荷载、吊车荷载等。

3. 偶然荷载

在设计基准内，可能出现，也可能不出现，但一旦出现，其量值很大且持续时间很短的荷载。如地震、爆炸力、撞击力等。

（二）按随空间位置的变异分类

1. 固定荷载

在结构空间位置上具有固定分布的荷载。如结构自重、楼面上的固定设备荷载等。

2. 自由荷载

在结构上的一定范围内可以任意分布的荷载。如民用建筑楼面上的活荷载、工业建筑中的吊车荷载等。

（三）按结构的动力反应分类

1. 静态荷载

对结构或结构构件不产生加速度或产生的加速度很小可以忽略不计。如结构的自重、楼面的活荷载等。

2. 动态荷载

对结构或构件产生不可忽略的加速度。如吊车荷载、地震荷载、作用在高层建筑上的风荷载等。

三、荷载原因分析及解决措施

（一）荷载代表值

1. 原因分析

荷载有四种代表值：标准值、组合值、频遇值、准永久值。其中荷载标准值是荷载的基本代表值，而其他代表值都可在标准值的基础上乘以相应的系数得到。荷载可根据不同的设计要求，规定不同的设计要求，以便能更确切地反映它在设计中的特点。由于荷载本身的随机性，因而在试用期间的最大荷载也是个随机变量，原则上可用统计分布来描述。荷载标准值由设计基准期最大荷载概率分布的某个分位值来确定，设计基准期统一规定为50年。但并非所有荷载都能取得充分资料，因而，应从实际出发，根据已有的工程经验通过判断协议一个公称值作为代表值。

2. 解决措施

根据经验可采取下列解决措施，对不同荷载采用不同代表值。当有足够设计经验时，可取协议的百分位作为荷载的代表值。

（二）荷载分项系数

1. 原因分析

荷载分成两类：永久荷载、可变荷载，分项系数为 γ_G 和 γ_Q，这两个分项系数在荷载标准值已知的情况下，按极限状态设计表达式设计各类结构构件的可靠指标，与规定的目标可靠指标之间，在总体上误差最小为原则，经优选得到。考虑有局限性，从经济上考虑当标准值大于 $4kN/m^2$ 的工业露面活荷载取 $\gamma_G=1.3$。

2. 解决措施

对基本组合荷载分项系数的规定，对永久荷载的分项系数：当其效应对结构有利时由永久荷载效应控制的组合，应取 1.35，由可变荷载控制的组合取 1.2；当其效应对结构不利时一般情况取 1.0，对结构的滑移、倾覆或漂浮验算取 0.9。对可变荷载的分项系数：一般取 1.4，对标准值大于 $4kN/m^2$ 的工业楼面结构的活荷载取 1.3。

（三）荷载组合最不利值确定

1. 原因分析

对所考虑的极限状态，在确定其荷载效应时，应对所有可能同时出现的各荷载作用加以组合，求出总效应。考虑荷载同时出现的概率很小，因此应从所有可能组合中取最不利的一组作为该极限状态的设计依据。

2. 解决措施

具体公式见中华人民共和国国家标准建筑结构可靠度设计统一标准（GB50068—2001），且应注意 S_{QIK} 的确定，当无法判断时，应依次以各 S_{QiK} 作为 S_{Q1K}，选其中最不利的荷载效应作为设计依据。还应注意当结构的自重占主要时，应适当提高构件的重要性系数。

第二节　结构设计

一、建筑结构设计的简要介绍

（一）建筑结构设计的基本内容

对于建筑物的结构设计而言包含多个方面的内容，其中建筑设计、电气设计以及暖气通风设计等都包含在内。就整个设计过程而言，必须尽量保证在功能要求满足的前提下，做到美观、经济以及最新提出的环保健康。建筑结构是保证建筑物发挥功能的基础条件，设计的流程一般分为方案设计、结构分析、构件设计、绘施工图纸四个步骤，在这四个步骤参与到整个建筑物建筑设计中，所以在每一个环节都必须予以足够的重视。其次，为了保证建筑物的质量达到标准，所以必须要考虑结构物件，对于结构物件而言应该对其承载能力外加极限状态下的参数进行计算和测试，对于不合格的部分要及时做出调整，不可忽略结构物件的影响。另外，对于建筑物整体来说会有多种效应叠加的效果，所以必须加以考虑，即当多种效应共同作用时，应该分析出每一种作用效应的影响，并且计算出最不利的因素组合，将最不利的因素组合进行计算分析。最后，近年来关于建筑物设计的要求又新增添了对抗震能力的要求，关于这一要求应该根据建筑物所在地区的不同，并且综合建筑物类型、高度采用不同的抗震等级。

（二）建筑结构设计概括

首先要对建筑结构设计进行整体的分析，通常要根据建筑物功能以及人的要求在满足环保健康的前提下进行层次的设计。由于单一的建筑结构稳定性较差，所以在实际建筑中为了保证建筑物的稳固性，在结构设计上通常不采用单一的结构，如果采用单一的设计结构一旦建筑物出现裂缝，对于整个建筑物来说的局部受力就会产生变化，如果因裂缝严重而造成更大的受力改变，后果将会极其严重，不堪设想，所以通常都会以多层结构代替单层结构。随着人们生活水平的提高，对于建筑物设计的要求也有了较大的提高，为了满足人们的要求与社会的需要，当今的建筑设计结构都必须符合环保观念，确保对人体的健康没有危害。另外，如今高层建筑越来越受欢迎，面对高度的增加必须注意风力与水平受力的影响。总之，建筑物的结构设计必须考虑多方面的因素，只有这样才能保证建筑物的各类指标达标。

二、建筑结构设计原则

建筑结构设计的原则涉及多个方面，其共同点都是安全、适用、经济、美观并且要便于施工，通常对一项建筑设计进行分析评价时都会将这五项作为重要的参考内容，一项优秀的建筑设计也是这五项因素的完美结合。结构设计一般都是在建筑设计之后进行，结构设计一方面受到建筑设计的制约，另一个层面上结构设计又反制于建筑设计。一般在进行结构设计时要以建筑设计为基础，在以建筑设计部超出结构设计能力范围为前提的条件下，符合安全、经济、合理的结构设计原则，力求满足并且实现建筑设计的要求。结构设计的合理性关系到建筑设计的理念能否实现，所以结构设计显得更为重要，对于一个建筑物来说，建筑师固然功劳最大，但是一个满足安全、适用、经济、美观、便于施工五项为一体的结构设计同样也会为工程师带来荣誉。总结来说，关于建筑结构设计必须依照上文提出的五项原则进行，建筑物建造的基本理念就是服务于人，所以必须进行人性化的考虑，将以人为本的理念与建筑设计相互结合才能表现出建筑物的设计目的，迎合设计原则。

三、建筑结构设计中出现的问题

1. 混凝土楼板出现裂缝

混凝土楼板出现裂缝的现象是建筑结构设计中比较常见的一类问题，造成这种现象的原因有很大程度都是在建造楼板时都是使用混凝土直接进行，对于楼板的受力分析不够全面，通常只是考虑到楼板的平面受力情况，而对其他因素往往忽视，根据经验分析这是时间长楼板断裂的直接原因。因此在建筑对楼板进行受力分析时必须从三维空间考虑，保证受力的协调从而使楼板受力均匀。其次是楼板钢筋结构的影响，通常设计人员在进行钢筋结构设计时只是使用单向板进行计算，外加用分离式负弯矩钢筋来作为支撑，由于考虑因素较少所以通过这种方式计算得出的结果与实际受力情况相比较差距较大，所以会导致混凝土锻造的楼板随着时间而受力过大，最后出现裂缝。

2. 关于地基的建造不够重

目前关于大多数的建筑设计图在绘制时都很少会对当地的地质情况进行全方位的勘察，更加不用说收集足够的信息与数据作为绘图时的参考，然而在实际中通常都是按照基础设计图进行施工，由于这种原因在建筑施工过程中对于地基的建设给予的关注度都不高。然而地基是一项建筑物的基础，如果地基施工没有达到要求，对于建筑物的安全性与扎实性有很大的不良影响。为了避免由于地基质量不合格造成的影响，所以在施工之前需要对即将要施工的地区进行地质的勘测，并且对于获得的数据要进行全面细致的分析，综合考虑各方面的因素进行建筑结构设计，这种方式有助于打好地基基础以及后续施工工作的进行。另外，还有一种情况就是设计人员的个人经验与主观臆断，在施工过程中设计人员会依据自身的经验建造砂垫层，这种行为会直接导致建筑物的承受能力有很大程度的降低，为以后建筑物的安全性埋下隐患。

3. 回弹再压缩的问题

摩擦角范围内边坡的基底土会在基坑开始挖掘时受到约束，不会发生反弹，但是坑中心的地基土会发生反弹，在发生回弹时主要以弹性为主，回弹部分通常都会被人工清理。另外，如果基础比较小时坑底部就会受到较大的约束力，通常对于独立的基础，回弹是可以忽略的。此外，一般都将基底的附加应力计算在沉降的情况下，外加坑边土约束的部分一般都当作安全储备，这也是计算沉降大于实际沉降的原因之一。

四、建筑结构设计中注意的因素

1. 准确计算并且控制轴向承受力

在进行建筑物结构设计的受力分析时在没有特殊要求的前提下，一般都是根据建筑物的高度进行不同方式的受力分析，对于层数较低的建筑物而言受力分析可以简化为对轴向承受力的分析，因为在这种建筑物中通常只需要对建筑的弯矩受力分析即可，其轴力对于整个建筑物而言影响非常小可以忽略。但是对于高层建筑物来说受力分析时考虑的因素则大不相同，随着建筑物高度的增加轴向承受力的计算与分析就显得尤为重要，因为轴向承受力是随着高度的增加而增加的，与此同时随着高度的增加轴向的变形情况也更加容易出现，为了使建筑物满足设计要求，保证质量的达标必须严肃认真的计算轴向承受力。另外，对于高层建筑来说随着建筑物高度的增加会直接出现轴向力变大以及负弯矩值减小的情况，最终对下料的长度造成一定的影响，所以必须对建筑物轴向力进行精确的计算，并且为了确保建筑设计的完整与安全性符合要求，还应该适当的轴向力进行调整。总之，准确计算并且控制轴向承受力对于建筑物来说是非常重要的。

2. 箱、筏基础底板挑板的阳角

首先关于阳角的大小问题，由于阳角在整个基础底面积中所占的面积比例较小，所以可以直接砍成斜角或者直角，另外，如果底板的钢筋是双向双排排布的，并且在悬挑部分没有改变，则阳角不必增加辐射筋。在结构方面，如果能出挑板并且将边跨的底板钢筋调节均匀，尤其是在底板钢筋通常布置的情况下，不会由于边跨钢筋而加大整个底板的通胀筋，这种情况比较节约；在出跳板之后，基底的附加应力便会有所降低，此时基础形式如果处在天然地基和其他人工地基的砍上时，加挑板就有可能采用天然地基；另外，在荷载偏心的情况下如果趁机在特定的部位设置挑板，有助于沉降差和整体倾斜的调整；在窗井的部位可以认为是挑板上砌墙，最好不要再出长挑板。但是这种情况却不是绝对的，如果地下室的层数较多并且窗井的横隔墙密度较大的情况下，可以灵活的设计安排。

3. 加大对结构延性的重视

建筑结构的延性是一项建筑结构设计中重要的组成部分，尤其是随着经济发展速度的加快，对环境产生了恶劣的影响，导致自然灾害近年来频繁的发生，对于建筑行业影响较大的就是地震，地震作为一种常见的自然灾害一旦发生就会对人们的生命安全以及财产安全造成较大的伤害，因此在进行建筑设计时必须将抗震能力作为一项设计要求，既是对人身安全的一种保护也是对公共财产的一种保障。就建筑物对地震的抵抗能力来说，随着建筑物高度的增加难度也逐渐增加，因为对于比较高的建筑物在受到地震的影响时，建筑物结构发生形变的可能性也会随着高度的增加而增大，因此需要在建筑结构设计中充分地考虑到建筑物的延性，这样就会在地震发生时较少建筑物的坍塌。另外，如果由于地震的等级比较高，建筑物受到极其严重的影响，在建筑物的延性设计比较好的情况下也可以为建筑物内部的人提供更多的逃离时间。对于混凝土建筑的建筑物而言，通常都是非弹性的，而对于延性来说又有很好的伸缩性，所以在地震发生时延性会吸收一部分地震带来的能量，从而提高建筑物的安全性。因此，提高建筑物的延性是从另一个角度提高建筑物的伸缩性，从而提高建筑物的安全性。

4. 重视水平与侧移的设计

随着建筑物高度的增加，在结构设计中垂直方面需要更加重视轴向承受力，而在水平方面需要更加重视水平承载力，所以在建筑结构设计中水平承载力的设计和侧移的设计时不可忽视的一部分。因此在进行高层建筑物的结构设计时必须对其水平承载力做出精密的设计，另外侧移是设计关系到建筑物的稳定性，所以随着建筑物高度的增加，侧移量也是不得不考虑在内的一个重要因素。另外，建筑物结构的强度与抗侧移的能力是高层建筑必须要有的性质，所以必须保证在发生侧移的情况下，对侧移量要有所控制。由以上分析可知，重视建筑物水平和侧移的承受能力是建筑物安全性得到保障的前提。

五、结构设计步骤

1. 计算开始以前参数的正确设定

（1）最大地震力作用方向是指地震沿着不同方向作用，结构地震反映的大小也各不相同，那么必然存在某个角度使得结构地震反应值最大的最不利地震作用方向。设计软件可以自动计算出最大地震力作用方向并在计算书中输出，设计人员如发现该角度绝对值大于 15 度时，应将该数值回填（代入设计参数中）到软件的"水平力与整体坐标夹角"选项里并重新计算，以体现最不利地震作用方向的影响。

（2）结构基本周期是计算风荷载的重要指标。设计人员如果不能事先知道其准确值，可先按经验公式：$T1=0.25+0.35 \times 10-3H2/3 \sqrt{B}$ 计算代入软件，亦可以保留软件的缺省值，待计算后从计算书中读取其值，填入软件的"结构基本周期"选项，重新计算即可。

2. 确定整体结构的科学性和合理性

（1）刚重比是结构刚度与重力荷载之比。它是控制结构整体稳定性的重要因素，也是影响重力二阶效应（P—△效应）的主要参数。通常用增大系数法来考虑结构的重力二阶效应，如考虑重力二阶效应的结构位移可用未考虑 P—△ 效应的计算结果乘以位移增大系数，但保持位移限制条件不变（框架结构层间位移角 ≤ 1/550）；考虑结构构件重力二阶效应的端部弯矩和剪力值，可采用未考虑 P—△ 效应的计算结果乘以内力增大系数。一般情况下，对于框架结构若满足：$Dj \geq 20\sum Gj/hj$（j=1，2，…n）结构不考虑重力二阶效应的影响。结构的刚重比增大 P—△ 效应减小，P—△ 效应控制在 20% 以内，结构的稳定具有适宜的安全储备，该值如果不满足要求，则可能引起结构失稳倒塌，应当引起设计人员的足够重视。

（2）刚度比和层间受剪承载力之比是控制结构竖向不规则的重要指标。①剪切刚度主要用于底部大空间为一层的转换结构及对地下室嵌固条件的判定；②剪弯刚度主要用于底部大空间为多层的转换结构；③地震力与层间位移比是执行《抗震规范》第3.4.2条和《高规》4.3.5条的相关规定，通常绝大多数工程都可以用此法计算刚度比，这也是软件的缺省方式。

（3）层间位移比是控制结构平面不规则性的重要指标。其限值在《建筑抗震设计规范》和《高规》中均有明确的规定。需要指出的是，新规范中规定的位移比限值是按刚性板假定做出的，如果在结构模型中设定了弹性板，则必须在软件参数设置时选择"对所有楼层强制采用刚性楼板假定"，以便计算出正确的位移比。在位移比满足要求后，再去掉对所有楼层强制采用刚性楼板假定的选择，以弹性楼板设定进行后续配筋计算。

（4）剪重比是抗震设计中非常重要的参数。规范之所以规定剪重比，主要是因为长期作用下，地震影响系数下降较快，由此计算出来的水平地震作用下的结构效应可能太小。而对于长周期结构，地震动态作用下的地面加速度和位移可能对结构具有更大的破坏作用，若剪重比小于 0.02，结构刚度虽然满足水平位移限制要求（框架结构层间位移角 ≤ 1/550），但往往不能满足结构的整体稳定条件。设计人员应在设计过程中综合考虑刚重比与剪重比的合理取值。

3. 梁、柱轴压比计算，构件截面优化设计等

（1）软件对混凝土梁计算显示超筋信息有以下情况：①当梁的弯矩设计值 M 大于梁的极限承载弯矩 Mu 时，提示超筋；②规范对混凝土受压区高度限制：

四级框架及非抗震框架：$\xi \leq \xi b$；

二、三级框架：$\xi \leq 0.35$（计算时取 $AS'=0.3AS$）；

一级框架：$\xi \leq 0.25$（计算时取 $AS'=0.5AS$）。

当 ξ 不满足以上要求时，程序提示超筋；③《抗震规范》要求梁端纵向受拉钢筋的最大配筋率 2.5%，当大于此值时，提示超筋；④混凝土梁斜截面计算要满足最小截面的要求，如不满足则提示超筋。出现以上超筋信息时，设计人员可采用下列方法做以下调整：一是

增大梁截面，提高混凝土强度等级；二是增大对双筋梁受压区钢筋面积，受拉区钢筋面积不变，使梁受压区高度减小，从而使 ξ 减小。

（2）柱轴压比计算：柱轴压比越小说明结构的延性越好，柱轴压比越大说明结构的刚度越大，结构的侧移越大抗震性能越差。要确定合理的轴压比必须满足：$N/fcA \leqslant n$（n=0.7、0.8、0.9）。柱轴压比的计算在《高规》和《抗震规范》中的规定并不完全一样，《抗震规范》第6.3.7条规定，计算轴压比的柱轴力设计值既包括地震组合，也包括非地震组合，而《高规》第6.4.2条规定，计算轴压比的柱轴力设计值仅考虑地震作用组合下的柱轴力。软件在计算柱轴压比时，当工程考虑地震作用，程序仅取地震作用组合下的柱轴力设计值计算；当该工程不考虑地震作用时，程序才取非地震作用组合下的柱轴力设计值计算。因此设计人员会发现，对于同一个工程，计算地震力和不计算地震力其柱轴压比结果会不一样。当轴压比不满足要求时，一般可增大柱截面，提高柱混凝土强度等级或增大地震作用折减系数来加以改善。

（3）构件截面优化设计：计算结构不超筋，并不表示构件初始设置的截面和形状合理，设计人员还应进行构件优化设计，使构件在保证受力要求的条件下截面的大小和形状合理，并节省材料。但需要注意的是，在进行截面优化设计时，应以保证整体结构合理性为前提，因为构件截面的大小直接影响到结构的刚度，从而对整体结构的周期、位移、地震力等一系列参数产生影响，不可盲目减小构件截面尺寸，使结构整体安全性降低。

4. 满足规范强制执行条文的要求

（1）设计软件进行施工图配筋计算时，要求输入合理的归并系数、支座方式、钢筋选筋库等，如一次计算结果不满意，要进行多次试算和调整。

（2）生成施工图以前，要认真输入出图参数，如梁柱钢筋最小直径、框架顶角处配筋方式、梁挑耳形式、柱纵筋搭接方式，箍筋形式，钢筋放大系数等，以便生成符合需要的施工图。软件可以根据允许裂缝宽度自动选筋，还可以考虑支座宽度对裂缝宽度的影响。

（3）施工图生成以后，设计人员还应仔细验证各特殊或薄弱部位构件的最小纵筋直径、最小配筋率、最小配箍率、箍筋加密区长度、钢筋搭接锚固长度、配筋方式等是否满足规范规定的抗震措施要求。规范这一部分的要求往往是以黑体字写出，属于强制执行条文，万万不可掉以轻心。

（4）设计人员还应根据工程的实际情况，对计算机生成的配筋结果作合理性审核，如钢筋排数、直径、架构等，如不符合工程需要或不便于施工，还要做最后的调整计算。

第十二章　砌体结构

第一节　砌体材料

一、块材

1. 砖

（1）烧结普通砖

定义：烧结普通砖简称普通砖，指以黏土、页岩、煤矸石、粉煤灰为主要原料，经过焙烧而成的实心的或孔洞率不大于规定值且外形尺寸符合规定的砖，分烧结黏土砖、烧结页岩砖、烧结煤矸石砖、烧结粉煤灰砖等。

强度等级：MU30、MU25、MU20、MU15 和 MU10。

（2）非烧结硅酸盐砖

定义：以硅酸盐材料、石灰、砂石、矿渣、粉煤灰等为主要材料压制成型后经蒸汽养护制成的实心砖。常用的有蒸压灰砂砖、蒸压粉煤灰砖、炉渣砖、矿渣砖等。

蒸压灰砂砖简称灰砂砖，是以石灰和砂为主要原料，经坯料置备、压制成型、蒸压养护而成的实心砖。

注意：灰砂砖不能用于长期超过200℃、受急冷急热或有酸性介质侵蚀的部位。MU25、MU20、MU15 的灰砂砖可用于建筑基础及其部位，MU10 仅用于防潮层以上。

蒸压粉煤灰砖简称粉煤灰砖，又称烟灰砖，是以粉煤灰、石灰为主要原料，掺配适量的石膏和集料，经坯料制备、压制成型、高压蒸汽养护而成的实心砖。

粉煤灰砖的强度等级：与灰砂砖相同。

粉煤灰砖用于基础或易受冻融和干湿交替作用的建筑部位时，必须使用一等砖与优等砖。不得用于长期超过200℃、受急冷急热或有酸性介质侵蚀的建筑部位。

炉渣砖亦称煤渣砖，以炉渣为主要原料，掺配适量的石灰、石膏或其他集料制成。

矿渣砖以未经水淬处理的高炉炉渣为主要原料，掺配适量的石灰、粉煤灰或炉渣制成。

（3）烧结多孔砖

定义：烧结多孔砖简称多孔砖，是指以黏土、页岩、煤矸石或粉煤灰为主要原料，经焙烧而成的具有竖向孔洞（孔洞率不小于 25%，孔的尺寸小而数量多）的砖。其外形尺寸，长度 290、240、190mm，宽度 240、190、180、175、140、115mm，高度 90mm。型号有 KM1、KP1、KP2 三种。

强度等级：MU30、MU25、MU20、MU15 和 MU10。它主要用于承重部位。

2. 砌块

按尺寸可分为小型、中型、大型三类。

小型砌块：高度在 180 ～ 350mm 的砌块，便于手工砌筑，使用上也较灵活。

中型砌块：高度为 350 ～ 900mm。

大型砌块：高度大于 900mm。

砌块一般用混凝土或水泥炉渣浇制而成，也可用粉煤灰蒸养而成。主要有混凝土空心砌块、加气混凝土砌块、水泥炉渣空心砌块、粉煤灰硅酸盐砌块。

混凝土小型空心砌块的主规格尺寸为 390×190×190mm。

3. 石材

特点：石材抗压强度高，抗冻性、抗水性及耐久性均较好。

强度等级：共分 MU100、MU80、MU60、MU50、MU40、MU30、MU20 七级。

（1）料石

细料石通过细加工、外形规则，叠砌面凹入深度不应大于 10mm，截面的宽度、高度不应小于 200mm，且不应小于长度的 1/4。

半细料石规格尺寸同上，但叠砌面凹入深度不应大于 15mm。

粗料石规格尺寸同上，但叠砌面凹入深度不应大于 20mm。

毛料石外形大致方正，一般不加工或稍加修整，高度不应小于 200mm，叠砌面凹入深度不应大于 25mm。

（2）毛石

形状不规则，中部厚度不小于 200mm 的石材。

二、砂浆

1. 种类

（1）水泥砂浆

特点：强度高、耐久性和耐火性好，但其流动性和保水性差，相对而言施工较困难。

用途：常用于地下结构或经常受水侵蚀的砌体部位。

（2）水泥混合砂浆

除具有水泥砂浆的优点外，其流动性和保水性均较好。

（3）石灰砂浆

强度较低，耐久性也差，流动性和保水性较好，通常用于地上砌体。

（4）黏土砂浆

强度低，可用于临时建筑或简易建筑。

（5）混凝土砌块砌筑砂浆

它是由水泥、砂、水以及根据需要掺入的掺和料和外加剂等组成，按一定比例，采用机械拌和制成，专门用于砌筑混凝土砌块的砌筑砂浆。简称砌块专用砂浆，其强度等级用Mb 表示。

2. 强度等级

确定方法：由通过标准试验方法测得的边长为 70.7mm 立方体的 28d 龄期抗压强度平均值确定。

三、砌体材料的选用

五层及五层以上房屋的墙，以及受震动或层高大于 6m 的墙、柱所用材料的最低强度等级为：砖 MU10，砌块 MU7.5，石材 MU30，砂浆 M5。对安全等级为一级或设计使用年限大于 50 年的房屋，墙、柱所用材料最低强度等级应至少提高一级。

地面以下或防潮层以下的砌体，潮湿房间的墙，所用材料的最低强度等级应满足规范的规定。

第二节　无筋砌体构件的承载力计算

一、受压构件承载力

基于大量的试验研究结果，采用附加偏心距方法建立无筋砌体受压构件承载力的计算公式是原规范中的一项突破，其计算模式明确，概念清楚。新规范仍然采用了这一方法，并有进一步的完善和充实。

1. 对偏心距取值的修改

原规范规定轴向力的偏心距按内力标准值计算，与建筑结构可靠度设计统一标准的规定不完全相符，计算上亦不方便。为此新规范规定按内力设计值计算。计算所得轴向力的偏心距较原规范的要大些，使构件受压承载力下降，这对于适当提高构件的安全度是有利的。在常遇荷载情况下，由于偏心距计算结果的变化，引起承载力的降低将不超过 6%。

新规范还对偏心距提出了较严格的限值，即由原规范的 $e \leq 0.7y$ 修改为 $e \leq 0.6y$。有利于确保砌体构件在偏心受压时的安全，并防止产生过大的受力裂缝。原砌体规范中的承载力的影响系数公式，是基于在 $e/h > 0.3$ 时，计算值与试验结果的符合程度较差引入修正系数 $\left[1+6\dfrac{e}{h}\left(\dfrac{e}{h}-0.2\right)\right]$ 而得到的。即

$$\phi = \cfrac{1}{1+12\left\{\dfrac{e}{h}+\sqrt{\dfrac{1}{12}\left(\dfrac{1}{\phi_0}-1\right)}\left[1+6\dfrac{e}{h}\left(\dfrac{e}{h}-0.2\right)\right]\right\}^2} \tag{1}$$

新规范要求 $e \le 0.6y$，便可删除该修正系数，即取

$$\phi = \cfrac{1}{1+12\left[\dfrac{e}{h}+\sqrt{\dfrac{1}{12}\left(\dfrac{1}{\phi_0}-1\right)}\right]^2} \tag{2}$$

按上式计算，不仅符合试验结果，且使 ϕ 的计算得到简化。

综合上述变化，新规范的无筋砌体受压构件承载力与原规范承载力的计算结果基本接近，略有下调。但由于调整了偏心受压构件的应用范围，无疑提高了无筋砌体受压构件的安全性和适用性。由于要求 $e \le 0.6y$，工程中有的情况如山墙柱在风荷载作用下，可能难以满足，应引起注意。

2. 增加了双向偏心受压计算方法

按照应力叠加原理，双向偏心受压砌体构件截面受压边缘的最大压应力，应符合下式要求：

$$\sigma_{\max} = \frac{N}{A} + \frac{N_{eb}}{I_x}x + \frac{N_{eh}}{I_y}y \le f \tag{3}$$

得偏心影响系数

$$\alpha = \cfrac{1}{1+\dfrac{e_b}{i_x^2}x+\dfrac{e_h}{i_y^2}y} \tag{4}$$

根据试验结果对上式进行修正，得

$$\alpha = \cfrac{1}{1+\left(\dfrac{e_b}{i_x}\right)^2+\left(\dfrac{e_h}{i_y}\right)^2} \tag{5}$$

按照附加偏心距方法，计入轴向力在截面的重心轴 x，y 方向的附加偏心距 e_{ib}，e_{ih}，承载力影响系数为

$$\phi = \cfrac{1}{1+\left(\cfrac{e_b+e_{ib}}{i_x}\right)^2+\left(\cfrac{e_h+e_{ih}}{i_y}\right)^2} \qquad (6)$$

对于矩形截面构件

$$\phi = \cfrac{1}{1+12\left[\left(\cfrac{e_b+e_{ib}}{b}\right)^2+\left(\cfrac{e_h+e_{ih}}{h}\right)^2\right]} \qquad (7)$$

按边界条件得

$$e_{ib} = b\sqrt{\frac{1}{12}\left(\frac{1}{\phi_0}-1\right)}$$

$$e_{ih} = h\sqrt{\frac{1}{12}\left(\frac{1}{\phi_0}-1\right)}$$

依试验结果修正，采用

$$e_{ib} = \frac{b}{\sqrt{12}}\sqrt{\frac{1}{\phi_0}-1}\left(\frac{e_b/b}{e_b/b+e_h/h}\right) \qquad (8)$$

$$e_{ih} = \frac{h}{\sqrt{12}}\sqrt{\frac{1}{\phi_0}-1}\left(\frac{e_h/h}{e_b/b+e_h/h}\right) \qquad (9)$$

将式（8）（9）的计算结果代入式（7），便可算得无筋砌体矩形截面双向偏心受压构件承载力的影响系数，进而计算其承载力。

上述方法表明，双向偏心受压构件的承载力的计算在理论上和方法上与单向偏心受压的是一致的，并与单向偏心受压的计算公式相衔接。由于该方法首次列入规范，所采用的公式与试验结果相比较，留有较大的富余。

试验表明，当偏心距 $e_h < 0.3h$ 和 $e_b < 0.3b$ 时，砌体破坏时大多只产生竖向裂缝，而不出现水平裂缝。但当 $e_h \geq 0.3h$ 和 $e_b \geq 0.3b$ 时，随着荷载的增加，砌体内产生一条或多条水平裂缝，该裂缝的长度和宽度明显增大，且相继产生竖向裂缝。开裂后截面受拉区立即退出工作，受压区面积减小，构件刚度降低，纵向弯曲的不利影响随之增大。因此，当荷载偏心距很大时，不但构件承载力低，也很不安全，这已在单向偏心受压构件承载力的计算中得到体现。双向偏心受压较单向偏心受压更为不利，有必要将其偏心距限值规定得小些，为此要求宜控制 $e_h \leq 0.5y$ 和 $e_b \leq 0.5x$，其中 x，y 分别为自截面重心轴 x，y 至轴向力所在偏心方向截面边缘的距离。

新规范中的简化计算，即当一个方向的偏心率（如 e_b/b）不大于另一方向的偏心率（如 e_h/b）的 5% 时，可简化按另一方向的单向偏心受压（如 e_h/b）计算，这是基于其承载力的误差小于 5% 而提出的。

二、局部受压承载力

新规范在砌体局部受压承载力的计算上，作了下列修改。

1. 明确只采用一个梁端有效支承长度 a_0 的计算公式

原规范提供了下列两个计算公式，即

$$a_0 = 38\sqrt{\frac{N_l}{bftg\theta}} \qquad (10)$$

$$a_0 = 10\sqrt{h_c/f} \qquad (11)$$

式（10）为精确公式，式（11）为简化公式。应用时，往往取 $tg\theta=1/78$，则式（10）与式（11）同样属近似公式。考虑到两个公式的计算结果不相等，容易在设计计算上引起争议，况且 $tg\theta$ 取定值后反而与试验结果有较大误差，故新规范中明确只按式（11）进行计算。对于常用跨度的梁，式（11）与式（10）计算结果的误差在 15% 左右，对局部受压安全度的影响不大。

2. 对梁端下设有刚性垫块时砌体局部受压承载力计算方法的简化

梁端下设有预制混凝土刚性垫块与现浇刚性垫块时，其砌体的局部受压性能有些区别，因而原规范对设有预制刚性垫块（图 12-2-1（b））和现浇垫块时（图 12-2-1（c））采用了不同的计算方法。但由于刚性垫块下砌体局部受压可靠度较高，新规范为了简化计算，均采用前者的方法，即按图（图 12-2-1（d））计算。

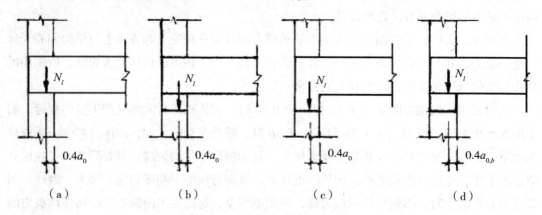

图 12-2-1 梁端有效支承长度

3. 提出了刚性垫块上表面的梁端有效支承长度的计算公式

原规范对于图 12-2-1（b）的情况，其 N_l 的作用点，以梁与砌体接触时的 a_0 确定，即采用图 12-2-1（a）计算得的 a_0 值。而对于图 12-2-1（c）的情况，亦采用梁与砌体接触时 a_0 确定，只是 $A_l=a_0b_b$，且在式（10）中以垫块宽度 b_b 代替梁宽 b 计算求得。

试验和有限元分析表明，垫块上、下表面的梁端有效支承长度不相等，前者小于后者，这对于垫块下砌体局部受压承载力的影响虽不大，但对该层墙体由于偏心距的增大，导致其受压承载力可能降低。为此新规范补充了刚性垫块上表面的梁端有效支承长度的计算公式，用以确定此时梁端支承压力 N_l 的作用位置。

根据试验和分析，垫块上、下表面的梁端有效支承长度有良好的相关性，垫块上表面的梁端有效支承长度 $a_{0,b}$（该符号系作者添加，以示与上述 a_0 的区别）（见图 12-2-1（d）），可按下式计算

$$a_{0,b} = \delta_1 \sqrt{\frac{N_l}{b_b f tg\theta}} \qquad (12)$$

简化为取

$$a_{0,b} = \delta_1 \sqrt{h_c / f} \qquad (13)$$

式中 δ_1 为刚性垫块影响系数。

4. 补充垫梁下砌体不均匀局部受压的计算方法

梁端下设有垫梁时，如工程上常将梁搁置在圈梁上，梁端支承压力 N_l 往往使砌体沿梁宽度产生不均匀局部受压，为此新规范引入垫梁底面压应力分布系数 $\delta_2=0.8$。

5. 砌体局部抗压强度提高系数的限值

对砌体局部抗压强度提高系数的限值，新、老规范的规定没有什么变化，但在计算上如何确定其限值，尤其是对梁端下带壁柱墙砌体的情况要正确判断。

三、受剪构件承载力

砌体结构中，对于墙体的受剪破坏机理及承载力的计算方法一直存在两种观点，即有主拉应力破坏理论和剪摩破坏理论之争。

大量试验表明，砌体墙在竖向荷载和水平荷载作用下，随块体和砂浆的强度以及垂直压应力等因素的变化将产生剪摩、剪压和斜压三种破坏形态。

为使砌体受剪构件承载力的计算更趋合理，新规范建立了以剪压复合受力影响系数表达的剪压相关的计算方法，公式形式上虽为剪摩模式，但实质上有较大的改进。

依据较大量的试验结果，经统计分析得

$$f_{v,m} = f_{v0,m} + \alpha\mu\sigma_{ok} \qquad (14)$$

式中 $f_{v,m}$ 为受压应力作用时砌体抗剪强度平均值，$f_{v0,m}$ 为无压应力作用时砌体抗剪强度平均值，α 为不同种类砌体的修正系数，μ 为剪压复合受力影响系数，σ_{ok} 为竖向压应力标准值。

研究结果表明，在 $\sigma_{ok}/f_m=0 \sim 0.6$ 区间内，随着 σ_{ok}/f_m 的增大砌体抗剪强度增大，而当 $\sigma_{ok}/f_m > 0.6$ 后，砌体抗剪强度迅速下降（12-2-2）。式（14）与试验结果吻合良好，并全面反映了上述三种破坏形态，为新规范所采纳。如对于砖砌体，式（14）中的 μ 取值如下：

$$\mu \begin{cases} 0.83 - 0.7\dfrac{\sigma_{ok}}{f_m} & (\dfrac{\sigma_{ok}}{f_m} \leqslant 0.8) \\[3mm] 1.69 - 1.775\dfrac{\sigma_{ok}}{f_m} & (0.8 < \dfrac{\sigma_{ok}}{f_m} \leqslant 1.0) \end{cases} \qquad (15)$$

经对可靠指标的分析，得

$$f_v = f_{v0} + \alpha\mu\sigma_{ok} \qquad (16)$$

$$\mu = 0.311 - 0.118\sigma_{ok}/f \qquad (17)$$

式中 f_v 为受压应力作用时砌体抗剪强度设计值，f_{v0} 为无压应力作用时砌体抗剪强度设计值，f 为砌体抗压强度设计值，σ_{ok} 为永久荷载标准值产生的水平截面平均压应力。

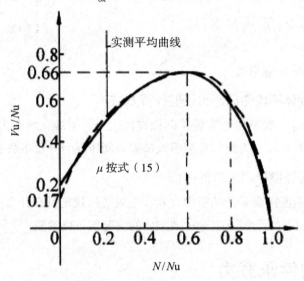

图 12-2-2 砌体 Vu/Nu-N/Nu 关系曲线

为了方便计算，改用设计值 σ_0 为表示 σ_{ok} 为，则应考虑 γ_G 为 $=1.2$ 和 $\gamma_G=1.35$ 两种荷载效应组合。据此，新规范建立的无筋砌体受剪构件的承载力，按下式计算：

$$V \leqslant (f_{v0} + \alpha\mu\sigma_0)A \qquad (18)$$

其中

$$\mu = \begin{cases} 0.26 - 0.082\sigma_0/f, (\gamma_G = 1.2) \\ 0.23 - 0.065\sigma_0/f, (\gamma_G = 1.35) \end{cases} \qquad (19)$$

为论述清楚起见，式（18）中符号 f_{v0} 则为添加符号，相应于规范中的 f_v。

在应用式（18）时，尚应注意下列二个问题：

（1）按规范规定，其轴压比 σ_0/f 不应大于 0.8，以防止墙体产生斜压破坏。

（2）式（18）和式（17）并未在抗震计算时得到应用。按照建筑抗震设计规范，砌体抗震时的抗剪强度设计值 $f_{vE}=\sigma$ 息 $\xi_N f_{v0}$。对于砖砌体，砌体抗震时抗剪强度的正应力影响系数 ξ_N 按主拉应力理论分析而得，对于混凝土小型空心砌块砌体，其 ξ_N 按剪摩理论分析而得。

第十三章　混凝土结构

第一节　钢筋与混凝土特征

一、钢筋的特性

1.钢筋种类

钢筋是我国应用最为广泛的建筑材料之一，从小到普通住宅，大到跨海大桥均将钢筋作为建设的主要材料，例如我国的首条跨海隧道——厦门翔安海底隧道在建设中便采用了大量的 HRB400 钢筋。目前，流通于我国市场上的钢筋种类有很多，不同的钢筋其结构性能也不相同，了解各种钢筋的分类显得尤为重要。钢筋的分类方式有很多中，不同的分类方式反映了钢筋不同的制造方式和使用功能，从而从根本上区别钢筋的性能特性。

钢筋按照轧制外形分可以分为以下四种：光圆钢筋、带肋钢筋、钢线（钢绞线）、冷轧扭钢筋。光圆钢筋为圆形截面，一般直径小于 1cm，长度为 6 ~ 12m，是目前应用最为广泛的钢筋；带肋钢筋一般分为螺旋形、人字形和月牙形三种，不同钢筋等级其截面选择也不相同。钢线（钢绞线）与冷轧扭钢筋通常应用于预应力构件中，因截面面积较大从而能够与其他材料紧密黏结。

钢筋按照直径大小还可以分为：钢丝（直径 3 ~ 5mm）、细钢筋（直径 6 ~ 10mm）、粗钢筋（直径大于 22mm）。

在建筑结构中，由于不同部位结构受力不同，钢筋所产生的作用也不相同，按照钢筋的作用可以分为：受压钢筋、受拉钢筋、架立钢筋、分布钢筋、箍筋等。受压钢筋位于结构的受压区域，主要承受压应力，同样，受拉钢筋位于结构的受拉区域，主要承受拉应力。架立钢筋的作用是固定箍筋位置，形成钢筋骨架。分布钢筋的作用是将承受的重量均匀地传给受力筋，并固定受力筋的位置，以及抵抗热胀冷缩所引起的温度变形。箍筋的作用是承受一部分斜拉应力，并固定受力筋的位置。

目前我国钢筋混凝土结构一般分为普通钢筋混个凝土结构和预应力钢筋混凝土结构，不同的结构所选择的钢筋也不相同。目前我国市场上常用的钢筋有热轧光圆钢筋、热轧带肋钢筋、冷拔螺旋钢筋、钢绞线等。在实际钢筋的选择过程中，应根据结构的使用要求并结合各种钢筋的特性进行选择。

2. 钢筋的特性

钢筋的应用主要由其本身的特性决定，钢筋的性能主要包括屈服点、抗拉强度、伸长率、冷弯性能等，这些性能均可以通过试验进行确定。

屈服点：当钢筋的应力超过屈服点以后，拉力不增加而变形却显著增加，将产生较大的残余变形时，以这时的拉力值除以钢筋的截面积所得到的钢筋单位面积所承担的拉力值，就是屈服点。

抗拉强度就是钢筋被拉断时所承受的最大拉应力值，该值可以称为钢筋的极限抗拉强度。钢筋的抗拉强度可以反映钢筋在到达屈服点后的强度储备，并对结构承受反复荷载具有直接影响。钢筋的抗拉强度与钢筋的含碳量有关，含碳量少，其抗拉强度就较低。

伸长率是应力一应变曲线中试件被拉断时的最大应变值，又称延伸率，它是衡量钢筋塑性的一个指标，与抗拉强度一样，也是钢筋机械性能中必不可少的保证项目。伸长率越大钢筋的塑形变形能力就越高。

钢筋的冷弯性能是产生钢筋在常温下加工产生塑性变形时对裂缝的抵抗能力。它可以反映钢筋承受弯曲变形的能力。

钢筋的屈服点、抗拉强度、伸长率、冷弯性能展现了钢筋良好的塑形和抗拉性能，同时也反映了其抗压能力和抗变形能力的不足。

二、混凝土性能

1. 混凝土的组成

混凝土是应用最为悠久的建筑材料之一，通常是指指由胶凝材料将集料胶结成整体的工程复合材料的统称。目前最常用的混凝土是以水泥作为胶凝材料，以砂、石作为集料并掺加一定的水和外加剂组合而成的混合物。

混凝土的组成主要有胶凝材料、集料、水、外加剂。胶凝材料分为有机胶凝材料和无机胶凝材料。无机胶凝材料混凝土包括石灰硅质胶凝材料混凝土、硅酸盐水泥系混凝土、钙铝水泥系混凝土、石膏混凝土等。有机胶凝材料混凝土包括沥青混凝土和聚合物水泥混凝土、树脂混凝土、聚合物浸渍混凝土等。

2. 凝土的特性

混凝土之所以能够得到广泛的应用主要因为其自身特性所致，混凝土的特性主要有以下几点：（1）混凝土具有良好的和易性。和易性主要包括流动性、黏聚性和保水性三个方面。良好的和易性能够保证混凝土与其他结合材料紧密胶结，增加了不同材料之间的摩擦力，提高了结构的整体性；（2）较高的抗压强度。强度是混凝土硬化后的最重要的力学性能，混凝土结构具有较高的抗压强度，从而保证结构具有足够的承载能力。混凝土也根据其抗压强度不同分为 19 个等级；（3）较大的抗变形能力。混凝土具有较大的抗变形能力从而保证了结构具有较大刚度，保证了结构的稳定性；（4）耐久性。混凝土的耐久性是其在使用过程中抵抗各种破坏因素作用的能力，混凝土耐久性的好坏，决定混凝土工程的寿命。耐久性通常包括耐腐蚀性、抗冻性、耐高温性等。在一般情况下，混凝土具有良好的耐久性。

第二节　混凝土结构墙体的裂缝分析

一、钢筋混凝土结构构件裂缝分析

判明是结构性裂缝还是非结构性裂缝：钢筋混凝土结构产生裂缝的原因很多，对结构的影响差异也很大，只有弄清结构受力状态和裂缝对结构影响的基础上，才能对结构构件进行定性。结构性裂缝多是由于结构应力达到限值，造成承载力不足引起的，是结构破坏开始的特征或是结构强度不足的征兆，是比较危险的，必须进一步对裂缝进行分析。非结构性裂缝往往是自身应力形成的，如温度裂缝、收缩裂缝，对结构承载力的影响不大，可根据结构耐久性、抗渗、抗震、使用等方面要求采取修补措施。

例如某学校活动房，跨度 12m，单层框架结构，1999 年 12 月竣工，根据现建设方发现框架梁出现不同程度的裂缝，委托安全鉴定。现场调查情况，框架梁裂缝普遍存在，裂缝的特点：大都出现在梁的上半部，裂缝上宽下窄，中间宽两边细，最大裂缝宽度为 0.35mm。通过对设计资料及施工内业的检查，设计无误，为施工原因。经过综合分析，判明为温度裂缝，属非结构性裂缝，不影响结构承载能力，但影响结构耐久性，应采取措施消除温差影响，再用压力灌浆修补裂缝即可。

（1）判明结构性裂缝的受力性质：结构性裂缝，根据受力性质和破坏形式进一步区分为两种：一种是脆性破坏；另一种是塑性破坏。脆性破坏的特点是事先没有明显的预兆而突然发生，一旦出现裂缝，对结构强度影响很大，是结构破坏的征兆，属于这类性质裂缝的有受压构件裂缝（包括中心受压、小偏心受压和大偏心受压的压区）、受弯构件的受压区裂缝、斜截面裂缝、冲切面裂缝以及后张预应力构件端部局压裂缝等。脆性破坏裂缝是危险的，应予以足够重视，必须采取加固措施和其他安全措施。塑性破坏的特点是事先有明显的变形和裂缝预兆，人们可以及时采取措施予以补救，危险性相对稍小。属于这类破坏的受力构件的裂缝有：受拉构件正截面裂缝、受弯构件和大偏心受压构件正截面受拉区裂缝等。此种裂缝是否影响结构的安全，应根据裂缝的位置、长度、深度以及发展情况而定。如果裂缝已趋于稳定，且最大裂缝宽度未超过规范规定的容许值，则属于允许出现的裂缝，可不必加固。例如某办公楼，四层二跨框架结构，跨度 5m 及 7m，建于 1994 年，2000 年 6 月将此房改作制衣车间，使用不久，部分梁出现裂缝，委托进行安全分析。经现场调查，发现梁的裂缝均出现在梁的两端，为约 45° 的斜裂缝，且混凝土的质量较差。采用取芯法对其强度进行检测，其强度等级仅为 C12，而设计强度等级为 C20，二者相差较大，通过验算，梁处于超筋状态，属脆性破坏裂缝，应予立即加固。先采用压力灌浆对裂缝进行加固处理，然后采用加大截面方法对其进行加固处理，确保其安全使用。

（2）查明裂缝的宽度、长度、深度：钢筋混凝土结构构件的裂缝按其表征可分三种：一是表面细小裂缝，即缝宽很小，长度短而浅；二是中等裂缝，其宽度在 0.2mm 左右，长度局限在受拉区，裂缝已深入结构一定深度；三是贯穿性裂缝，缝宽超过 0.3mm，长度伸到受压区，裂缝已贯穿整个截面或部分截面。结构性裂缝不仅表征结构受力状况，还会影响结构的耐久性。裂缝宽度愈大，钢筋愈容易锈蚀，意味着钢筋和混凝土之间握裹力已完全破坏，使用寿命已近终结。一般室内结构，横向裂缝导致钢筋锈蚀的危险性较小，裂缝以不影响美观要求为度。而在潮湿环境中，裂缝会引起钢筋锈蚀，裂缝宽度应小于 0.2mm，但纵向缝易引起钢筋锈蚀，并导致保护层剥落，影响结构的耐久性，应予处理。当裂缝长度较长，深度较深，严重影响构件的整体性，往往是破坏征兆。例如受弯构件正截面梁底出现裂缝，裂缝长度向受压区发展，并到达或超过中和轴，是比较危险的，若缝长较短，局部在受拉区，一般危险性较小。裂缝深度也是表征之一，通常表面裂缝多是非结构性裂缝，贯穿性裂缝多是结构性裂缝，容易使钢筋锈蚀，危险性较大，应查明原因，根据危险性，采取必要的加固措施。

（3）判明裂缝是发展的还是稳定的：钢筋混凝土结构构件裂缝按其长度保持恒定不扩展性质通常分三种：一是稳定裂缝，即裂缝的宽度不变；二是活动性裂缝，该裂缝的宽度和长度随着受荷状态和周围温度、湿度变化而变化；三是发展裂缝，裂缝的宽度和长度随着时间增长而增长。钢筋混凝土结构在各种荷载作用下，一般在受拉区允许在裂缝出现下工作，也就是说裂缝是不可避免的，只要裂缝是稳定的，其宽度不大，符合规范要求，并无多大危险，属安全构件。但裂缝随时间不断扩展，说明钢筋应力可能接近或达到极限，对承载力有严重的影响，危险性较大，应及时采取措施。

二、钢筋混凝土结构构件变形的分析

结构在长期使用中，由于荷载、温度、湿度以及地基沉陷等影响，将导致结构变形和变位。变形不但对美观和使用方面有影响，且对结构受力和稳定也有影响。较大变形往往改变了结构的受力条件，增大受力的偏心距，在构件断面、连接节点中产生新的附加应力，从而降低构件的承载能力，引起构件开裂，甚至倒塌。结构变形的测定项目应针对可疑迹象，根据测定的要求、目的加以选择，但最大的挠度和位移必须检测。变形的量测应与裂缝量测结合起来，结构过度的变形，可产生对应的裂缝，过大的裂缝又可扩大结构的变形。因此，结构变形情况如何，往往是反映出结构工作是否正常的重要标志，是结构构件安全鉴定的重要内容。另一方面还需看变形是稳定的还是发展的，变形发展很慢或基本稳定是正常的，若变形发展很快，变形速度逐渐增大或突然增大，即是异常的现象，应引起注意，通常意味着结构可能破坏，应立即采取措施确保建筑安全。结构过度变形是结构刚度不足或稳定性不足的标志，它并不直接反映结构的强度。影响结构变形的主要因素，如断面尺寸、跨度、荷载、支座形式、材料质量等，也影响到结构的强度。因此进行安全鉴定时，还应和裂缝、结构构件稳定等结合考虑。

第十四章　钢结构

第一节　钢结构的特点及应用

我国自 1949 年新中国成立后，钢结构就在大跨重型工业厂房、大型公共建筑和高耸结构中得到应用。但由于受到钢产量的制约，在其后的很长一段时间内，钢结构被限制使用在其他结构不能代替的重大工程项目中，在一定程度上，影响了钢结构的发展。随着我国国民经济的不断发展和科学技术的进步，以及钢结构在建筑中有很多优秀特点，钢结构在我国的应用范围也在不断扩大。

一、钢结构的特点

1. 经济性

钢结构建筑采用先进的设计和加工工艺以及大规模的机械化流水线生产作业方式，所以可大大地降低造价。同时由于安装简单迅速而节省大量的施工费用，并使企业或开发商得以更快投产见效。

传统的钢筋混凝土建筑土建费用高，且工期较长，易受不可预料因素的影响，如季节性施工，材料价格上涨等等。

2. 施工进度

钢结构建筑适合流水线的批量生产，且加工及安装基本不受冬季施工的影响。能够快速地交货和安装，工程可短时间安装完成。

传统的钢筋混凝土结构受到工序及季节性施工的制约，施工速度较慢。

3. 承载能力

钢材强度高，结构重量轻，钢与砖石和混凝土相比，虽然密度较大，但强度更高，故其密度与强度的比值较小，承受同样荷载时，钢结构要比其他结构轻。例如，当跨度和荷载均相同时，钢屋架的重量仅为钢筋混凝土屋架的 1/3 ~ 1/4，冷弯薄壁型钢屋架甚至接近 1/10。为运输和吊装提供了方便。由于钢构件常较柔细，因此稳定问题比较突出，应给予充分注意。钢结构建筑重量通常仅相当于其设计承载能力的 1/6，构件重量大大轻物钢筋混凝土构件。

传统的钢筋混凝土建筑，其结构本身的重量往往等于其设计承载能力，预制构件重，对吊装的设备要求较高。

4. 基础造价

钢结构建筑由于结构重量轻，柱底反力较小，从而节省大量的地基处理费用。传统的钢筋混凝土建筑，由于本身结构自重复杂，因而基础处理较复杂。在不良土质情况下，基础的造价甚至占到总造价的一半以上。

5. 抗震性

钢结构建筑在破坏前有较大的变形，易于觉察和躲避。同时，由于重量轻和节点力学特性，钢结构建筑具有好的抗震性能。

传统的钢筋混凝土建筑基于混凝土的材料特性，钢筋混凝土建筑与轻钢结构相比更易产生脆性破坏，且抗震性能要明显低于钢结构建筑。

6. 大空间及平面布置

钢结构建筑内部空间宽敞，最多可以达到60米的跨度。可较轻松地进行扩建和改建，可灵活布设各种工业管线。

传统的钢筋混凝土建筑跨度受限制，必须采用预应力等技术才能达到15米以上跨度，内部空间布置受限制，柱多，空间浪费大。建成后，较难改动其结构。结构设计与其他专业配合较为复杂。

7. 移动性

钢结构建筑可采用螺栓连接，只需不多费用就可以很容易地被拆散、转移和易地组装，有很强的移动性。传统的钢筋混凝土建筑基本上不存在移动的可能性。

8. 美观性

钢结构建筑诸如何网架结构等，具有较强烈的时代感和多变的外表，适于表达建筑师的想象。

传统的钢筋混凝土建筑，尤其是工业建筑，开工比较单一、呆板缺少变化。

9. 抗腐蚀性和耐火性

钢结构建筑如果长期暴露于空气或潮湿的环境中而未加有效的防护时，表面就会锈蚀。锈蚀就能引起应力集中，促使结构早期破坏。钢结构建筑耐热不耐火，由于钢材的特性，钢结构在450℃～650℃就会失去承载能力。一般未加保护的钢结构耐火性很低，就需要采取保护措施，从而大大增加费用。

传统的钢筋混凝土结构具有较强的抗腐蚀性和较强的耐火性。从这方面讲，钢筋混凝土结构建筑的经济性较好。

10. 钢结构的低温冷脆倾向

由厚钢板焊接而成的承受拉力和弯矩的构件及其连接节点，在低温下有脆性破坏的倾向，应引起足够的重视。

11. 钢材的可重复使用性

钢结构加工制造过程中产生的余料和碎屑，以及废弃和破坏了的钢结构或构件，均可回炉重新冶炼成钢材重复使用。因此钢材被称为绿色建筑材料或可持续发展的材料。

12. 良好的加工性能和焊接性能

钢材具有良好的冷热加工性能和焊接性能，便于在专业化的金属结构厂大批量生产出精度较高的构件，然后运至现场，进行工地拼接和吊装，既可保证质量，又可缩短施工周期。

二、钢结构的应用

1. 大跨结构

结构跨度越大，自重在荷载中所占的比例就越大，减轻结构的自重会带来明显的经济效益。钢材强度高结构重量轻的优势正好适合于大跨结构，因此钢结构在大跨空间结构和大跨桥梁结构中得到了广泛的应用。所采用的结构形式有空间桁架、网架、网壳、悬索（包括斜拉体系）、张弦梁、实腹或格构式拱架和框架等。

2. 工业厂房

吊车起重量较大或者其工作较繁重的车间的主要承重骨架多采用钢结构。另外，有强烈辐射热的车间，也经常采用钢结构。结构形式多为由钢屋架和阶形柱组成的门式刚架或排架，也有采用网架做屋盖的结构形式

3. 受动力荷载影响的结构

由于钢材具有良好的韧性，设有较大锻锤或产生动力作用的其他设备的厂房，即使屋架跨度不大，也往往由钢制成。对于抗震能力要求高的结构，采用钢结构也是比较适宜的。

4. 多层和高层建筑

由于钢结构的综合效益指标优良，近年来在多、高层民用建筑中也得到了广泛的应用。其结构形式主要有多层框架、框架—支撑结构、框筒、悬挂、巨型框架等。

5. 高耸结构

高耸结构包括塔架和桅杆结构，如高压输电线路的塔架、广播、通信和电视发射用的塔架和桅杆、火箭（卫星）发射塔架等。

6. 可拆卸的结构

钢结构不仅重量轻，还可以用螺栓或其他便于拆装的手段来连接，因此非常适用于需要搬迁的结构，如建筑工地、油田和需野外作业的生产和生活用房的骨架等。钢筋混凝土结构施工用的模板和支架，以及建筑施工用的脚手架等也大量采用钢材制作。

7. 容器和其他构筑物

冶金、石油、化工企业中大量采用钢板做成的容器结构，包括油罐、煤气罐、高炉、热风炉等。此外，经常使用的还有皮带通廊栈桥、管道支架、锅炉支架等其他钢构筑物，海上采油平台也大都采用钢结构。

8. 轻型钢结构

钢结构重量轻不仅对大跨结构有利，对屋面活荷载特别轻的小跨结构也有优越性。因为当屋面活荷载特别轻时，小跨结构的自重也成为一个重要因素。冷弯薄壁型钢屋架在一定条件下的用钢量可比钢筋混凝土屋架的用钢量还少。轻钢结构的结构形式有实腹变截面门式刚架、冷弯薄壁型钢结构（包括金属拱形波纹屋盖）以及钢管结构等。

从以上几个方面的对比可以看出，钢混结构建筑比传统的钢筋混凝土建筑更具有优越性，尤其是在工业建筑方面。我市"期货大厦""大连中心裕景""大连地铁站及体育馆"都很好地证明钢结构越来越被人重视，越来越被人们所采用，充分体现了钢结构的优越性。但是制约钢结构建筑发展的一个最主要原因是钢结构的防护和维修。对现有的工程，通过常规的方法，劳动强度将会非常繁重，但不易做到彻底除锈。相信随着我国经济的飞速发展和科学技术的不断进步，钢结构建筑将会更加广泛地被采用。今后发展的趋势钢结构建筑将会更加广泛地被采用。今后发展的趋势是钢结构建筑和钢筋混凝土建筑组成的一种新新型组合建筑，从而各自的优势，取得更好的效果。

第二节　钢结构基本构件的设计

我国的钢结构科学技术和工程建设正处在蓬勃发展时期。现在计算机辅助设计十分普遍，但是钢结构设计并不完全依赖电脑计算的结果。这就要求设计人员必须掌握与此相关的各种知识。

一、轴心受力构件

1. 应用和截面形式

轴心受力构件分轴心受拉和轴心受压两种，前者简称为拉杆，后者简称为压杆，但当压杆为竖向构件并用以支撑屋盖或楼盖等时则常称为柱，或轴心受压柱。轴心受力构件广泛应用于各种平面和空间桁架（包括塔架和网架）中，是组成桁架的主要承重构件。轴心受压构件还常用作支承其他结构的承重柱。此外，各种支撑系统中的构件也都是按轴心受力考虑。

轴心受力构件的截面有多种形式。选型时要注意：（1）形状应力求简单，以减少制造工作量；（2）截面宜具有对称轴，使构件有良好的工作性能；（3）要便于与其他构件连接；（4）在同样截面积下应使其具有较大的惯性矩，亦即构件的材料宜向截面四周扩展，从而减小构件的长细比；（5）尽可能使构件在截面两个主轴方向为等刚度。

常用的截面形式为轧制型钢截面，制造工作量最少是其优点。圆钢因截面回转半径小，只宜作拉杆；钢管常在网架中用作以球结点相连的杆件，也可用作桁架杆件，不论是用作拉杆或压杆，都具有较大的优越性，但其价格较其他型钢略高；单角钢截面两主轴与角钢边不平行，如用角钢边与其他构件相连，不易做到轴心受力，因而常用于次要构件或受力不大的拉杆；轧制普通工字钢因两主轴方向的惯性矩相差较大，对其较难做到等刚度，除非沿其强轴 x 方向设置中间侧向支点。热轧 H 型钢由于翼缘宽度较大，且为等厚度，常用作柱截面，可节省制造工作量。热轧剖分 T 型钢可用作桁架的弦杆，可节省连接用的结点板。

在冷弯薄壁型钢中，常用作轴心受力构件截面的形式，其设计应按《冷弯薄壁型钢结构技术规范》进行。

2. 破坏方式及计算内容

拉杆的破坏主要是钢材屈服或被拉断，两者都属于强度破坏。压杆的破坏则主要是由于构件失去整体稳定性（或称屈曲）或组成构件的板件局部失去稳定性；当构件上有螺栓孔等使截面有较多削弱时，也可能因强度不足而破坏。因此，对压杆通常要计算构件的整体稳定性、组成构件的局部稳定性和截面的强度三项，而对拉杆只要计算强度一项。这些计算内容，都属于按承载能力极限状态计算，计算时应采用荷载的设计值。

轴心受力构件在正常使用状态下的最大伸长或压缩应变通常为千分之一左右，其值甚小。因此，对轴心受力构件并不要求验算其轴向变形。但轴心受力构件如果过分细长，则在制造、运输和安装时很易弯曲变形；在构件不是处于竖向位置时，其自重也常可使构件产生较大的挠度；对承受动力荷载的构件还将产生较大的振幅。

3. 截面设计

拉杆截面的设计较为简单。在选定了构件截面形式和所用钢材的牌号后，即可根据构件的内力设计值 N 和构件在两个方向的计算长度 l_{0x} 和 l_{0y} 按强度和刚度求得需要的构件截面面积和必须具有的回转半径 ix 和 iy 由型钢表上选取采用的截面尺寸，然后分别验算截面的强度和刚度。压杆截面的设计首先是选定截面形式，务使所设计的压杆截面用钢量最省，制造简单和便于与其他构件相连接。实腹式轴压柱的常用截面在我国过去由于热轧 H 型钢还未投产，因而主要是焊接工字形和焊接箱形截面。

二、受弯构件

1. 应用和类型

（1）应用

受弯构件也称梁，在钢结构中是应用较广的一种基本构件。在房屋建筑领域内，钢梁主要用于多层和高层房屋中的楼盖梁、工厂中的工作平台梁、吊车梁、墙架梁以及屋盖体系中的檩条等。在其他土木建筑领域内，受弯构件也是很重要的基本构件，如各种大跨度桥梁中的桥面系，水工结构中的钢闸门等也大多由钢交叉梁系构成。

（2）类型

梁主要用以承受横向荷载，梁截面必须具有较大的抗弯刚度，因而其最经济的截面形式是工字形（含 H 形）或箱形，某些次要构件如墙架梁和檩条等也可采用槽形截面。按支承情况，有单跨简支、多跨连续和两端固定梁等。单跨简支梁在制造、安装、修理和拆换等方面均较方便，且内力又不受温度变化或支座沉陷等的影响，在钢梁中应用最多。

按制作方法，有型钢梁和板梁两大类。型钢梁由热轧型钢制成，主要包括热轧 H 型钢、热轧普通工字钢和热轧普通槽钢。热轧型钢由于轧制条件的限制，其腹板厚度一般偏大，用钢量可能较多，但制造省工，构造简单，因而当可用型钢梁时应尽量采用之。板梁常称为组合梁，组合梁的意思是说其截面由钢板组合而成，为了避免在名称上与钢和混凝土组合梁相混淆，这里称前者为板梁。板梁主要由钢板组成，有工字形板梁和箱形板梁两大类。目前绝大多数板梁是焊接而成，也有荷载特重或抵抗动力荷载作用要求较高的少数梁可采用高强度螺栓摩擦型连接。由于工字形板梁的腹板厚度可以选得较薄，可减少用钢量。中型和重型钢梁除采用热轧 H 型钢外常采用焊接工字形板梁。当荷载较大且梁的截面高度受到限制或梁的抗扭性能要求较高时，可采用箱形截面板梁。

2. 计算内容

受弯构件应计算的内容较多，首先是下列五项：（1）截面的强度；（2）构件的整体稳定；（3）构件的局部稳定；（4）腹板的屈曲后强度；（5）构件的刚度—挠度。通过上述计算可确定所选构件截面是否可靠和适用。五项内容中前四项属按承载能力极限状态的计算，需采用荷载的设计值。第五项为按正常使用极限状态的计算，计算挠度时按荷载标准值进行。受弯构件常承受动力荷载的重复作用，按规范的规定当应力变化的循环次数等于或大于 5×10^4 次时，应进行疲劳计算。

三、拉弯构件和压弯构件

1. 应用和类型

同时承受弯矩和轴心拉力或轴心压力的构件称为拉弯构件或压弯构件。承受节间荷载的简支桁架下弦杆是拉弯构件的典型例子。压弯构件的应用广泛，例如承受节间荷载的简支桁架上弦杆、单层厂房的框架柱、多层和高层房屋框架的柱子等都是常见的压弯构件，其应用远较拉弯构件和前面讲述的轴心受压构件为广泛。在计算和设计方面，压弯构件较拉弯构件为复杂，因此以下主要介绍压弯构件，兼顾拉弯构件。

压弯构件常采用单轴对称或双轴对称的截面。当弯矩只作用在构件的最大刚度平面内时称为单向压弯构件，在两个主平面内都有弯矩作用的构件称为双向压弯构件。工程结构中大多数压弯构件可按单向压弯构件考虑。

2.计算内容

对单向压弯构件，根据其到达承载能力极限状态时的破坏形式，应计算其强度、弯矩作用平面内的稳定、弯矩作用平面外的稳定和组成板件的局部稳定。当为格构式构件时还应计算分肢的稳定。为了保证其正常使用，则应验算构件的长细比。对两端支承的压弯构件，当跨中有横向荷载时，还应验算其挠度。对拉弯构件，一般只需计算其强度和长细比，不需计算其稳定。但在拉弯构件所受弯矩较大而拉力较小时，由于作用已接近受弯构件，就需要验算其整体稳定；在拉力和弯矩作用下出现翼缘板受压时，也需验算翼缘板的局部稳定。这些当由设计人员根据具体情况加以判定。

可见，对钢结构的材料特性、钢结构的连接、钢结构基本构件的受力性能及其设计原理的进一步认识，其目的是认识钢结构的特点、受力性能，掌握钢结构基本构件和连接的设计方法，为进行较复杂钢结构的设计和研究打下基础。

第三节　钢结构连接与高强度螺栓施工技术

钢结构在目前的建筑工程项目中至关重要，而其连接质量则是衡量整个钢结构施工质量和工作效益的核心问题，其在施工中，施工质量的高低直接关系着建筑工程整体性和施工的经济效益，同时在施工的过程中根据其中存在的种种质量问题进行严格的处理与总结，使得其在施工的过程中各环节质量都能够满足工程整体施工质量要求，从而为工程施工项目提出一个系统全面的工程质量模式，进而工程效益奠定坚实的基础保障。

一、钢结构连接概述

钢结构连接主要指的是各个钢结构构件之间通过各种技术手段进行分析和总结，从而根据各种施工要求使得钢结构能够形成各种复杂的结构形态。其在目前的连接工作中主要的连接技术手段和方法焊接法、螺栓连接法、铆接法三种。其中目前我们最为常见的连接技术主要是指焊接以及螺栓连接技术，其在施工的过程中根据各种技术标准和施工手段进行总结和分析，针对其中存在的各种质量要求进行深入的完善与处理，并根据其中种种质量要求进行处理。在目前的螺栓连接中，我们又可以将其分为普通连接和高强度螺栓连接两种。其中普通的螺栓连接技术最早出现于18世纪中叶，而高强焊接技术则是与19世纪初期形成且开始使用的。其在应用的过程中存在着施工工艺简单、方便，施工可靠性能高、安全性能好以及施工强度高的优势而受到人们的广泛关注与普遍采用，且在目前的社会发展中，这种钢结构连接方法更是受到各个企业和相关施工单位的青睐与关注。

二、钢结构焊接方法选择

在钢结构制作的安装领域中，广泛使用的是电弧焊。在电弧焊中又以药皮焊条、手工焊条、自动埋弧焊、半自动与自动 CO_2 气体保护焊为主。在某些特殊场合，则必须使用电渣焊。

1. 手工焊：手工焊设备简单、操作方便，可以用于任何空间位置的焊接，但劳动强度大、效率低，它分为交流焊机和直流焊机，交流焊机是利用焊条与焊件之间产生的电弧热焊接，适用于焊接普通钢结构。直流焊机适用于焊接要求较高的钢结构，成本较高，电弧稳定。手工焊接的缺点是与焊工的技术水平与精神状态有较大的关系，容易受到影响，质量不稳定。

2. 埋弧自动焊：埋弧自动焊有成为电弧焊，是电弧在焊剂层下燃烧的一种焊接方法，效率高，质量好，操作技术要求低，劳动条件好，是大型构件制作中应用最广的高效焊接方法。适用于焊接长度较大的对接、贴角焊缝，一般是有规律的直焊缝。

3. 半自动焊：与埋弧自动焊基本相同，操作灵活，但使用不够方便。适用于焊接较短的或弯曲的对接、贴角焊缝。

三、高强度螺栓连接施工

栓连接分为普通螺栓连接和高强度螺栓连接，两者区别在于高强度螺栓是由强度较高的钢经过热处理制成，高强度螺栓施连接是目前与焊接并举的钢结构主要连接方法之一，高强度螺栓施工时，用特殊扳手拧紧螺栓，对其施加规定的预拉力。其特点是施工方便，可拆可换，传力均匀，接头刚性好，承载能力大疲劳强度高，螺母不易松动，结构安全可靠。

1. 一般要求

高强度螺栓工艺对材料要求很高，材料的合格与否关系到钢连接后的牢固程度，如果螺栓不合格或者受到污染，钢结构连接后容易出现松动、掉落等问题，影响建筑质量，因此在使用前，要对其性能做好检验，运输中轻装轻卸；工地储存要将其放置于干燥、通风、防雨、防潮的仓库，安装要按需领取，没有用完的要及时装回容器；安装中，接头摩擦面要清洁干燥。

2. 安装工艺

一个接头上螺栓连接，应从螺栓群中部开始，向四周扩展，逐个拧紧。扭矩型高强度螺栓的初拧、复拧、终拧，每完成一次应涂上相应的颜色或标记，以防漏拧。高强度螺栓应自由穿入螺栓孔内。一个接头多个高强度螺栓穿入方向应一致。垫圈有倒角的一侧应朝向螺栓头和螺母，螺母有圆台的一面应朝向垫圈。强度螺栓连接副在终拧以后，螺栓丝扣外露应为 2 ~ 3 扣，其中允许有 10% 的螺栓丝扣外露 1 扣或 4 扣。

3.紧固方法

高强度螺栓的紧固有两种方法，即大六角头高强度螺栓连接副紧固和扭剪型高强度螺栓紧固。大六角头高强度螺栓连接副一般采用扭矩法和转角法紧固：扭矩法分初拧和终拧两步，初拧使各层钢板充分密贴，终拧将螺栓拧紧；转角法也是两次拖拧，初拧使用短扳手，将螺母拧至构件，做下标记，终拧改用长扳手，从标记位置拧至终拧位置。扭剪型高强度螺栓紧固采用的扭剪型高强度螺栓尾部有梅花头，紧固采用专用扳手，将套筒套住螺母和梅花头，反方向旋转，然后拧断尾部，达到扭矩值

四、钢结构连接质量验收

钢结构连接质量，应符合《钢结构工程施工质量验收规范》（GB50205—2001）的规定。其质量验收，可按相应的钢结构制作工程或钢结构安装工程检验批的划分原则划，分为一个或若干个检验批进行。焊接中的关键问题是焊缝，常见的焊缝缺陷有裂纹、焊瘤、烧穿、弧坑、气孔、夹渣、咬边、未熔合、未焊透等，焊缝缺陷会削弱焊缝受力面积，缺陷处应力集中，会使连接强度、冲击韧性和冷弯性能受损。因此要做好焊缝质量检测。高强度螺栓施工要注意坚固性，使螺栓连接方式能达到预期的抗剪抗拉效果。

1. 焊缝质量检测。

钢结构焊缝质量应根据不同要求分别采用外观检查、超声波检查、射线探伤检查、浸渗探伤检查、磁粉探伤检查等。碳素结构钢应在焊缝冷却至环境温度，低合金结构钢应在焊接完成24小时以后，进行焊缝探伤检查。

2. 高强度螺栓连接副终拧检查。

大六角头高强度连接副应在完成1h后，48h内进行终拧扭矩检查。检查数量：按节点数抽查10%，且不应少于10；每个被抽查节点按螺栓数抽查10%，且不应少于2个。扭剪型高强度螺栓连接副终拧检查，是以拧掉梅花头为标志。

钢结构在现代建筑中是必不可少的部分，建筑的多样化要求在钢结构的连接上有牢固可靠的技术，钢结构焊接和搞强度螺栓施工是钢结构连接的主要方式，效率高、性能好、安全可靠，在建筑中得到了广泛的应用，效果良好。随着社会对建筑技术要求的不断提高和技术的日新月异，钢结构连接采用的焊接技术和高强度螺栓施工技术也将愈发完善。

第四节 钢桁架

近年来，我国建筑业有了突飞猛进的发展，一大批新技术、新工艺、新材料也被广泛应用，钢桁架轻型屋面板也是近几年才发展起来的一种新型轻质板材。它继承了传统钢筋

混凝土屋面板的承重方面的可靠性，又突破了传统混凝土屋面板的质量大等缺点。钢桁架轻型屋面板还具有保温、抗震等优点，是相对较为理想的屋面板材料。

一、钢桁架轻型屋面板适用范围

钢桁架轻型屋面板适用于轨道交通、工业厂房、仓储物流、大型公共建筑、体育场馆等钢结构建筑的屋面。

二、钢桁架轻型屋面板的特点

1. 创新性高

钢桁架轻型屋面板是近几年才发展起来的一种新型屋面板材料，它体现建材市场的主流方向，技术处于领先水平，已形成一套完整的加工、制作、安装施工体系。

2. 材料新颖

钢桁架轻型屋面板具有质轻、高强、抗震等优点，是理想的新型屋面材料。成品钢桁架屋面板自重仅为 $0.5 \sim 0.75 KN/m^2$，仅为传统屋面自重的 $1/4 \sim 1/3$。采用钢桁架轻质芯材的组合结构，保持了传统钢筋混凝土板安全度高的优点允许外加荷载值 $\geqslant 1.0 KN/m^2$。荷载安全不怕积雪。钢桁架轻型屋面板是直接与钢梁或钢柱焊接连接，结构稳定性强，能有效达到抗震的效果。由于在施工过程中不需要钻孔连接，直接杜绝了钻孔连接产生的孔洞漏水等问题。

3. 施工简便快捷

由于钢桁架轻型屋面属于预制屋面板，其重量又比其他材料要轻便，因此施工起来快捷方便，施工环节也比其他材料要少，平均单班每天安装可达 $1000m^2$。减少了施工作业时间及机械台班时间，缩短屋面部分 $2/3$ 的施工周期，节约项目成本。

4. 适用性高

钢桁架轻型屋面板由于是厂家预制定做，屋面板的规格尺寸可根据现场实际情况进行确认再有厂家进行加工制作，适用于跨度不同或有反水台等钢结构构造。

三、钢桁架轻型屋面板的构造原理

钢桁架屋面板构造比较简单，主要由抗冲击上面层、保温隔热层、承重钢桁架、内装饰层四部分组成，每一层分别承担不同的作用。

（1）抗冲击面层由水泥基符合抗渗图层和水泥珍珠岩保温砂浆构成，形成一定的强度，能有效抗击屋面所承受的压力及冲击力，其面层还可以直接铺贴防水卷材并能很好地与防水卷材黏合，防水作业简便快捷。（2）保温隔热层是内部填充的阻燃发泡聚乙烯材料，是钢桁架轻型屋面板轻质的主要原因，还能很好地起到保温隔热的作用，同时它的阻燃性也提高了屋面的耐火性，其耐火极限达到 2 小时。（3）承重钢桁架由 50×50×3 角钢焊接而成，分为上下两层又相互连接，是屋面板的主要承重结构，纵横钢桁架组合可以有效地传递厂房钢结构受到的水平力，还可以把厂房钢结构上部所受的力传递到下部的梁或柱，保证了厂房钢结构的稳定性。（4）内装饰层在结构上没有承重等作用，其表面平整可在上部粘贴壁纸或图画，主要用于美观。

四、钢桁架轻型屋面板的工艺流程

1. 施工前准备工作

（1）钢桁架轻型屋面板在进场时要检查屋面板的强度、外观完整性、出厂合格证是否符合要求，对于外观严重损坏或出厂合格证不符合要求的，一律退回厂家不得使用，并依照施工图检查屋面板的规格、型号。（2）准备现场施工所需要的工具、材料。主要有钢尺、红蓝铅笔、墨盒、吊车（包括吊索、卡环等）、撬棍、铁锤、不同厚度的钢垫板、电焊工器具、气焊工器具等，并保证所用工具材料性能良好。（3）在安装屋面板之前，先用墨盒在梁柱上弹出屋面板的安装控制线作为安装时矫正的标志，并检查轴线、标高偏差，不符合的进行整改。（4）检查吊装用起重设备，保证其性能良好、灵活运转。

2. 屋面板安装

（1）屋面板采用吊钩进行吊装，吊钩挂紧屋面板的四个角，防止屋面板倾斜变形，吊装过程中必须单块起吊，防止上部过重致屋面板弯折。（2）屋面板的安装顺序应从结构一端开始。对于跨度较小、在吊车起吊半径之内的屋面，应采用直接吊装到位的方法进行安装。对于跨度较大，超出吊车起吊半径的屋面，需先起吊至屋面，在上弦杆或屋面板上铺设专用轨道，采用专用水平运输运至安装位置后，再用安装机械进行安装。(3)屋面板按照事先弹好的安装控制线吊装就位后，施工人员应用撬棍等辅助工具将板调整至结构单元格中部，并保证相邻的两块板在接缝处处于同一个平面，不在同一平面可采取钢垫板进行衬垫，然后将屋面板与结构之托进行焊接。每块板与结构之托不少于三点连接。

3. 检查验收并拼缝

屋面板安装完成后报甲方、监理检查验收，经验收合格后，即可进行拼缝。拼缝应采用聚苯乙烯及聚合物砂浆，首先将屋面板缝隙下面用木板挡住，防止砂浆漏出，再将混合好的砂浆缓缓倒入屋面板缝之中，用细钢筋进行振捣，待凝固后拆除木板。在施工过程中应保证砂浆与屋面板的结合良好、表面平整、结合部位顺滑。

五、钢桁架轻型屋面板的成品保护

（1）钢桁架轻型屋面板由于其结构强度较低的原因，屋面板表面不得作为其他工种的作业面，不得在其表面上堆放沙、石、水泥等物品，如必须放置，则需铺垫木板以分散材料堆放所产生的集中荷载，不得在其表面上直接搭设脚手架。（2）任何人员不能在屋面板表面跳跃，作业人员在屋面板上行走时尽量踩踏下部有钢梁或钢柱承重的部位，不能用任何物体撞击、砸、碰其表面，不得在屋面板抛扔任何工具和材料，防止破坏抗冲击力面层。（3）不得在屋面板表面直接使用气焊切割其他材料，如必须使用则需采用隔离措施，不得是气焊火焰直接接触屋面板表面，防止内部保温隔热层受到损坏。（4）不得在屋面板表面直接运输任何物品，如必须运输则需在屋面板表面铺设跳板或垫板，将集中荷载分散后方可进行，防止集中力破坏承重钢桁架的稳定性。

六、钢桁架轻型屋面板的质量控制

施工应符合设计要求及《钢结构施工质量验收规范》（GB50205—2001）和《屋面工程质量验收规范》（GB50207—2012）。

（1）屋面板起吊时应采用单块起吊方式进行，在起吊时，应保证起吊过程中平稳进行，防止速度过快出现摆动撞击。在构件吊装前要平整好场地，修好道路，按照构件吊装的方法要求，确定预制构件进场的排放顺序和位置，争取做到最安全、最快捷、最小回转半径一次吊装就位。（2）安装屋面板相邻两块板在接缝处的高差应≤7mm，如相邻两板不在同一平面，需加钢垫板找平后再经行焊接。（3）吊装就位后，屋面板与屋架连接采用三点连接，焊缝高度大于3mm，焊缝长度大于30mm。（4）钢骨架轻型屋面板上不得随意开洞，孔洞 D ≥ 200 ㎜的应在制作时预留，板面处的外观损坏应及时进行修补，修补材料可采用玻纤聚合物砂浆进行修补，且不得破坏内部保温隔热层及承重钢桁架。（5）安装完成后，将板缝内杂物清理干净，灌缝材料采用1∶10聚合物砂浆及珍珠岩配制的砂浆上下两表面间缝隙进行嵌缝，板缝上面抹平。

第十五章　基础结构

第一节　地　基

一、建筑工程地基处理技术的现状

建筑工程传统的地基处理技术主要包含高压喷射技术、桩地基技术、强夯方法，但是单一的地基处理技术无法达到目前建筑物对地基的需求，当前大多数采取多地基处理技术有机结合的技术进行地基的建设：

1. 碎石桩地基处理技术和强夯地基处理技术相结合

在实际运用时强夯地基处理技术通常会与碎石桩地基处理技术相结合，这类技术的实施要点是在填土层对碎石的桩体进行处理（为了使地基坚固同时和适宜的夯实点相连接），后把碎石桩用冲击力击破（致使碎石进入护土层），使地基形成硬壳层，从而满足地基所需要的强度。

2.CFG 桩地基处理技术和碎石桩地基处理技术相结合

CFG 桩地基处理技术和碎石桩地基处理技术相结合的原因主要是单一的碎石桩的承载能力不够，所以采用 CFG 桩替代碎石桩为建筑物地基提供所需的承载能力，从而达到提升桩基承载能力的目的。

3. 粉喷桩地基处理技术和 CFG 桩地基处理技术相结合

粉喷桩地基处理技术和 CFG 桩地基处理技术相结合的主要目的是要运用粉喷桩，与CFG 桩的固结能力结合于地基的泥土来构成相满足的地基，这两种地基处理技术的结合不仅可以充分发挥 CFG 桩的承载力，而且可以由于 CFG 桩的嵌入而极大地增加粉喷桩的约束能力。尽管在当前的建筑领域依然大规模采用上述分析的传统的地基处理技术，然而随着现代化建筑的发展，其建设对地基的要求越来越高，传统的地基处理技术也越来越无法达到建筑对地基的需求。

二、建筑工程地基存在的问题

建筑工程地基问题是由很多因素导致的，可以大致分为以下三类：（1）强度及稳定性问题。地基的强度问题直接决定了房建的质量好坏，当地基的抗剪强度不足以支撑上部结构的自重及外荷载时，地基就会产生局部或整体剪切破坏。（2）压缩及不均匀沉降问题。房建不可避免的问题是沉降问题，这一直是专家学者研究的课题之一。当地基在上部结构的自重及外荷载作用下产生过大变形时，会影响建筑物的正常使用，特别是超过规范所容许的不均匀沉降时，结构可能会开裂。（3）由于动荷载引起的地基问题。当遇到不可避免的因素，例如地震或爆破等时，这种动载荷动力会引起地基土、特别是饱和无黏性土的液化、失稳和震陷等。

三、建筑工程地基的处理技术分析

1. 旋喷注浆桩地基处理施工技术

科技水平的迅速提高，工程施工不良地基的处理技术取得了很大的进步，旋喷注浆桩是一种新型的地基处理施工技术，针对软土地基的处理效果非常明显，其防水、堵水、加固性能很强，施工工艺简单，进而渐渐得到应用和推广。在实际的建筑工程施工中，针对不良地基的处理，因为施工工艺简便，采取这种技术进行处理就不需要配备专用设备，只需要进行很少的采购、加工就能配套，极大地减少了施工地基的处理费用。在对地基进行处理时，需要对项目施工的实际需求和施工地基的土体状况进行综合考虑，选择最适宜的作业深度，事先进行下钻、开孔，采取带有特殊喷嘴的注浆管，将其插入钻孔底部或置入地基土体的内部，以迅速提升、缓慢旋转的方式置入高压浆液，运用长时间持续旋转、升高的高压、高速喷射流，破坏、冲击原有地基土体，致使其碎块和浆液混合构成桩体，从而提升地基的防渗能力和强度。

2. 预压地基处理技术

对于软地基的处理主要采用这种施工方法，预压地基处理技术的实施要点包含在建筑物施工以前，在建设场地上面加负载，清除水分后会使土体中的空隙减少，进而增加土体的密度，保证了地基对建筑物的承载能力。这种施工技术能划分为真空预压法与堆载预压法两种。如果施工地软土层的厚度不大于4米，通常应该采取塑料排水带进行处理，而进行堆载预压法的处理深度可达到10米左右，在真空预压处理方法的施工过程中，应该在地基内部加排水竖井，这种地基处理方法的地基处理深度可满足15米，并且可以有效避免地基产生沉降，同时可以保证地基的稳固性。

3. 碎石桩的强夯法联合处理技术

在地基处理施现场中进行填土层是对碎石桩很好的处理措施，可以实现地基的排水固结与挤密，选定强夯点，有效的击散了碎石桩，并且沿着碎石桩挤入护土层，形成紧密碎石，和土混合成为硬壳层的碎石桩复合地基，增强了地基的稳定性。确定强劣技术的加固深度，是依据实际的湿陷与厚度完成的，进行单位劣击量要综合考虑地基状态。

4. 振冲法

振冲法又叫振冲碎石桩，是在高压水与振动的共同作用下，以机械钻孔或者水力冲孔的方式来振密而形成的。因为挤密砂桩的强度要低于桩强度，所以振冲法是一种技术效果很好，不仅经济而且很快速的加固方法。针对那些经过振冲法进行加固的地基，能够将其当作复合地基。在平面布桩时振冲碎石桩大概会表现出三角形或者方形，然而为了防止产生不均匀沉降，需要注重桩的受力均匀性、桩的对称性、荷载的对应关系等问题。控制桩长要以地基最大剪切破坏深度与压缩层的深度来进行，压缩层深度需要比最大剪切破坏深度深；桩距则能够根据桩径与桩数来确定；根据容许应力大小来确定桩的直径。振冲桩的填料中需要添加部分中粗砂，控制含量在 10%、15%，大小要搭配，粒径要不大于 5cm，这样做的目的主要是防止丧失排水渗水作用，起反滤作用。振冲法具有施工周期短、施工速度快、施工成本低的特征，尤其是在加固沙湿软地基，效果非常显著。

5. 换填地基处理施工技术

针对土体质地较软、不能承担建筑实体结构的施工地基，能够采用换填地基处理施工技术进行处理。这种处理技术，主要是把施工地基中挖除一些软弱土体，但是在作业面上回填强度很大、压缩性很好、不含有腐蚀性成分的矿渣、粗砂、卵石、灰土等材料，最后进行夯实处理，从而替换不良地基土体，构成稳固、满足施工标准的持力层，确保建筑工程实体结构的质量安全、施工安全。当前，我国的换填地基处理技术主要按照回填材料的不同来进行分类。

第二节　地基承载力的确定

地基承载力是土力学中的一个基本问题，也是地基基础工程中的一个根本性的重大问题，关于地基承载力，无论是理论方面还是试验方面，国内外都进行了大量的研究。目前确定地基承载力的方法之一是根据土的抗剪强度指标，按地基极限承载力公式计算地基的极限承载力，然后将极限承载力除以一个安全系数 K 而得到，通常可取 $K=2 \sim 3$，再复核相应承载力下基础的沉降。这种方法关键是土的抗剪强度指标的合理性，由于这种方法的强度指标和用于计算沉降的参数通常都是由室内试验得到，由于室内试验存在取样扰动的影响，因而，存在一定的误差，尤其是用于沉降计算，误差更大，在我国地基规范中对沉降计算要采用一个变化较大的经验系数对沉降计算的结果进行修正，经验系数达 0.2 ～ 1.4，同时承载力与沉降分离计算，但这两者其实是一个整体，由于缺乏有效地解决办法，目前的方法是用极限平衡理论计算极限承载力，用线弹性理论来计算沉降，把一个问题分解为两个近似问题来解决。除此以外，人们认为确定地基承载力最直接可靠的方法是采用原位压板载荷试验来确定，但实际上地基的承载力不仅是与土性有关，还与基础的宽度和埋深有关。压板试验通常是进行小尺寸无埋深的试验，不可能用原型基础进行试验来确定地基的承载力，这就存在一个如何用小尺寸的压板载荷试验来确定实际大尺寸基础下地基的承载力问题，这个问题理论上没有得到很好的解决。在各国的工程规范中，如何应用压板试验来确定地基承载力的应用上，最为具体和明确的是中国的地基基础设计规范，欧洲岩土规范和加拿大基础工程规范都没有中国的地基规范那样具体，可以说中国地基规范方法是最完整详尽的，但在理论上则并不很完善，可以说仍是一个半理论半经验的方法。例如，大多数土的压板试验的荷载沉降曲线都缺乏明显的线性比例界限，因而采用了按沉降 s 与压板直径 b 之比 s/b 这一沉降比来确定地基承载力的特征值，而这个沉降比值就是一个经验性很强的数值，国家规范取为 $s/b=0.01 \sim 0.015$，广东地基规范取为 $s/b=0.015 \sim 0.02$，且尚不是一个定值，因此，当取 $s/b=0.01$ 与取 $s/b=0.02$ 时，对同一种土可能会得到差异较大的承载力特征值，而同一种土同一个试验会得到不同的承载力值，这显然是不太合理的。因此，如何更科学、合理而可靠地确定地基的承载力，并没有得到很好的解决。而地基承载力的合理确定不仅是土力学理论的一个基本问题，更是对工程设计影响巨大的重要问题。对此提出一个可以认为是更科学合理的解决办法，其思路是用原位压板试验确定土的强度指标和变形参数，用于计算实际基础的荷载沉降曲线（$p\text{-}s$ 曲线），由实际基础的 $p\text{-}s$ 曲线，根据地基承载力的最基本原则，即强度安全和变形控制双原则确定对应基础下的地基承载力取值。由于土的强度指标和变形参数是唯一的，由此计算所得的基础的 $p\text{-}s$ 曲线是唯一的，当确定地基承载力的原则是唯一时，则其确定的承载力也是唯一的。这样就可以解决目前规范方法由沉降比取值不唯一而造成的承载力特征值不唯一的问题，会获得更科学合理的结果。

一、目前根据压板试验确定地基承载力的方法的现状

目前用压板试验确定地基承载力的最权威和完整的方法是我国建筑地基设计规范的方法。该方法从荷载试验先确定地基承载力的特征值 f_{ak}，然后再根据具体基础的宽度和埋深进行修正，从而得出对应基础下地基承载力的修正值 f_a

$$f_a = f_{ak} + \eta_b \gamma (b-3) + \eta_d \gamma_m (d-0.5) \qquad (1)$$

式中：f_a 为修正后的地基承载力特征值（kPa）；f_{ak} 为地基承载力特征值（kPa）；η_b，η_d 为考虑基础宽度和深度影响的地基承载力修正系数，是根据一定的理论基础上确定的经验值，见规范的方法；γ 为基础底面以下的土体，地下水位以下取有效重度（kN/m³）；γ_m 为基础底面以上土的加权平均重度，地下水位以下时取有效重度（kN/m³）；b 为基础宽度（m），当小于 3m 时按 3m 考虑，大于 6m 时按 6m 考虑；d 为基础埋置深度（m）。

地基承载力特征值由现场平板荷载试验确定。规范的确定方法是根据试验所得的荷载 - 沉降（$p\text{-}s$ 曲线）来确定：

（1）当 *p-s* 曲线有明显比例界限时，取该比例极限所对应的荷载值。

（2）当极限荷载小于对应比例界限的荷载值的 2 倍时，取极限荷载值的一半。

（3）当不能按以上两款确定时，如压板面积为 0.25 ~ 0.5m²，可取 *s*/*b*=0.01 ~ 0.015 所对应的荷载，但其值不应大于最大加载量的一半，*b* 为压板宽度或直径。广东的建筑地基基础设计规范则取 *s*/*b*=0.015 ~ 0.02。

这一方法其实是一种半理论半经验的方法，修正式（1）在形式上是与土力学地基承载力公式是一致的，包含基础宽度和埋深的影响。如当采用土的强度指标时，国家规范给出的修正地基承载力公式采用的理论公式计算为

$$f_a = M_b \gamma b + M_d \gamma_m d + M_c c_k \qquad (2)$$

式中：*b* 为基础宽度，当小于 3m 时取 3m，当大于 6m 时取 6m；c_k 为基础底面下土的凝聚力；M_b，M_d，M_c 为相应的承载力系数。

比较式（1）、（2）可见，黏聚力 *c* 对承载力的贡献是与基础尺寸无关的，因此，由压板试验确定的特征值用于设计基础时只要修正基础宽深的影响。规范方法的经验性表现为：

（1）由压板试验确定特征值时的经验性。通常采用 *s*/*b* 值确定的特征值的目的是保证实际基础的沉降不致过大，因此，其内含了按沉降控制确定地基承载力的修正值，但实际的地基沉降还要另外计算，还不能保证由此确定的承载力对应的沉降就可以满足要求。因此这个方法确定的地基承载力也许可以保证强度安全，但尚不能保证变形满足。

（2）*s*/*b* 取值是一个经验值。尚缺乏充分的准确的理论关系，不同地区可能取值会不同，如目前广东省建筑地基设计规范取值 0.015 ~ 0.02，大于国家建筑地基规范的取值 0.01 ~ 0.015。宰金珉的研究则认为对中低压缩土可取更大值，认为对于压板面积为 0.25，0.5，1.0m² 时，*s*/*b* 取值可为 0.04，0.035，0.03。显然其比规范的值要大多了。到底取多大值合适，其实关键是实际基础的安全和沉降，而不是压板的沉降值。而实际基础的沉降是与基础的宽度和埋深有关的，这种取值方法并不能真正的解决实际基础的沉降，终究是一个经验值。

（3）特征值修正时，对基础宽度的限制也是一个经验的方法。规范规定当基础宽度小于 3m 时按 3m 计算，大于 6m 时按 6m 计算。这一考虑的原因应该是对于基础宽度较大时，可能会产生过大的沉降，因而当基础宽度大于 6m 时，按公式计算所得的承载力可能会引起过大沉降，因而限制其计算的承载力值过大，但这种取法也是一种经验，因为尚不知真实基础的沉降。而当基础小于 3m 时，若按实际基础宽度计算时所得到的承载力可能过小，偏于保守，因而按 3m 来计算。因此，对基础尺寸的限制还是一种经验方法。

由以上的分析可见，目前权威和相对较完善的规范方法确定地基承载力时尚不够完善，因为真正的地基承载力应该是针对具体基础，保证其强度安全和沉降满足上部结构要求，而目前规范确定的地基承载力方法尚不能完全达到以上的要求。初步的研究表明，目前的这种方法对于硬土地基是偏保守的，未能充分利用地基的承载力，而对于软土地基则由此

确定的承载力是偏大的，主要是沉降偏大。因此，合理和科学的地基承载力确定方法应该是针对实际的具体基础的强度安全和沉降控制，而不是用压板试验直接确定。由于地基的承载力是与基础尺寸有关的，压板试验确定的承载力不是真正基础下地基的承载力，由于尺寸效应，不同基础的承载力都是不同的，因此，确定的方法应该是用压板试验求取与尺寸无关的土体强度参数和变形参数，由所求得的土体参数对实际具体基础计算其 $p\text{-}s$ 曲线，由基础的 $p\text{-}s$ 曲线根据强度安全和沉降要求确定地基承载力。这就是本书提出的地基承载力确定的新方法。

二、确定地基承载力的新方法

规范方法采用压板试验直接确定承载力，这对特定的压板尺寸是合适的，也比较直观，但由于地基承载力不仅取决于土性，还与基础尺寸和埋深有关，而工程应用中真正需要的是实际基础下地基的承载力，因此，压板试验确定的地基承载力是不能直接用于具体基础的设计的。从以上的分析可见，目前的这种方法还尚不完善，因此确定的实际基础的承载力其对应的基础沉降尚不明确的，这样确定的承载力有可能引起基础沉降过大而不安全，例如对于高压缩性土，而对于硬土则可能是保守的。鉴于地基承载力正确确定对地基设计的重要性，有必要研究正确和更合理的地基承载力确定的新方法。

新的方法是利用压板试验确定土的强度指标和变形参数，利用切线模量法计算具体基础的 $p\text{-}s$ 曲线，由 $p\text{-}s$ 曲线根据强度安全和沉降控制可以很方便地确定满足要求的地基承载力。

具体步骤为

（1）一般土体的压板载荷试验的 $p\text{-}s$ 曲线为缓变形曲线，通常可以假设其符合双曲线方程，下式所示

$$p = \frac{s}{a + bs} \qquad （3）$$

a，b 为待定参数，根据双曲线方程的特点，可以得到

$$\left. \begin{aligned} b &= \frac{1}{p_u} \\ a &= \frac{1}{k_0} \end{aligned} \right\} \qquad （4）$$

P_u 为压板试验的地基极限承载力，k_0 为 $p\text{-}s$ 曲线的初始切线模量。初始状态时的沉降计算可以按弹性力学的 Boussinesq 解计算，则

$$E_{t0} = k_0 D(1 - \mu^2)\omega \qquad （5）$$

式中，E_{t0} 为土体初始切线模量，D 为压板宽度和直径，μ 为土体泊松比，一般土可取 $\mu=0.3$，ω 为压板形状系数，圆形压板 $\omega=0.79$，方形压板 $\omega=0.88$。P_u 由压板试验得到，压

板尺寸已知，当假设土体的内摩擦角 ϕ 值后，则可由地基极限承载力理论公式由 P_u 反算土体的黏聚力 c 值，也可假设 c 值，反算 ϕ 值。

这样就可以由压板试验求得土体的 c，ϕ 和 E_{t0} 值，这是土性指标，与基础的尺寸无关的。

（2）由 c，ϕ，E_{t0} 根据切线模量法可以求得实际基础的 p-s 曲线，如图 15-2-2 所示。

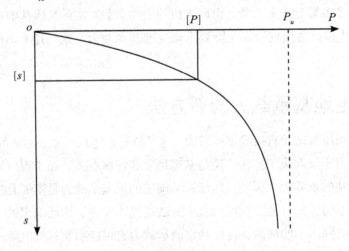

图 15-2-2 实际基础的 p-s 曲线

（3）根据上部结构对基础的沉降要求，设要求基础沉降不大于 $[s]$，则在基础的 p-s 曲线上求得对应的沉降为 $[s]$ 时的荷载为 $[P]$，若 $k=P_u/[P] \geqslant 2$，则当要求地基的强度安全系数为不小于 2 时，相应的 $[P]$ 值即为该基础下的地基承载力，若 K 不满足，则可以取更小的 $[P]$ 值使 K 满足，而此时 s 则更小，必可满足 $s \leqslant [s]$ 的要求。由此可以很直观、方便地获得同时满足强度和沉降要求的真正地基的承载力。

第三节　基础设计

基础作为房屋建筑的地下部分，其设计是否科学和合理对于房屋建筑整体的安全性、适用性和耐久性都有着较为深远的影响，如果基础没做好，就可能导致房屋建筑的不均匀沉降，导致墙体开裂等，同时设计方案也决定着基础选型以及后续施工的合理性和经济性，可见做好基础设计是房屋建筑结构设计中的重中之重。

一、高层建筑基础设计概述

在进行高层建筑的基础设计时，需要考虑的因素较多，其基础的面积、承载力、内力及配筋等的确定，需要进行相应的计算才能取得准确的数据，所以在计算过程中需要结合工程地质勘查报告、上部结构类型、需要承受的工作荷载效应、施工技术水平及材料等多个方面的因素，只有进行周全的考虑，才能确保基础设计时各项计算的准确性，确保基础的安全和稳定。

目前在我国高层建筑基础工程施工中，通常都会采用深桩基础来进行施工，利用桩基础进行施工，不仅施工较为简单，而且桩基础受力较为合理，可以使深部土层的承载能力充分地发挥出来。同时桩基础与现代施工技术和材料实现了完美的结合，这有效地提高了桩基础施工技术的水平，使其在基础工程中发挥着更好的性能。

在实际工程施工中，由于不同的结构物对施工要求会有所不同，同时施工过程中地质条件和施工方法也会有所不同，所以会利用不同的桩和桩基础来进行施工。目前在基础施工中通常会采用端承桩和摩擦桩，由于端承桩其桩底处于岩层和硬土层中，土层具有较好的非压缩性，这样就有效地避免了桩发生沉积，桩具有良好的承载力。而摩擦桩主要是依靠桩侧摩擦阻力来承担竖向荷载，而且桩底土层也会对竖向荷载具有一定的支承力，但由于底部支承的土层具有可压缩性，所以桩基的沉降量还是会较大的。

在房屋建筑基础施工时利用桩基础进行施工时，其受力方式有独自受力和桩土共同受力两种情况，其目的都是为了将上部结构的荷载传递给地基。在基础施工时，如果利用天然地基，则无法对建筑物不同部位下的土层厚度进行有效的控制，所以土层薄、厚及缺失情况都会存在，这样在建筑物上部结构荷载下不可避免的会导致沉降的发生，但利用桩基础作为基础工程承载时，其承载力则会传递给下层的硬土层或是岩石层，能够更好地实现对建筑物沉降量实现控制。

二、房屋建筑基础设计的方法

1. 传统设计方法

在基础设计中，通过对过去一段时间国内外典型建筑基础设计方案进行系统分析，从其中总结出一定的约定俗成的规律，并作为新设计方案的立足点，同时考虑各类型基础各自的特点和适用范围，并与房屋建筑自身特点、勘查资料相结合，从而选出合适的基础类型，并经计算确定各项技术指标。

2. 共同作用分析法

在高层建筑基础设计中，常常将上部结构与基础和地基看作一个统一的整体，使三者之间保持力的平衡和协调的变形能力，与传统设计方法相比，由于其考虑了上部结构的刚度，因此更具科学性和合理性，但同时这种方法由于涉及的方面较多，因此设计难度也较大，对于计算机软件和硬件的要求也更高，设计成本较传统方法高出不少，因此只有在结构复杂的大型建筑基础设计中才会采用。

三、基础选型和设计要点

1. 独立基础及设计要点

独立基础的造价较低，且对地基土具有较好的适应性，且抗震性能较好，因此在框架结构的民用建筑中普遍采用。对独立基础来说，其基础设计应当根据地基土的特点而进行，如地基土的压缩性较强、压实密度较大，则宜设计成刚性基础，除此之外则应设计成柔性基础，以抵抗地基土压缩带来的不均匀沉降。根据实际情况独立基础可采用阶形基础、坡形基础、杯形基础中的一种或组合，独立基础一般设置于承重的柱下，与现浇混凝土柱整体浇筑，如柱采用预制混凝土柱，则一般将独立基础上部做成杯口形，将柱嵌入到杯口中并用细石混凝土嵌缝形成杯口基础。

2. 桩基础及设计要点

桩基础的承载能力较强，主要用于地基下部土层较为坚硬，且地基上部承载力不足的场合，另外在基础加固时也常采用桩基础作为治理措施，由于桩身较长，可将上部荷载传递到地层身处。在设计桩基础时，如果房屋建筑结构是框架结构，为减小各部位沉降的差异性，可在基础中部加密布桩以及增加中部桩身长度的方式来调整桩基的支承受力方式。

3. 箱形或筏型基础及设计要点

箱形或筏板形基础主要用于地基土承载力不均匀以及高层建筑等对地基基础承载力要求高的场合，另外，在有地下室的房屋建筑中也可采用筏板基础，使其既发挥基础的作用又可作为地下室的地面使用。箱型基础和筏形基础设计时的主要难点在于降低基础整体的弯曲应力，因此可将上部结构与基础看作一体，采用共同作用分析法进行设计，另外，箱形基础和筏形基础属于大体积混凝土，施工中容易出现温度裂缝，因此在设计时要予以充分考虑，通过设置伸缩缝来抵抗由于温度变化导致的变形，宽度一般设置为20mm ~ 30mm。桩箱基础及设计要点桩箱基础是采用桩基础和箱形基础，使两种基础共同承载受力的基础，其抗弯刚度较高，卸载能力强，沉降量较小，因此常用于在软弱地基上建设的高层建筑、重型建筑以及其他对沉降量要求严格的房屋建筑。桩箱基础的设计难点在于布桩方式的选择，由于不同方位地基土性质的差异性，如果采用满堂布桩的方式就会使得各个桩体桩顶反力出现差异，对于基础底板来说，各个部位受力不均，若要保证基础的承载力就必须使底板具备一定的厚度；因此，实际设计中可通过调整布桩方式，即通过适当增加中间部位桩间距的方式，充分利用基础底部桩间土的承载力，分担基础底板的受力情况，从而减小底板厚度。另外，如果上部结构采用剪力墙结构，则应当沿着剪力墙轴线方向布桩，以抵抗由于剪力墙自重可能导致的基础局部受压过大。

四、房屋建筑结构基础设计中应注意的问题

目前，我国的房屋建筑结构设计的发展现状从总体上来看还是十分不错的，但是，仍

有诸多还不够成熟和完善的地方，还需要不断地在发展过程中进行适当的补充和完善。尤其是在房屋建筑结构设计中的基础设计过程中，还需要注意以下几个方面的问题。

1. 各因素对地基与基础设计的影响

在进行建筑物基础设计及地基设计中，由于很多因素均可对设计方案造成影响，因而，应根据实际需要对现有因素进行考量。第一，应结合实际勘测及地质检测资料，对现场实际地质构造及地震情况等予以分析及了解，将获得的环境及气候数据等引入设计中，并以此为基础进行基础设计，尽可能将各种因素可能产生的影响降至最低；第二，由于地基土质较差，在使用换土垫层方式予以处理时，必须结合当地地质勘查情况，对土层厚度及其构造予以了解，以便对垫土厚度进行精准计算，在其厚度及宽度上，要满足经济性及安全性要求。在土质选择上，一般以强度好的沙砾为主，以提升土层稳定性。

2. 环境温度对建筑结构的影响

在进行建筑结构设计时，还需要对混凝土基础产生影响因素予以考量，比如周边环境温度等。我们常见的混凝土基础出现裂缝，其主要原因就是由于环境温度不适宜造成的。比如，保温层失去作用、暴雨或者温度骤降等，都会在混凝土表现与周边环境之间造成温差，由于其应力时间较短，很容易导致混凝土表面出现裂纹。因此，伸缩缝的设置极为关键。而在伸缩缝设置上，必须按照设计标准进行，不能贪图施工或者设计上的便利将其用后浇带予以替换。同时，在设计中要时刻关注环境温度可能对建筑结构造成的影响，对其进行精准计算后来确定伸缩缝的设定标准，以符合环境要求。在设计方案编制上，对于伸缩缝的要求明确说明，必须选择适合的填充材料及制定切实可行的安装方案。对于建筑物的顶层保温及隔热也需要采取有效措施，可使用温度筋的办法，在受温度影响较大的位置予以配置。

总之，房屋建筑结构设计中的基础设计是一项较为系统复杂的工作，设计人员要不断地探索与发现，既要立足于建筑物整体，把握好关键部位、关键环节的设计，又要注重细节的考虑，掌握科学的设计理念，从而打造出科学合理的基础结构设计，进而提升建筑物的整体设计质量，维护居民安全。

结　语

　　建筑材料是人类建造活动所用一切材料的总称。熟悉建筑材料的基本知识、掌握各种新材料的特性，是进行工程设计、研究和工程管理的必要条件。建筑物所用材料的颜色、质感和纹理等特性给人以真实，具体的感受，某种意义上讲决定了建筑物的视觉效果，建筑色彩的运用其实就是以材料选择为前提的。随着社会发展和科技进步，建筑材料的品种花色越来越多，为建筑色彩的表现提供了极大的便利。结构工程的设计对人们的生活安全、舒适等各个方面都有着显著的影响，好的结构不仅能够在建设的过程中，节约资源，减少环境污染，并能在一定的程度上给人们的内心带来美好的享受，因此，必须在设计结构的时候进行慎重的思考，做到合理、安全、高效的目的。